国家自然科学基金项目(51974317)

中央高校基本科研业务费专项资金项目(2022YJSNY09)

# 沿空煤巷矿压控制

何富连　何文瑞　吕　凯　著

U0150255

科学出版社

北　京

# 内 容 简 介

本书在 2019 年出版的《综放沿空煤巷破坏与控制》基础上，丰富并发展了特厚煤层综放沿空掘巷和石炭系坚硬顶板切顶留巷矿压控制原理及其技术体系，系统总结了特厚煤层综放沿空掘巷上覆基本顶悬板大结构破断活化机理及侧向高支承应力跃迁特性，分析了特厚煤层沿空掘巷上覆高低位关键块体失稳灾变条件，给出了特厚煤层大型综放沿空煤巷在窄煤柱大断面超强采动条件下的科学控制方案。针对坚硬顶板切顶留巷围岩控制难题，研发了三向卸压聚能预裂爆破装置，阐明了坚硬顶板切顶留巷围岩破坏机理，提出了石炭系坚硬顶板切顶留巷围岩随态控制方法。本书丰富了矿山压力与岩层控制理论，为沿空煤巷及无煤柱开采围岩灾害防治提供了关键科技支撑，对于引领煤炭产业科技和生产力进步有着重要的理论和实践意义。

本书可作为高等院校采矿工程、岩土工程、地质工程等相关专业的教学参考书，也可供从事矿山压力与岩层控制研究的教师、科研工作者、工程技术人员以及相关科技管理人员阅读参考。

**图书在版编目(CIP)数据**

沿空煤巷矿压控制 / 何富连，何文瑞，吕凯著. —北京：科学出版社，2024.2

ISBN 978-7-03-077727-0

Ⅰ. ①沿… Ⅱ. ①何… ②何… ③吕… Ⅲ. ①煤巷-沿空巷道-矿山压力-控制方法 Ⅳ. ①TD263.5

中国国家版本馆CIP数据核字(2023)第252929号

责任编辑：李 雪 李亚佩 / 责任校对：王萌萌
责任印制：赵 博 / 封面设计：无极书装

科学出版社 出版
北京东黄城根北街 16 号
邮政编码：100717
http://www.sciencep.com
北京中石油彩色印刷有限责任公司印刷
科学出版社发行 各地新华书店经销
*
2024 年 2 月第 一 版 开本：720×1000 1/16
2025 年 1 月第二次印刷 印张：15
字数：302 000
**定价：128.00 元**
(如有印装质量问题，我社负责调换)

# 前　　言

我国特厚煤层(煤厚大于 8m)储量丰富,在山西、内蒙古、陕西、新疆等矿区大量赋存,并成为大批年产千万吨级矿井的主采煤层。特厚煤层综合机械化放顶煤开采相对其他类型开采具有单产特大、工效超高、效益显著等无可比拟的优越性,但采放高度和开采空间超大伴随的围岩复杂剧烈活动极易引发矿山安全灾害。此外,在大同矿区坚硬顶板地质条件下推广无煤柱开采技术,坚硬顶板大面积悬顶将会产生剧烈的动载矿压,严重威胁巷道的安全和畅通。因此,保障特厚煤层综放沿空掘巷和坚硬顶板切顶留巷围岩稳定成为采矿学科和岩层控制的科技前沿和突出难题。

本书详述沿空煤巷矿压控制原理及其技术体系,具体包括特厚煤层综放沿空掘巷和石炭系坚硬顶板切顶留巷两部分。采用现场调研、理论计算、数值模拟、物理相似和应用实测等方法,构建了弹-塑性基础基本顶板结构破断力学模型,解算了特厚煤层沿空掘巷上覆基本顶板结构破断演化特征,分析了沿空掘巷上覆高低位关键块体失稳灾变条件,提出了相应的科学化控制原理与技术体系。在石炭系坚硬顶板切顶留巷方面,本书系统探究了坚硬顶板切顶留巷在一次成巷和二次复用阶段时的围岩态势演变规律,研发了适用于坚硬顶板的聚能预裂爆破装置,提出了石炭系坚硬顶板切顶留巷围岩随态控制方法,成功指导了现场工程实践。

我们希望读者通过阅读本书能够更容易地了解和掌握复杂地质条件下沿空煤巷矿压控制科学内涵,并期待本书可以为特厚煤层综放沿空掘巷和坚硬顶板无煤柱切顶留巷等类似工程实践提供新的参考与借鉴。

本书的出版得到了国家自然科学基金项目"特厚煤层综放沿空煤巷基本顶破断机理与矿压逆增控制"(51974317)、中央高校基本科研业务费专项资金项目(2022YJSNY09)的资助和支持,得到了作者单位中国矿业大学(北京)的支持和作者课题组主要成员陈冬冬等的帮助,得到了合作煤炭企业和研究团队的关心和指导,在此对所有为本书的出版提供帮助的单位和个人表示衷心感谢。

限于研究条件和个人水平,书中不妥之处敬请读者批评和指正。

作　者
2023 年 9 月

# 目　　录

# 第1章 绪 论

## 1.1 沿空煤巷矿压控制概况

煤炭是我国的基础能源和工业原料,长期以来为我国社会经济可持续发展和国家能源战略安全提供了有力保障,在国民经济中发挥着"压舱石"的重要作用[1]。近年来,为响应国家建设资源节约型矿井的号召,针对综放区段煤柱留设难题,一大批煤炭企业和科研院所进行了大量有益探索和工程实践,实现区段煤柱宽度由三十多米缩减至 6~8m,取得了良好的经济和社会效益,此外伴随着无煤柱开采技术的推广应用,煤炭资源得到更高效的开发利用。然而在特厚煤层或坚硬顶板等复杂地质条件下,窄煤柱沿空掘巷和无煤柱沿空留巷尚存在诸多矿压难题和关键技术需要克服和攻关。

我国特厚煤层(煤厚大于 8m)储量丰富,广泛赋存于新疆、内蒙古、陕西和山西等省份。特厚煤层成为大批千万吨级矿井主采煤层,其当前开采产量约占煤炭总产量的 1/4。综合机械化放顶煤开采相较于其他类型开采具有单产特大、工效超高、效益显著等无可比拟的优越性,采面长达 200~400m 的特厚煤层大型综放开采迅速发展并在我国煤炭行业发挥越来越重要的引领作用。但采放高度和开采空间超大伴随的覆岩复杂剧烈活动及其引发的安全灾害亦成为采矿学科和岩层控制的科技前沿和突出难题。尤其是特厚煤层综放窄煤柱沿空掘巷相对于邻接采场而言没有重型液压支架的全程超强支护,相较于大采高和传统厚煤层综放煤巷则表现出新的特征,即上覆基本顶大面积悬顶岩板结构的周边支承基础为特厚塑性煤体和弹性煤体,覆岩破断失稳运动及其所成的结构与高支承应力深入长期作用于沿空掘巷围岩,沿空煤巷矿山压力及其显现异常严重。

通过在大同、平朔等矿区 10~20m 特厚煤层大型综放开采长期实践发现,综放区段窄煤柱沿空掘巷顶帮煤体破坏范围、破坏程度及矿压问题急剧加大,在强调沿空掘巷顶板控制而忽视帮部的前提下,顶板即便在超高强度集束锚索(即多根锚索配合超大锚索托盘集中布置于一处,如图 1-1 所示)、密集锚杆与 W 钢带联合支护下仍出现顶板强烈下沉、两帮大幅收敛、底板鼓起、支护体损坏等强烈矿压显现现象,部分沿空煤巷甚至出现局部或大面积垮冒闭合事故,严重威胁矿井安全高效生产。整体来看,特厚煤层综放沿空煤巷基本顶悬板结构大面积破断失稳运动、侧向高支承应力变迁乃至突变、顶帮煤体大纵深异常失稳破坏,三者联动演化必然导致沿空煤巷矿山压力和系统控制环境明显严重恶化，这对矿业工程中沿空煤巷经典矿山压力理论认知与控制技术提出了全新的挑战。

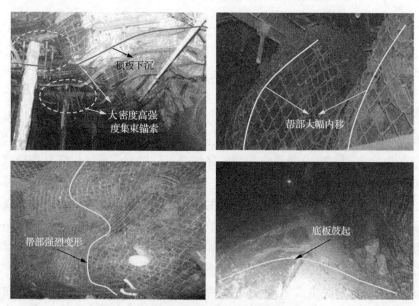

图 1-1　典型特厚煤层综放沿空掘巷矿压显现

　　在无煤柱开采方面，作者现场调研了大同矿区、朔南矿区和轩岗矿区，发现上述矿区因赋存侏罗系和石炭系"双系"煤层，上覆岩层类型属于典型的坚硬砂岩顶板，广泛分布着细砂岩、粉砂岩、中砂岩、含砾粗砂岩等坚硬岩层，坚硬岩层比例占到了 60%以上，局部区域坚硬岩层占比可达 80%[2,3]。在此类赋存条件下进行无煤柱开采，坚硬顶板大面积悬顶极易诱发矿山冲击动力灾害，从而造成巷道支护结构失效损毁、冒顶、片帮等强矿压显现(图 1-2)，坚硬顶板切顶留巷围岩控制已成为煤炭安全高效开发亟须解决的突出难题。

(a) 钢带断裂　　　　　　　　　　　(b) 锚索脱落失效

图 1-2　巷道支护结构损毁实景

作者在多年现场采矿实践中发现对于特厚煤层窄煤柱沿空掘巷以及坚硬顶板切顶留巷工程，传统的沿空巷道顶板破坏机制及相应的控制理论与技术无法有效解决此类巷道围岩失稳问题，因此有针对性地开展沿空煤巷矿压控制研究可以为高效矿井建设提供关键理论和技术支撑，具有重要的现实意义。

## 1.2 特厚煤层综放沿空掘巷矿压控制研究现状

### 1.2.1 特厚煤层开采覆岩结构及其稳定性研究

特厚煤层综放沿空掘巷与综放工作面的原始上覆岩层具有同一性，所以其破断前的悬顶状态、边界条件、随采掘进程中支承覆岩的煤体破坏程度和范围、结构断裂活化规律等与综放工作面的原始上覆岩层断裂运动失稳特征紧密联系，但又具有其自身的特点和规律。

国内外学者对采场和沿空巷道上覆岩层破断规律及其稳定性进行了多方面研究。20 世纪 50 年代，由长壁工作面开采技术演化而来一系列覆岩结构形式假说（悬臂梁假说、压力拱假说、铰接岩块假说、预成裂隙假说），我国学者在总结国外理论的基础上发展出"砌体梁"[4]与"传递岩梁"[5]假说，这些假说对了解我国矿山开采上覆岩层破断结构、分析矿山压力并指导生产实践起到了重要作用。后续针对不同生产地质条件，又提出了如浅埋采场"短砌体梁"和"台阶岩梁"结构[6]。但上述以岩梁进行的一系列研究对于全面立体认识采场和沿空巷道上覆岩层结构特征具有明显的局限性。

认识到覆岩"梁"破断结构的制约性，学者开始以"板"结构研究覆岩破断特征。1986 年，钱鸣高院士与毛德仁教授等[7]从"板"结构视角研究基本顶在四种刚性支承基础边界条件下的初次破断型式，采用 Marcus 理论计算与相似模拟手段给出不同支承边界条件下基本顶的"O-X"破断形态。1988 年蒋金泉教授[8]通过采用屈服线分析法系统探究了基本顶板刚性基础上周期断裂规律与型式，完善了基本顶破断规律与型式研究。上述研究均是在基本顶厚度与工作面短边比值范围位于 1/100～1/5 区间时采用 Kirchhoff 薄板进行计算的，当不满足上述条件时学者提出了将基本顶视为中厚与厚板[9]进行受力分析，因建模与计算求解过程的复杂困难性，该类模型通常视支承基础边界仍为刚性不可变形。上述绝大多数覆岩板结构模型将基本顶下伏支承基础视作刚性不可变形，该种模型得到的基本顶破断区域只能位于采空区域或支承基础边界，而实际中煤体与直接顶均为可变形基础且煤体相较其他岩层较为软弱，其在矿山压力作用下变形显著。文献[10]系统地对不同边界条件下弹性支承基础上覆基本顶破断进行了分析研究，克服了原有刚性基础研究中存在的问题，发展并完善了悬顶板结构破断在采矿领域的探究。

覆岩破断后经历失稳运移及稳定不同阶段，覆岩运动结束后所成结构的稳定性对于下伏采场及沿空巷道围岩稳定性至关重要。目前对于破断覆岩结构稳定性的研究最为普遍的是采用基本顶破断关键块体模型进行分析，并基于此模型提出了"S-R"稳定性理论[11,12]，该理论将关键块体失稳类型划分为滑落失稳与回转失稳两种，继而由理论模型给出两种失稳类型的理论判据。对于沿空掘巷上覆岩层结构稳定性研究，柏建彪教授基于"S-R"稳定理论针对沿空巷道上覆基本顶破断结构稳定性进行了分析，并由基本顶"O-X"破断形态将沿空煤巷上覆关键块体等效为等腰三角块体，对掘巷前后及回采期间结构稳定性进行了分析，指出关键块体稳定性对布置于下方沿空巷道围岩的稳定性起决定性作用[13]。

### 1.2.2　特厚煤层综放沿空巷道围岩破坏机理研究

沿空巷道围岩环境区别于实体煤巷道，其邻接覆岩破断垮落的采空区域，使得巷道所处条件复杂且恶劣。当前对于沿空煤巷围岩破坏失稳研究仍然继承和使用着一些经典理论，如平衡拱理论、弹塑性破坏理论、围岩松动圈理论等，同时结合沿空巷道围岩所处环境及其变形破坏特征给出相应的围岩破坏失稳机理。

文献[14]将沿空留巷上覆岩层视为高、低形态拱形大结构，将沿空留巷围岩视为小结构，指出小结构的岩层荷载及破坏与覆岩大结构拱高、跨度、形态以及顶板铰接岩层稳定性有关，因此在确定支护阻力等参数时，需首先明确围岩小结构所受到来自大结构的荷载。文献[15]通过数值与理论分析构建断裂线相对沿空巷道不同位置的计算模型，给出了上述不同情形下沿空巷道围岩应力与变形，得到了断裂线位于巷道正上方对巷道稳定性最为不利而位于煤柱外侧最为有利的结论。

沿空巷道围岩破坏失稳机理分析中还有大量的研究聚焦于煤柱稳定性上，认为煤柱稳定性是沿空巷道围岩稳定性的前提。基于弹塑性理论，文献[16]依据弹黏性理论、强度理论以及煤岩体应变软化理论构建了计算模型，探究了煤柱弹塑性区应力和位移的分布，求解得到了塑性区宽度，并确定了沿空掘巷时煤柱的合理宽度，评价了煤柱的长期强度和稳定性。文献[17]则通过煤样力学性能测试得到了煤体的塑性软化曲线，继而基于塑性软化理论求解了顶板下沉弯曲数值，并进一步得到了煤柱弹塑性区的变形和应力场的分布。基于弹性应变能理论，文献[18]对不同煤柱宽度下的煤柱损伤变形进行分析，指出煤柱较窄时煤柱煤体破坏严重，此时锚杆索的锚固性能会下降，而煤柱较宽时煤体存在未破坏区域使得耗散应变能密度减小，有利于避免煤柱中能量急剧释放导致巷道发生动力灾害。

### 1.2.3　特厚煤层综放沿空巷道围岩控制技术研究

文献[19]将巷道控制原理归纳为围岩松动荷载控制、围岩变形控制、形成承载结构、改变围岩力学性质以及改变围岩应力环境五类。当前沿空巷道围岩控制在继承上述原理的前提下,基于自身工程与地质条件的特殊性进行了应用和发展,并给出了相应的控制技术。

早期以 A.Haim、W.J.M.Rankine 和 ДИННИК 理论为代表的古典地压理论和以普氏冒落拱理论、太沙基冒落拱理论为代表的松散体压力理论以及我国学者董方庭提出的围岩松动圈理论均符合松动荷载控制原理,其目的是对围岩发生松动破坏无自承力且无法实现自身稳定部分的围岩进行加固,主要控制技术有砌碹、金属支架支护、喷浆、锚杆索支护等。文献[20]基于主应力方向变化探究了深部沿空巷道非对称大变形机理,并确定了顶板塑性区扩展形态与范围,而后给出了可接长锚杆支护技术,并指出锚杆锚固深度应大于顶板塑性区范围,需将塑性区破碎岩层悬吊于深部稳定岩层之中。

基于弹塑性力学提出的弹塑性支护、新奥法等围岩控制方法符合围岩变形控制原理,即通过在巷道表面选择合理时间施加合理支护力,阻止巷道围岩的变形与破坏。学者同样将该理论应用于沿空巷道围岩变形破坏的控制研究,文献[21]便基于弹塑性理论构建了非均压地应力下圆形巷道在不同支护条件下的巷道塑性区界线分布情况,得出在现有的工程支护技术与条件下,人工支护对于改变沿空巷道围岩塑性区范围的效果是极为有限的结论。

传统组合梁和组合拱理论支护原理,即通过在围岩中施加锚杆索等主动支护体,使得围岩与支护体共同形成承载结构抵抗外界应力作用下的变形与破坏。在沿空巷道的应用和研究中,文献[22]针对坚硬顶板下沿空留巷围岩控制,将预应力锚杆、锚索与顶板视为巷道承载结构,短锚杆与浅部围岩形成基础承载结构控制浅部裂隙扩展,长锚索与深部围岩形成厚层强化结构共同防止围岩整体失稳。

改变围岩力学性质的控制原理主要是通过锚杆索支护、注浆加固等技术改善破坏围岩结构面或岩体强度、刚度等力学性质。文献[23]对于综放开采沿空巷道围岩采用延长锚杆长度提高锚杆强度与延伸性的方法来增强锚固体强度,保障围岩稳定性,取得了良好效果。

改变沿空巷道围岩应力环境主要是通过合理的采掘布置形式,以及爆破卸压和切顶护巷等技术使得围岩所处应力环境降低,进而提高围岩的可控性。在关于爆破损伤煤岩体以转移应力的研究中,文献[24]针对倾斜煤层煤柱受侧向集中应力影响显著问题,对沿空预留煤柱采用爆破卸压以及大直径钻孔卸压技术来降低煤柱围岩的应力,而后通过 PASAT 探测技术和围岩应力监测对比卸压前后应力数值,发现采用卸压技术后煤柱应力有了显著改善。

目前国内外对于特厚煤层综放沿空掘巷围岩控制开展了一些有益研究,但针对特厚煤层综放窄煤柱区段间隔沿空掘巷矿压控制仍存在以下问题需要解决。

(1)特厚煤层综放开采沿空掘巷上覆岩层结构特征研究有待推进。

准确认识特厚煤层综放开采条件下沿空掘巷上覆岩层"黑箱"或"灰箱"结构，使其透明化，对于研究窄煤柱区段间隔下沿空掘巷围岩变形破坏并指导围岩稳定性控制至关重要。当前关于特厚煤层综放沿空掘巷上覆岩层破断结构位置与形态求解问题，多以沿工作面倾向取梁结构或者将下伏煤体支承基础视为刚性或弹性进行求解，而实际特厚煤层综放高强度开采后采空区周边一定范围内的煤体必然会发生损伤破坏进而形成一圈塑性区域，因而以刚性、弹性基础支承边界对梁或者板结构沿空侧覆岩破断特征求解的结果均会存在较大误差。另外，特厚煤层综放开采条件下采放高度和开采空间巨大，覆岩垮落带和裂隙带高度、破断覆岩失稳回转运动及稳定后的结构特征也将显著区别于普通厚度煤层综放开采。因而，针对特厚煤层综放开采条件下沿空掘巷上覆岩层结构特征的科学精准确定亟待解决。

(2)特厚煤层综放窄煤柱沿空掘巷大小结构失稳机理研究尚待完善。

对于特厚煤层综放开采采用窄煤柱区段间隔于覆岩破断结构下沿空掘巷而言，其围岩小结构的稳定性与上覆岩层大结构密切相关。而特厚煤层综放开采覆岩垮落带与裂隙带的增大，使得窄煤柱沿空掘巷围岩稳定性不仅仅受距煤层较近的低位基本顶影响，还可能受距煤层较远的高位关键岩层影响，以往针对普通厚度煤层的仅低位基本顶破断结构稳定性的分析在特厚煤层综放开采条件下表现出明显的局限性。同时也缺少基于煤体变形破坏特性考虑应力应变全过程的沿空掘巷围岩小结构稳定性分析。而特厚煤层综放窄煤柱沿空煤巷掘进与回采期间破断覆岩大结构与围岩小结构之间的相互影响关系及其破坏失稳机理探究也尚待完善。

(3)特厚煤层综放开采窄煤柱沿空掘巷围岩科学控制仍需探究。

特厚煤层综放开采窄煤柱区段间隔沿空掘巷上覆岩层破断活动剧烈且结构复杂，沿空侧煤体损伤范围与程度大，围岩应力环境与普通厚度煤层显著差异等特征使得围岩控制难度急剧增加。在以往沿空掘巷围岩控制中顶板通常作为控制的重点而容易弱化帮部支护，但现场实践证明在帮部围岩失稳条件下顶板再高强度支护也难以保持顶板的稳定，且现场及以往研究表明特厚煤层综放窄煤柱沿空掘巷帮部煤体呈现大纵深破坏，其承载性与自稳性较差。因此亟须在明确特厚煤层综放窄煤柱沿空掘巷帮部在围岩控制中的关键作用和在掘采过程中的破坏机理前提下，给出有针对性、合理且科学的帮部围岩控制技术以保障窄煤柱沿空掘巷围岩的整体稳定性。

# 1.3　坚硬顶板切顶留巷矿压控制研究现状

## 1.3.1　切顶留巷工作面矿压显现规律研究

矿压显现是力源作用于围岩的具体体现。国内外学者综合运用多种研究方法，以切顶留巷工作面、切顶巷道顶板、切顶巷道切顶侧矸石帮、切顶巷道未切顶侧实体煤侧、切顶巷道支护体为研究对象,对切顶留巷工作面矿压显现开展了深入研究。

马资敏等[25,26]以店坪矿中厚煤层为工程实践背景,系统监测了 10~100 工作面回风巷在切顶一次成巷、二次留巷复用过程中的矿压显现,揭示了切顶留巷围岩变形的非对称破坏机制,将留巷矿压显现分为顶板运动剧烈阶段、顶板运动缓慢阶段、顶板运动阶段。

高玉兵等[27]以断层构造影响下切顶成巷工程实践为背景,研究了此条件下的矿压分布规律,得出工作面推进位置处于断层构造带附近时,超前支承应力增大约 55%;工作面推进位置过断层后,超前支承应力突降。断层影响下的顶板来压活动更为剧烈,支架平均荷载增大约 47%;滞后工作面成巷区,临时支护结构受力增大约 20.5%。

何满潮院士等[28,29]开展了碎裂顶板切顶留巷采空区顶板垮落试验,爆破区域沿空侧采空区矸石垮落充满巷帮的时间是非爆破区域的 0.4 倍,巷道稳定速度更快。切顶侧巷帮垮落矸石块度随钻孔间距增大而增大,未爆破区域垮落矸石块度最大为 1.33m,爆破区域矸石块度最大仅为 0.36m。同时发现了切顶留巷工作面矿压显现分区现象,即矿压沿工作面倾向呈现中部高、两端低的非对称状态。切缝侧周期来压强度有所减小、步距有所增大。

王琦等提出了顶板应力释放率、侧向支承压力提升率等定量评价指标,得出与沿空掘巷相比,切顶能够促使巷道上方顶板处于卸压状态,侧向支承压力向煤体深部转移[30]。相对来说,巷道更容易控制。

以上学者从不同角度研究了切顶卸压自成巷工作面、巷道的矿压显现规律,集中阐述了工作面矿山压力及巷道围岩变形的不对称特征,揭示了切顶对工作面矿压显现的影响特征。然而,切顶留巷矿压显现规律的关键之处在于下一个工作面回采时的二次复用阶段。因此,研究切顶成巷二次复用阶段的矿压显现规律是采取针对性围岩控制措施的前提。

### 1.3.2 切顶留巷工作面切顶预裂爆破研究

切顶预裂爆破是切顶留巷能否留得住、顶板能否切得下的关键步骤,切顶参数与爆破参数的设计与工程试验是切顶预裂爆破技术的两大关键点。国内外学者综合运用理论分析、数值模拟、工程试验等方法对切顶预裂爆破理论与技术进行了研究。

华心祝等[31]认为无煤柱切顶留巷开采技术的核心工艺为预裂爆破技术,基本顶在切顶预裂爆破期间是一个动静耦合作用的过程,装药长度与炮孔间距是决定性因素。基于切缝对顶板的影响特征,建立了切缝形成判据,最小量化了基本顶能够成缝与装药长度、炮孔间距的关系。

高玉兵等综合运用理论分析、数值模拟和现场试验的方法分析了预裂切顶机理，指出非聚能爆破模式的裂缝向四周扩展，破坏了顶板完整性[32]。而聚能爆破形成的应力波使得顶板受到定向预裂作用进而形成定向裂缝。

何满潮院士等[33]综合考虑无煤柱开采切顶预裂爆破的特殊性，引入了聚能系数，建立了联孔聚能爆破力学模型，获得了聚能爆破损伤深度判据，为设计炮孔间距奠定了理论基础。

朱珍等[34]运用弹塑性力学理论研究了切顶成巷顶板预裂切缝卸压机理，分析了爆破前后的顶板荷载分布，指出装药量、装药方式、封孔长度和孔间距等参数的确定深受顶板岩性和顶板结构的影响。

### 1.3.3　切顶留巷工作面巷道围岩控制研究

切顶留巷工作面巷道围岩控制一直是无煤柱开采工作面巷道长期维护的重点，目前已经形成了“切缝侧锚索支护+矸石帮挡矸支护+超前支护”为主题工艺的围岩控制体系。已经发表的研究成果如下。

陈上元等[35]根据切顶巷道的变形状态，将巷道分为了超前影响区、变形区和稳定区。在超前影响区采用加强支护、预裂爆破切顶的方案，在巷道变形区采用加强临时支护配合挡矸支护，在稳定区内直接对碎石帮进行喷浆密闭。

高玉兵等[36]基于沿空切顶巷道顶板结构运动过程，提出了构建“基本顶上位岩层—采空区碎胀矸石—巷道切顶短臂梁”围岩稳定结构的控制思路，提出了在厚煤层以较快速度回采时的切顶巷道围岩的控制方案，用恒阻大变形锚索和墩式液压支架来控制顶板下沉，用可以伸缩滑移的护帮结构、可以自动移动的防冲结构、波浪式结构的锚杆来控制巷道帮部，形成了根据顶板结构运动状态和碎石运动状态变化的控制技术。

王亚军等[37]在提出“承压结构”和“卸压结构”基础上初步形成了利用顶板切缝控制“承压结构”变形和利用恒阻大变形锚索支护控制“卸压结构”变形的基本思路，提出精准切缝、非对称支护、分区支护、高预应力(初撑力)主动支护以及关键部位加强支护等巷道围岩稳定性控制对策。

刘啸[38]分析了直接顶与基本顶在切顶留巷时的变形特征，对岩层间的剪应力差、锚杆支护的密度、锚杆的预紧力以及临时支护结构体的刚度进行了量化，得出了增大临时支护结构体刚度、锚杆预紧力能够减小岩层间的剪应力差。

通过归纳总结切顶留巷工作面覆岩运动规律、矿压显现规律、切顶预裂爆破、巷道围岩控制研究现状，国内外学者取得了丰硕成果，为无煤柱切顶自成巷开采提供了理论依据和技术指导，但仍需要对以下三个方面深入研究。

(1)在切顶留巷过程中，切顶巷道可分为一次成巷阶段和二次复用阶段，发挥

"一巷两用"的作用。因此切顶巷道围岩变形不仅受到本工作面采动影响，而且还受到邻近工作面开采时的采掘扰动影响。目前研究成果针对切顶留巷一次成巷阶段的覆岩运动开展了研究，但关于切顶巷道全过程的覆岩运动及其对巷道围岩破坏的影响规律鲜有报道。本书将探究切顶巷道一次成巷阶段和二次复用阶段的顶板运动过程及其对巷道围岩破坏的影响规律，以期为巷道围岩破坏的针对性控制提供理论依据。

（2）双向聚能预裂爆破技术在当前巷道切顶过程中发挥着重要作用，但是针对石炭系坚硬顶板条件是否仍然适用需要进一步检验。本书将根据坚硬顶板垮落特点，研发针对石炭系坚硬顶板的切顶预裂聚能爆破装置，为促使坚硬顶板顺利垮落提供有效手段。

（3）目前针对切顶留巷围岩控制主要基于巷道围岩破坏的均一性，没有考虑采掘扰动对切顶巷道围岩破坏的动态影响过程，相应的支护方案难以高度适应切顶留巷围岩破坏动态变化。本书根据切顶留巷围岩态势演变规律，提出了考虑切顶留巷围岩破坏动态变化的随态控制方案，以期能够为类似条件下的切顶留巷围岩科学控制提供理论指导。

## 参 考 文 献

[1] 孙旭东, 张蕾欣, 张博. 碳中和背景下我国煤炭行业的发展与转型研究[J]. 中国矿业, 2021, 30(2): 1-6.
[2] 刘长友, 杨敬轩, 于斌, 等. 多采空区下坚硬厚层破断顶板群结构的失稳规律[J]. 煤炭学报, 2014, 39(3): 395-403.
[3] 杨敬轩, 刘长友, 于斌, 等. 坚硬厚层顶板群结构破断的采场冲击效应[J]. 中国矿业大学学报, 2014, 43(1): 8-15.
[4] 钱鸣高. 采场矿山压力与控制[M]. 北京: 煤炭工业出版社, 1983: 16-53.
[5] 宋振骐. 实用矿山压力控制[M]. 徐州: 中国矿业大学出版社, 1988: 8-29.
[6] 黄庆享, 钱鸣高, 石平五. 浅埋煤层采场老顶周期来压的结构分析[J]. 煤炭学报, 1999, 24(6): 582-585.
[7] 钱鸣高, 朱德仁, 王作棠. 老顶岩层断裂型式及对工作面来压的影响[J]. 中国矿业学院学报, 1986, (2): 9-18.
[8] 蒋金泉. 老顶岩层板结构断裂规律[J]. 山东矿业学院学报, 1988, 7(1): 52-58.
[9] 杨胜利. 基于中厚板理论的坚硬厚顶板破断致灾机制与控制研究[D]. 北京: 中国矿业大学(北京), 2019.
[10] 陈冬冬. 采场基本顶板结构破断及扰动规律研究与应用[D]. 北京: 中国矿业大学(北京), 2018.
[11] 钱鸣高, 张顶立, 黎良杰, 等. 砌体梁的"S-R"稳定及其应用[J]. 矿山压力与顶板管理, 1994, (4): 6-10.
[12] 钱鸣高, 缪协兴, 何富连. 采场"砌体梁"结构的关键块分析[J]. 煤炭学报, 1994, 19(6): 558-563.
[13] Bai J B. Stability analysis for main roof of roadway driving along next goaf[J]. Journal of Coal Science & Engineering, 2003, 9(1): 22-27.
[14] 李迎富, 华心祝. 沿空留巷围岩结构稳定性力学分析[J]. 煤炭学报, 2017, 42(9): 2262-2269.
[15] 王红胜, 李树刚, 张新志, 等. 沿空巷道基本顶断裂结构影响窄煤柱稳定性分析[J]. 煤炭科学技术, 2014, 42(2): 19-22.
[16] 徐思朋, 茅献彪, 张东升. 煤柱塑性区的弹黏塑性理论分析[J]. 辽宁工程技术大学学报, 2006, 25(2): 194-196.
[17] 李忠华, 官福海. 弹塑性煤柱的应力场计算[J]. 采矿与安全工程学报, 2006, 23(1): 79-82.

[18] 崔楠, 马占国, 杨党委, 等. 孤岛面沿空掘巷煤柱尺寸优化及能量分析[J]. 采矿与安全工程学报, 2017, 34(5): 915-920.

[19] 康红普. 我国煤矿巷道围岩控制技术发展 70 年及展望[J]. 岩石力学与工程学报, 2021, 40(1): 1-30.

[20] 李季, 马念杰, 丁自伟. 基于主应力方向改变的深部沿空巷道非均匀大变形机理及稳定性控制[J]. 采矿与安全工程学报, 2018, 37(4): 671-676.

[21] 李季, 彭博, 袁鹏. 深部沿空巷道顶板蝶叶塑性"低阻微变"性形成机理研究[J]. 采矿与安全工程学报, 2019, 36(3): 466-481.

[22] 韩昌良, 张农, 阚甲广, 等. 沿空留巷"卸压-锚固"双重主动控制机理与应用[J]. 煤炭学报, 2017, 42(S): 323-330.

[23] 柏建彪, 王卫军, 侯朝炯, 等. 综放沿空掘巷围岩控制机理及支护技术研究[J]. 煤炭学报, 2000, 25(5): 479-481.

[24] 曹民远, 李康, 闫瑞兵, 等. 倾斜煤层沿空预留煤柱爆破卸压工程应用研究[J/OL]. 煤炭科学技术. (2020-02-18)[2023-01-31]. http://kns.cnki.net/kcms/detail/11.2402.TD.20200217.1256.010.html.

[25] 马资敏, 郭志飚, 陈上元, 等. 深部中厚煤层切顶留巷围岩变形规律与控制研究[J]. 煤炭科学技术, 2018, 46(2): 112-118,242.

[26] Ma Z M, Wang J, He M C, et al. Key technologies and application test of an innovative noncoal pillar mining approach: a case study[J].Energies, 2018, 11(10):1-22.

[27] 高玉兵, 王炯, 高海南, 等. 断层构造影响下切顶卸压自动成巷矿压规律及围岩控制[J]. 岩石力学与工程学报, 2019, 38(11): 2182-2193.

[28] 何满潮, 高玉兵, 杨军, 等. 无煤柱自成巷聚能切缝技术及其对围岩应力演化的影响研究[J]. 岩石力学与工程学报, 2017, 36(6): 1314-1325.

[29] 何满潮, 高玉兵, 杨军, 等. 厚煤层快速回采切顶卸压无煤柱自成巷工程试验[J]. 岩土力学, 2018, 39(1): 254-264.

[30] Wang Q, Wang Y J, He M C, et al. Experimental study on the mechanism of pressure releasing control in deep coal mine roadways located in faulted zone [J]. Geomechanics and Geophysics for Geo-Energy and Geo-Resources, 2022, 8(2):1-24.

[31] 华心祝, 刘啸, 黄志国, 等. 动静耦合作用下无煤柱切顶留巷顶板成缝与稳定机理[J]. 煤炭学报, 2020, 45(11): 3696-3708.

[32] Gao Y B, Wang Y J, Yang J, et al. Meso- and macroeffects of roof split blasting on the stability of gateroad surroundings in an innovative nonpillar mining method [J]. Tunnelling and Underground Space Technology, 2019, 90: 99-118.

[33] 何满潮, 郭鹏飞, 王炯, 等. 禾二矿浅埋破碎顶板切顶成巷试验研究[J]. 岩土工程学报, 2018, 40(3): 391-398.

[34] 朱珍, 张科学, 何满潮, 等. 无煤柱无掘巷开采自成巷道围岩结构控制及工程应用[J]. 煤炭学报, 2018, 43(S1): 52-60.

[35] 陈上元, 宋常胜, 郭志飚, 等. 深部动压巷道非对称变形力学机制及控制对策[J]. 煤炭学报, 2016, 41(1): 246-254.

[36] 高玉兵, 郭志飚, 杨军, 等. 沿空切顶巷道围岩结构稳态分析及恒压让位协调控制[J]. 煤炭学报, 2017, 42(7): 1672-1681.

[37] 王亚军, 何满潮, 张科学, 等. 无煤柱自成巷开采巷道矿压显现特征及控制对策[J]. 采矿与安全工程学报, 2018, 35(4): 677-685.

[38] 刘啸. 深井切顶留巷顶板稳定与协同控制研究[D]. 淮南: 安徽理工大学, 2020.

# 第2章　特厚煤层综放沿空掘巷矿压显现特征

本章首先介绍典型特厚煤层综放窄煤柱沿空掘巷工程地质与技术条件；其次对 8m 窄煤柱区段间隔沿空试掘巷道段围岩矿压显现进行现场观察和监测，分析矿压显现特征；再次通过钻孔窥视明确初始支护下围岩松动圈范围与破坏程度，并对特厚煤层综放窄煤柱沿空掘巷围岩稳定性及初始支护进行评价；最后对影响沿空掘巷围岩稳定性因素进行分析总结。

## 2.1　特厚煤层综放沿空掘巷工程概况

### 2.1.1　窄煤柱沿空掘巷生产地质条件

图 2-1 为马道头煤矿北二盘区回采工作面位置关系，其中 8211 区段综放工作面为本次主要研究对象，其位于北二盘区最东部，西侧紧邻已回采结束稳定后的 8210 区段综放工作面，东部为村庄保护煤柱下的实体煤，北侧为规划布置但尚未开采的 N8206 与 N8205 区段综放工作面。8210 区段工作面西侧相邻正在回采的 8209 区段综放工作面，8209 与 8210 区段综放工作面倾向长度均为 220m，两工作面区段间隔煤柱宽度为 30m。盘区内其他已回采完毕工作面间隔采空区的区段煤柱宽度均为 20~30m 宽煤柱，而 8211 区段综放工作面采用 8m 窄煤柱进行区段间隔。

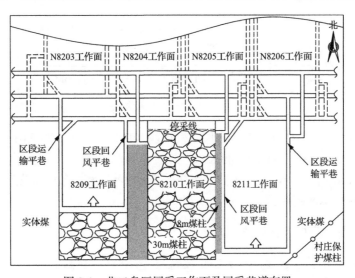

图 2-1　北二盘区回采工作面及回采巷道布置

　　8211 区段综放工作面开采 3-5#煤层，煤层赋存稳定，平均厚度达 15.1m，属于特厚煤层，埋藏深度约 415m；煤层赋存较平缓，平均倾角 2.5°；煤层结构复杂，节理裂隙发育，含多层碳质泥岩、高岭泥岩和泥岩夹矸，平均厚度约 2.1m。煤层上方直接顶为泥岩与粉砂岩互层，节理裂隙发育。依据文献[1]中给定的关键岩层判别方法确定得到，煤层上覆的 K3 及 K4 岩层为关键岩层，分别控制其上覆软弱岩层。其中煤层上覆基本顶为完整度好、强度高、致密性强的中粗砂岩，平均厚度达 14.7m，为上覆软弱岩层的关键持力层，即低位 K3 关键岩层；而基本顶上方 57m 处为石英及长石组成的中粗砂岩，平均厚度 9.2m，岩性好，同样对上覆软弱岩层起关键承载，即高位 K4 关键岩层，如图 2-2 所示。由 8210 区段回风平巷揭煤情况可知，8211 区段回风平巷掘巷处煤体无显著大断层、陷落柱等构造存在，但分布有小断层等构造。

| 岩石名称 | 层厚/m | 岩柱 | 岩柱描述 |
|---|---|---|---|
| 砂质泥岩及铝土质泥岩互层 | $\dfrac{27.7\sim41.0}{34.3}$ | | 上层为紫色铝土质泥岩，下层为黄绿色砂质泥岩 |
| 中粗砂岩(K4) | $\dfrac{7.9\sim10.5}{9.2}$ | | 灰白色粗粒块状结构，底部含砾增加，成分为石英及长石 |
| 砂质泥岩及粉砂岩互层 | $\dfrac{38.1\sim75.7}{56.9}$ | | 以浅灰色砂质泥岩与粉砂岩互层为主，夹有薄层黏土岩 |
| 中粗砂岩(K3) | $\dfrac{11.8\sim17.6}{14.7}$ | | 粗粒块状结构，主要为石英及长石 |
| 粉砂岩 | $\dfrac{1.9\sim4.5}{3.2}$ | | 中细粒结构，主要为石英，钙质胶结 |
| 碳质泥岩 | $\dfrac{1.2\sim3.4}{2.3}$ | | 黑色泥质块状结构，含植物化石及煤屑 |
| 3-5#煤 | $\dfrac{13.6\sim16.6}{15.1}$ | | 黑色半暗煤，含多层夹矸，内生裂隙发育 |
| 碳质泥岩 | $\dfrac{2.2\sim8.4}{5.3}$ | | 黑色泥质块状结构，含植物化石及煤屑 |
| 中细砂岩 | $\dfrac{9.3\sim19.7}{14.5}$ | | 中细粒结构，含薄层状粉砂及细砂岩 |

图 2-2　8211 区段综放工作面煤岩柱状图

　　8211 区段综放工作面沿 3-5#煤层底板布置，工作面倾向长度与走向长度分别为 240m 和 860m，应用综合机械化低位放顶煤技术回采特厚煤层，机采高度 3.9m，放煤高度约 11m。沿 3-5#煤层底板分别布置一条运输巷道和一条回风巷道(沿空掘巷)服务 8211 区段综放工作面。

### 2.1.2　窄煤柱沿空掘巷初始支护方案

　　8211 区段回风平巷沿特厚煤层底板掘进，采用 8m 窄煤柱间隔上区段 8210 区段综放工作面采空区。但 8210 区段综放工作面运输平巷曾于 8m 煤柱处布置 4 个倒车硐室与 1 个水仓，倒车硐室间距约 200m，水仓位于 1#硐室与 2#硐室之间。水仓和倒车硐室深度与宽度均为 5m。因倒车硐室及水仓的布置使得 8m 窄煤柱局部宽度分别收窄为 3m，如图 2-3 所示。

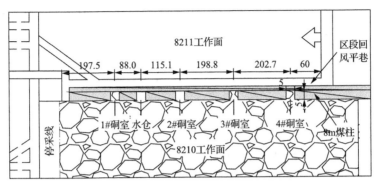

图 2-3　煤柱收窄段位置(单位：m)

8211 区段回风平巷为矩形断面，掘进断面宽×高为 5200mm×3700mm。巷道采用机械化掘进机开掘巷道，初始支护设计中顶板采用锚杆、锚索槽钢和非对称锚索桁架结构，煤柱帮采用锚杆与锚索支护，锚索三花布置，每排一根；实体煤帮仅为锚杆梯子梁支护，具体支护方案及参数如图 2-4 所示。沿空掘巷煤柱收窄段煤柱帮仅使用锚杆支护，围岩其他部位支护构型和参数与上述相同。

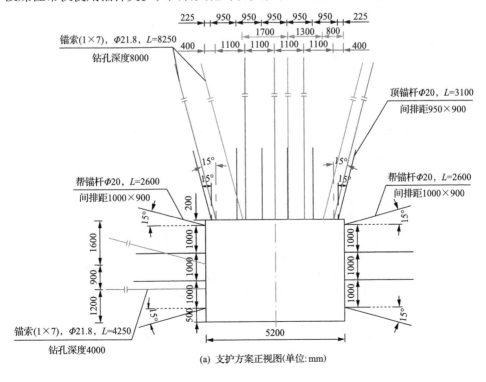

(a) 支护方案正视图(单位:mm)

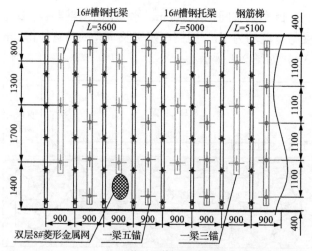

(b) 顶板支护俯视图(单位: mm)

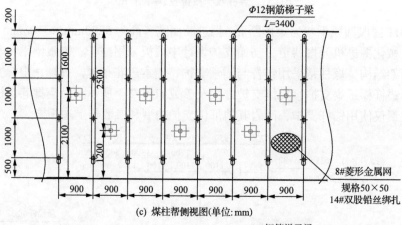

(c) 煤柱帮侧视图(单位: mm)

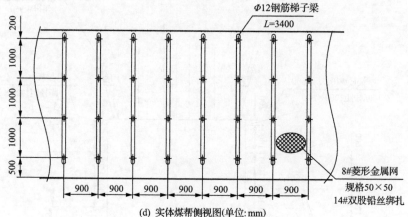

(d) 实体煤帮侧视图(单位: mm)

图 2-4 8211 区段沿空掘巷初始支护方案

## 2.2　特厚煤层综放沿空掘巷围岩变形破坏特征

为了认识并探究特厚煤层综放窄煤柱沿空掘巷矿压规律，8211 区段回风平巷于 8210 区段采空区稳定后试验性掘巷 40m，继而对 8211 区段沿空掘巷围岩矿压显现进行观察和监测。

### 2.2.1　沿空掘巷围岩变形破坏观测

特厚煤层综放开采条件下 8211 区段回风平巷在 8m 窄煤柱沿空掘巷期间，显现出强烈的矿压现象，如图 2-5 和图 2-6 所示。巷道一经开掘煤柱帮煤体便表现

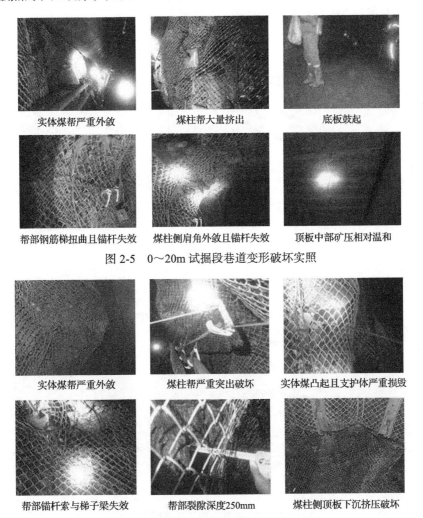

实体煤帮严重外敛　　　　煤柱帮大量挤出　　　　底板鼓起

帮部钢筋梯扭曲且锚杆失效　　煤柱侧肩角外敛且锚杆失效　　顶板中部矿压相对温和

图 2-5　0～20m 试掘段巷道变形破坏实照

实体煤帮严重外敛　　　　煤柱帮严重突出破坏　　实体煤凸起且支护体严重损毁

帮部锚杆索与梯子梁失效　　帮部裂隙深度250mm　　煤柱侧顶板下沉挤压破坏

图 2-6　20～40m 试掘段巷道变形破坏实照

出大范围破坏特性，锚杆索钻孔破碎并易塌孔，锚固剂与锚杆索安装困难。开掘一段时间后，两帮煤体裂隙发育强烈且持续扩展延伸，煤柱帮整体大范围向巷内移动，实体煤帮也出现严重的外敛变形，局部区域实体煤帮矿压显现接近煤柱帮。伴随煤帮收敛变形，底板持续鼓起，巷道顶板两帮肩角处呈现显著下沉与挤压变形，且整体向煤柱帮倾斜，而顶板中部矿压显现相对温和。沿空掘巷围岩的变形破坏严重影响了巷道的通风、行人、运输功能及回采时的安全高效生产。

于沿空煤巷试掘段内布置两个围岩变形监测站，1#测站与2#测站距离掘巷口分别为15m和30m，对巷道围岩变形量进行监测。并于每个测站顶板中线位置安装顶板离层测定装置，监测中部顶板深、浅基点位置的煤体离层量，深基点位于顶板上方厚顶煤深度8.3m位置，浅基点位于厚顶煤深度2.6m位置。巷道围岩变形量及中部顶板煤体离层量分别如图2-7和图2-8所示。

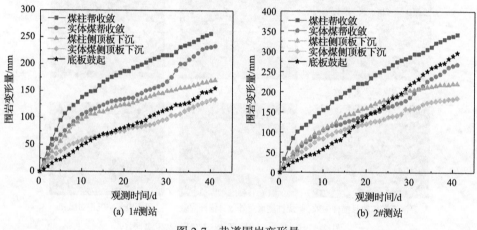

图 2-7　巷道围岩变形量

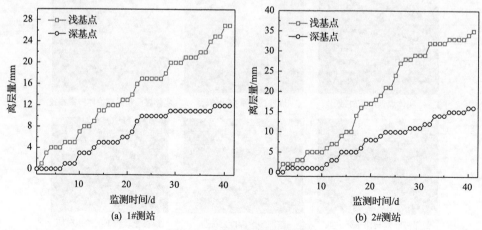

图 2-8　中部顶板煤体离层量

由图 2-7 可知，巷道开掘 40 天后围岩仍未稳定，且煤柱帮相较围岩其他部位变形量与变形速率均最大，1#测站与 2#测站煤柱帮开掘一周后收敛量便分别达到 126mm 和 118mm，掘进初期一周内平均变形速率分别为 16.7mm/d 和 18.0mm/d。实体煤帮掘巷初期一周内变形量与变形速率均小于煤柱帮，1#测站掘巷一周后实体煤帮变形量与平均收敛速率分别为 85mm 与 12.1mm/d，2#测站分别为 81mm 与 11.5mm/d，呈现较为严重的变形破坏，且巷道开掘 25 天后实体煤帮变形速率呈增大趋势。两个测站中煤柱侧顶板下沉规律与煤柱变形相近，但顶板下沉量和速率均小于煤柱帮，且实体煤帮侧顶板变形量小于煤柱侧顶板。沿空掘巷底板在开掘初期变形大小与变形速率均滞后于围岩其他部位，但其持续保持一定变形速率，在巷道开掘 40 天后两测站底板平均鼓起量达到 226mm。

由图 2-8 可知，1#测站深、浅基点观测第 40 天离层量分别为 12mm 和 27mm，2#测站分别为 16mm 和 35mm。就观测期顶板离层量而言，沿空掘巷中部顶板深处的厚顶煤在现有顶板支护条件下离层量不大，仍保持一定的稳定性，但由图 2-8 中两个测站中部顶板煤体离层量变化趋势可知，监测 40 天时中部顶板深、浅基点煤体离层量仍有持续增大的趋势。

### 2.2.2 沿空掘巷围岩变形破坏分析

通过对典型特厚煤层综放窄煤柱区段间隔沿空煤巷试掘段围岩变形破坏现场观测分析发现，初始支护下沿空掘巷围岩矿压显现强烈且围岩各关键部位呈现出显著联动性，其矿压显现特征如下。

(1) 煤柱帮变形破坏表现出瞬时性、迅速性及显著性。由沿空煤巷掘进期间现场观测发现，煤柱帮煤体随巷道掘出瞬时便已发生破坏并开始向巷内收敛变形，大量裂隙赋存于煤柱煤体中，煤柱帮所施工的锚杆索钻孔破碎，成孔难度大。开掘初期煤柱帮变形便表现变形速率大和幅度大的特征，随时间增加虽煤柱帮变形速率降低，但变形破坏仍在以较大幅度持续。

(2) 掘巷初期实体煤帮矿压显现程度滞后于煤柱帮，而后期破坏速率与幅度均增大。巷道刚开掘后，实体煤帮侧煤体相较煤柱破坏程度、变形速率与幅度均较小。而实体煤帮侧煤体在顶板持续下沉与底板不断鼓起过程中，其变形增幅开始增大，破坏程度明显加剧，煤体大量挤出且鼓包严重，并且整体向巷道内移动，同时出现大量钢筋梯扭曲断裂、锚杆失效等强烈矿压显现现象，局部巷道段的实体煤帮变形量接近煤柱帮。

(3) 顶板呈现非对称变形破坏，且底板鼓起始终伴随着巷道帮部收敛变形。沿空掘巷厚顶煤顶板变形破坏具有明显时效性与空间性，时效性体现于伴随煤柱帮大幅度快速向巷内收敛，煤柱侧顶板紧随煤柱帮变形破坏明显下沉。空间性体现于煤柱帮和实体煤帮侧顶板相较于中部顶板矿压显现明显，两帮与顶板搭接肩角处顶煤及顶板支护结构产生显著挤压变形，而巷道顶板中部顶煤及支护结构变形破坏程度相对较弱，矿压显现相对温和。除此之外，顶板于煤柱帮侧的下沉幅度大于实体煤帮侧顶板，整体呈现出向煤柱侧倾斜的非对称变形。

综合特厚煤层综放窄煤柱沿空掘巷围岩各部位(煤柱、实体煤帮、顶板和底板)变形破坏特征可知，围岩各关键部位非独立存在，而是相互依托、互相影响，一个部位的破坏将导致巷道围岩的整体变形破坏进而失稳，围岩各部位具有显著的关联性。其中巷道帮部在围岩稳定性中至关重要，其向上支承顶板承担上覆荷载，向下传递力于底板，在巷道围岩中起到承上启下的关键作用。针对特厚煤层综放8211区段窄煤柱沿空掘巷矿压显现规律，发现大范围破坏窄煤柱是巷道围岩失稳的先导因素，也是决定围岩稳定性的关键因素。而高强度大密度支护下的顶板及软弱岩层构成的底板是沟通煤柱帮与实体煤帮的桥梁，使得煤柱帮与实体煤帮变形破坏紧密关联且相互影响。如图 2-9 所示，可概括描述特厚煤层综放窄煤柱区段间隔 8211 区段沿空掘巷围岩变形破坏时空特征为：沿空煤巷开掘后[图2-9(a)]，首先窄煤柱的强烈变形破坏伴随煤柱侧顶板下沉回转[图 2-9(b)]，随着顶底板变形失稳实体煤帮破坏程度开始加速和加剧[图 2-9(c)]。即煤柱瞬时+持续大变形→煤柱侧顶板下沉且挤压变形→顶板整体向煤柱非对称偏转+底板持续鼓起→实体煤帮急剧外敛变形，而实体煤帮失稳加剧后实体煤帮侧顶板进一步下沉挤压，由此形成恶性循环，如不对沿空掘巷围岩采取有针对性、方向性和重点性的科学有力的控制手段，围岩最终将整体完全失稳。

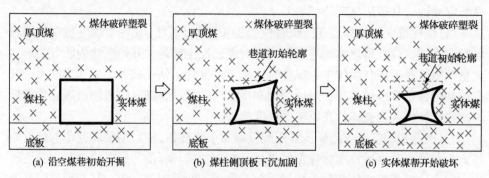

(a) 沿空煤巷初始开掘　　　　　(b) 煤柱侧顶板下沉加剧　　　　　(c) 实体煤帮开始破坏

图 2-9　特厚煤层综放沿空煤巷矿压显现时空特征

## 2.3　特厚煤层综放沿空掘巷围岩裂隙发育程度

### 2.3.1　沿空掘巷围岩松动圈观测

围岩松动圈是衡量围岩劣化程度与范围，评价围岩稳定性并指导支护设计的重要指标[2]。本次测定 8211 区段沿空掘巷围岩松动圈，使用了 CXK7.2(A)-Z 矿用隔爆兼本安型钻孔成像仪对巷道围岩破坏范围与程度进行探测,该装置便于井下使用,可观测最小直径为 28mm 的钻孔。钻孔窥视装置及原理如图 2-10 所示。窥视装置由窥视镜头、推送杆、控制台及测距仪组成,导线将摄像头与控制台及测距仪连接,由推送杆将窥视镜头通过钻孔送达指定位置,控制台记录并保存摄取的照片或视频。

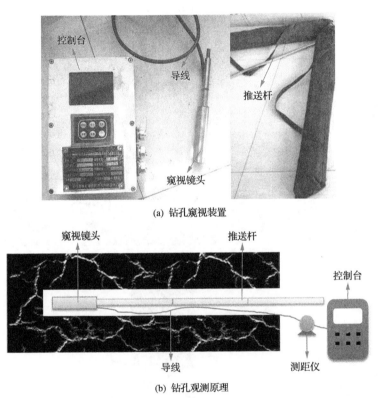

(a) 钻孔窥视装置

(b) 钻孔观测原理

图 2-10　围岩松动圈观测装置及原理

巷道布置三个测站,分别距掘巷口 10m、20m、30m。每个测站于巷道顶板、煤柱帮与实体煤分别钻取一个孔径为 50mm 的窥视钻孔,煤柱帮钻孔深度 6500mm,实体煤帮钻孔深度 9000mm,顶板钻孔深度 13000mm。顶板钻孔沿中线并垂直于顶板布置。煤柱帮与实体煤帮钻孔垂直于两帮且距离底板高度为 1500mm。

钻孔窥视结果如图 2-11 和表 2-1 所示。结果表明煤柱帮长度 6500mm 的窥视钻孔周边煤体均发生不同程度破坏,由于煤柱是向上区段采空侧与巷道侧双向变形破坏,据此说明 8m 煤柱整体产生破坏,同时观察图 2-11 中煤柱帮钻孔窥视结果可知,采空区侧与沿空掘巷侧的煤柱煤体破坏程度大于煤柱中部。而实体煤帮与顶板松动圈平均范围分别为 4.29m 和 3.67m,且浅部煤体破碎程度均大于深部煤体。上述结果表明现有支护条件下特厚煤层综放 8211 区段窄煤柱沿空掘巷围岩松动圈大、破坏范围广、程度高，而巷帮煤体破坏范围与程度尤其严重。

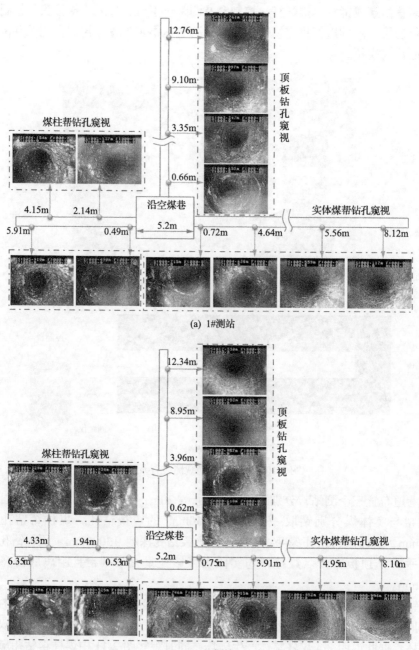

(a) 1#测站

(b) 2#测站

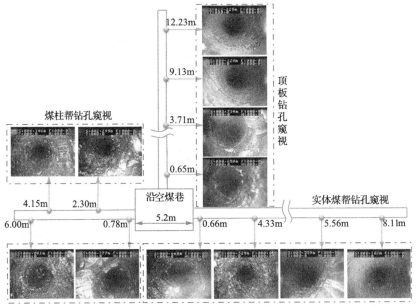

(c) 3#测站

图 2-11　围岩松动圈观测

**表 2-1　围岩松动圈范围**

| 围岩 | 钻孔数量/个 | 裂隙发育程度 | 围岩松动圈范围 | 松动圈平均范围/m |
|---|---|---|---|---|
| 顶板 | 3 | 中 | 3.35～3.96m | 3.67 |
| 煤柱 | 3 | 高 | 8 m 煤柱整体 | 8.00 |
| 实体煤 | 3 | 高 | 3.91～4.64m | 4.29 |

### 2.3.2　沿空掘巷围岩稳定性评价

对特厚煤层综放窄煤柱区段间隔沿空掘巷围岩稳定性进行分类与评价，明晰沿空掘巷围岩当前所处外部工程地质环境、内部岩性结构和初始支护下的围岩稳定性，进而明确围岩控制难度，科学合理地指导巷道支护设计、施工及管理。当前普遍的巷道围岩稳定性评价方法可分为表 2-2 中的三种类别。

**表 2-2　巷道围岩稳定性评价方法**[3,4]

| 评价类别 | 评价依据 | 评价方法 |
|---|---|---|
| 单指标 | 岩石强度与结构面发育强度 | 普氏法、RQD 法、岩石结构全职 RSR 分类法等 |
| 多指标 | 岩石、结构面发育强度、地应力与地下水等因素 | 岩体质量系数 Q 法、工程岩体分类标准等 |
| 多因素综合指标 | 地应力、地下水、地温影响下围岩力学性质，软弱夹层位置，巷道断面大小与形状 | 围岩变形量分类法、围岩松动圈分类法等 |

由表 2-2 可知，围岩松动圈分类法属于多因素综合指标评价方法，综合考虑

了多方面影响指标，提高了围岩稳定性评价的准确性。基于松动圈范围的围岩稳定性分类(表 2-3)并综合矿压观测结果、煤岩力学测定及围岩松动圈钻孔窥视结果，特厚煤层综放 8211 区段窄煤柱沿空掘巷围岩破坏程度高，尤其是巷道帮部，煤体松软易破坏，且松动圈范围处于 300～500cm，在围岩稳定性分类中属于Ⅵ类，为较不稳定围岩。

**表 2-3　基于松动圈范围的围岩稳定性分类[5]**

| 围岩分类 | 松动圈类型 | 松动圈范围/cm | 稳定性 |
|---|---|---|---|
| Ⅰ | 小松动圈 | 0～40 | 稳定 |
| Ⅱ | 中等松动圈 | 40～100 | 较稳定 |
| Ⅲ | | 100～150 | 一般稳定 |
| Ⅳ | 大松动圈 | 150～200 | 一般不稳定 |
| Ⅴ | | 200～300 | 不稳定 |
| Ⅵ | | 300～500 | 较不稳定 |
| Ⅶ | | ≥500 | 极不稳定 |

### 2.3.3　沿空掘巷初始支护评价

特厚煤层综放 8211 区段窄煤柱区段间隔沿空掘巷，在初始支护下围岩稳定性并未得到有效控制，初始支护与围岩表现出显著不适性和缺乏针对性等问题，具体表现在以下几方面。

(1)支护结构、型式及措施未能适应特厚煤层综放开采窄煤柱区段间隔下沿空掘巷围岩。初始支护中明显注重对顶板的支护而忽视了巷道帮部，而由表 2-3 给出的 8211 区段沿空掘巷围岩属于Ⅵ类较不稳定围岩，尤其帮部的破坏范围与程度均较大。

(2)巷帮支护锚固深度明显不足。巷帮煤体破碎范围与程度较大，锚杆长度所控制的围岩范围仍位于松动圈内部，现场观测到大量帮部锚杆随着帮部外敛变形一同挤出，无法有效控制松动圈破碎煤体继续破坏与扩展。

(3)锚固性能不佳。煤柱帮所施工锚索钻孔成孔难度大、易塌孔，锚索锚固剂在推送过程中往往未到达孔底便被参差不齐的破碎孔壁破坏，现场锚索拉拔测试中锚固力低，说明锚固剂未在锚索钻孔底端与煤体形成有效端头锚固。

(4)帮部护表结构不合理。破碎煤帮在较弱的护表结构支护下，破碎煤块由锚杆之间挤出形成明显网兜，大量锚杆索陷入巷帮煤体内部，局部甚至出现金属网破损和片帮。

(5)缺乏针对性与适应性。巷道采用单一控制措施，未充分考虑上区段倒车硐室、水仓形成的煤柱收窄或地质构造区域等围岩严重破坏段巷道控制，该区域仅单一锚杆索支护难以保障特厚煤层综放高强度开采沿空掘巷围岩稳定性。

## 2.4　特厚煤层综放沿空掘巷围岩稳定性影响因素

沿空掘巷矿压显现特征与岩体所处外部工程地质环境、内部岩性结构、围岩支护密切相关，如图 2-12 所示。其中围岩地质环境、内部岩性结构是既定围岩所

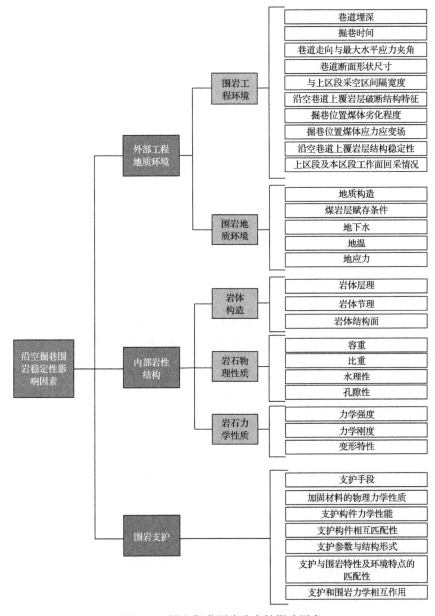

图 2-12　沿空掘巷围岩稳定性影响因素

处条件且无法改变，而围岩工程环境与围岩支护则受后期人为活动影响。

　　围岩所处外部工程地质环境包括围岩工程环境与围岩地质环境。围岩工程环境中影响围岩稳定性因素有巷道埋深、掘巷时间、巷道走向与最大水平应力夹角、巷道断面形状尺寸、与上区段采空区间隔宽度、沿空巷道上覆岩层破断结构特征(破断位置相对煤壁距离、破断形态以及稳定后的赋存状态等)、掘巷位置煤体劣化程度、掘巷位置煤体应力应变场、沿空巷道上覆岩层结构稳定性、上区段及本区段工作面回采情况(割煤高度、放煤高度、采出率和端头不放煤宽度等)。围岩地质环境包括地质构造(褶曲、断层、陷落柱等)、煤岩层赋存条件(煤层厚度、煤岩层倾角、软弱夹层分布情况、基本顶及关键层厚度与层位等)、地下水、地温与地应力。

　　内部岩性结构直接决定着围岩抵抗变形破坏的能力。内部岩性结构包括岩体中层理、节理和结构面的岩体构造，岩石容重、比重、水理性、孔隙性等物理性质，以及岩石力学强度、力学刚度、变形特性等力学性质。

　　在围岩稳定性影响因素中围岩支护是人为可控因素。围岩控制中所使用的注浆、锚杆索、金属支架等支护手段，浆液、金属支架等加固材料的物理力学性质，支护构件的刚度、强度等力学性能，托盘、杆体、螺母等支护构件相互匹配性、锚杆索长度、直径及间排距等支护参数与结构形式，支护与围岩特性及环境特点的匹配性，支护和围岩力学相互作用均与围岩稳定性有着密切联系。

## 参 考 文 献

[1] 钱鸣高, 石平五, 许家林. 矿山压力与岩层控制[M]. 徐州: 中国矿业大学出版社, 2010: 48-225.

[2] 袁亮, 薛俊华, 刘泉声, 等. 煤矿深部岩巷围岩控制理论与支护技术[J]. 煤炭学报, 2011, 36(4): 535-543.

[3] 田敬学, 张庆贺, 姜福兴. 煤矿巷道围岩稳定性动态工程分类技术研究与应用[J]. 岩土力学, 2001, 22(1): 29-32.

[4] 康红普, 王金华, 林健. 煤矿巷道锚杆支护应用实例分析[J]. 岩石力学与工程学报, 2010, 24(4): 649-664.

[5] 董方庭, 宋宏伟, 郭志宏, 等. 巷道围岩松动圈支护理论[J]. 煤炭学报, 1994, 19(1): 21-31.

# 第 3 章　特厚煤层综放沿空掘巷上覆基本顶破断活化机理

通过构建弹-塑性支承基础基本顶板结构破断力学模型，求解沿空掘巷上覆基本顶弯矩分布特征，确定特厚煤层综放 8211 区段窄煤柱沿空掘巷上覆基本顶板结构破断位置、形态与尺寸，并系统探究影响基本顶板结构破断特征的关键因素及其权重。基于上覆基本顶破断深入实体煤位置的实际特征，构建数值分析模型探究特厚煤层综放开采沿空掘巷覆岩破断失稳、运移演化及其稳定后的结构特征，为揭示窄煤柱沿空掘巷上覆岩层结构影响下的围岩破坏失稳机理及其稳定性科学控制研究奠定基础。

## 3.1　弹-塑性支承基础沿空掘巷上覆基本顶破断特征

### 3.1.1　基本顶板结构支承基础与模型

1. 弹-塑性支承基础基本顶板结构力学模型构建

依据弹性薄板力学假设条件可知[1]：

$$\left(\frac{1}{100} \sim \frac{1}{80}\right) \leqslant \frac{h}{l} \leqslant \left(\frac{1}{8} \sim \frac{1}{5}\right) \tag{3-1}$$

式中，$h$ 为基本顶板厚度，m；$l$ 为基本顶板短边长度，m。通常情况下采空区悬顶基本顶均满足上述要求，可以对基本顶板作弹性薄板假设[1]。

工作面回采过后，基本顶悬板结构受采空区周围下伏煤体与直接顶构成的基础支承。采空区周边一定范围的浅部支承基础以塑性状态赋存，而深部未破坏支承基础以弹性状态赋存。显而易见，构成基本顶悬板结构支承基础的为弹-塑性状态，因而基本顶悬板结构破断特征必然受弹性与塑性支承基础相关性质影响，如塑性支承基础范围以及破坏程度等。

由此构建更加符合采矿工程实际的弹-塑性支承基础基本顶板结构力学模型，如图 3-1 所示。图中，$ABCD$ 区域为工作面回采后基本顶于采空区形成的悬板区域，$A_1B_1C_1D_1$ 与 $ABCD$ 区域之间所夹的环形区域为塑性支承基础区域，$A_1B_1C_1D_1$ 与 $A_2B_2C_2D_2$ 之间所夹的环形区域为弹性支承基础区域。弹性支承基础与塑性支承基础之间的边界由 $A_1B_1$、$B_1C_1$、$C_1D_1$ 和 $A_1D_1$ 构成，塑性支承基础与采空区域之间的边

界由 $AB$、$BC$、$CD$ 和 $AD$ 构成，弹性区域外边界由 $A_2B_2$、$B_2C_2$、$C_2D_2$ 和 $A_2D_2$ 构成。设定弹性区域外边界 $A_2B_2$、$C_2D_2$ 长度为 $2a_2$，外边界 $B_2C_2$、$A_2D_2$ 长度为 $2b_2$，回采工作面长度 $AB$、$CD$ 为 $2a$，采空区域跨度 $BC$、$AD$ 为 $2b$，边界 $AB$ 与 $A_1B_1$ 之间或边界 $CD$ 与 $C_1D_1$ 之间所夹塑性区宽度为 $b_s$，边界 $BC$ 与 $B_1C_1$ 之间或 $AD$ 与 $A_1D_1$ 之间所夹塑性区宽度为 $a_s$，可知弹性与塑性支承基础之间界线 $A_1B_1$ 和 $C_1D_1$ 长度为 $2a_s+2a$，弹性与塑性支承基础之间界线 $A_1D_1$ 和 $B_1C_1$ 长度为 $2b_s+2b$，悬顶区域基本顶所受荷载为 $q$，可由基本顶板上覆软弱岩层及其自身重力确定。

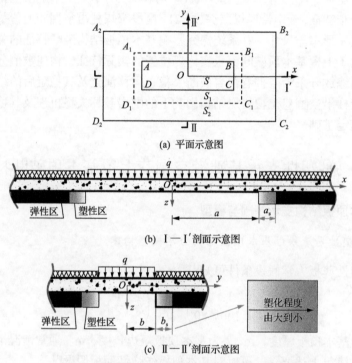

(a) 平面示意图

(b) Ⅰ—Ⅰ′剖面示意图

(c) Ⅱ—Ⅱ′剖面示意图

图 3-1　弹-塑性支承基础基本顶板结构力学模型

设定图 3-1 中 $ABCD$ 悬顶区域为 $S$ 区，该区域基本顶板结构挠度微分方程为

$$\frac{\partial^4 \omega(x,y)}{\partial x^4} + 2\frac{\partial^4 \omega(x,y)}{\partial x^2 \partial y^2} + \frac{\partial^4 \omega(x,y)}{\partial y^4} = \frac{1}{D}q \tag{3-2}$$

式中，$\omega(x,y)$ 为 $S$ 悬顶区基本顶板结构的二元挠度函数；$D$ 为基本顶板结构刚度，N/m，可由式(3-3)确定：

$$D = \frac{Eh^3}{12(1-\mu^2)} \tag{3-3}$$

式中，$\mu$ 为基本顶板结构泊松比；$E$ 为基本顶板结构弹性模量，MPa；$h$ 为基本顶厚度，m。

设定图 3-1 中 $A_1B_1C_1D_1$ 与 $ABCD$ 区域之间所夹的环形塑性区为 $S_1$ 塑性区，该区域基本顶板结构挠度微分方程为

$$\frac{\partial^4 \omega_s(x,y)}{\partial x^4} + 2\frac{\partial^4 \omega_s(x,y)}{\partial x^2 \partial y^2} + \frac{\partial^4 \omega_s(x,y)}{\partial y^4} = \frac{-k_s \omega_s(x,y)}{D} \tag{3-4}$$

式中，$\omega_s(x,y)$ 为 $S_1$ 塑性区基本顶板结构的二元挠度函数；$k_s$ 为 $S_1$ 塑性支承基础支承系数。

设定图 3-1 中 $A_1B_1C_1D_1$ 与 $A_2B_2C_2D_2$ 区域之间所夹的环形弹性区域为 $S_2$ 弹性区，该区域基本顶板结构挠度微分方程为

$$\frac{\partial^4 \omega_t(x,y)}{\partial x^4} + 2\frac{\partial^4 \omega_t(x,y)}{\partial x^2 \partial y^2} + \frac{\partial^4 \omega_t(x,y)}{\partial y^4} = \frac{-k_t \omega_t(x,y)}{D} \tag{3-5}$$

式中，$\omega_t(x,y)$ 为 $S_2$ 弹性区基本顶板结构的二元挠度函数；$k_t$ 为弹性支承基础支承系数。

基本顶下伏弹性支承基础支承系数 $k_t$ 取值为[2]

$$k_t = \frac{\overline{E}}{h_t} \tag{3-6}$$

式中，$h_t$ 为基本顶下伏支承基础总厚度，m；$\overline{E}$ 为下伏支承基础等效弹性模量，MPa，可由式（3-7）确定[3]：

$$\overline{E} = \frac{E_0 I_0 + E_1 I_1 + \cdots + E_i I_i}{\overline{I}_i} \tag{3-7}$$

式中，$I_i$ 为第 $i$ 层支承基础极惯性矩，$I_i = \frac{b_i h_i^3}{12}$，m。其中，$b_i$ 为第 $i$ 层支承基础宽度，m，通常情况下 $b_0 = b_1 = \cdots = b_i$；$h_i$ 为第 $i$ 层支承基础厚度，m。$\overline{I}_i$ 为等效支承基础极惯性矩，$\overline{I}_i = \frac{b_i(h_0 + h_1 + \cdots + h_i)^3}{12}$，m。

设定采空区域与塑性区域交界处支承基础的支承系数为 $k_0$，那么由 $k_0$ 可表示塑性支承基础临采空区边缘 $ABCD$ 的破坏程度，因越临近采空区支承基础的破坏程度越大甚至完全破坏无支承能力，在塑性区临采空区边缘，基础完全破坏时的支承系数 $k_0$ 便可视为 0。那么随塑性支承基础边缘的深入，深处塑性支承基础 $S_1$ 区域的支承系数 $k_s$ 将不断增加，直至未发生破坏的弹性支承基础 $S_2$ 区域的支承系数 $k_t$，那么 $k_s$ 与深入基础的距离成正比，且具有 $k_0 < k_s < k_t$ 关系。其中未发生破坏的弹性支承基础支承系数 $k_t$ 为恒定值，与煤层自身属性有关，而塑性支承支

承系数 $k_s$ 是变化的，与煤层破坏程度相关。塑性支承基础支承系数的考虑使得模型更加符合现场实际，且求解方法与结果更加准确。

2. 支承基础边界条件

1)采空区与塑性区交接边界条件

采空区域 $S$ 与塑性支承基础区域 $S_1$ 交接处边界 $AB(-a{\leqslant}x{\leqslant}a，y=b)$、$BC(-b{\leqslant}y{\leqslant}b，x=a)$、$CD(-a{\leqslant}x{\leqslant}a，y=-b)$ 和 $AD(-b{\leqslant}y{\leqslant}b，x=-a)$ 上各个点的挠度既满足采空区域基本顶悬板结构 $S$ 微分方程式(3-2)又满足塑性支承基础 $S_1$ 区域的微分方程式(3-4)。除此之外，边界 $AB$、$BC$、$CD$ 和 $AD$ 上各个点的剪切力大小、弯矩大小、挠度大小以及截面法向线转角在采空区域 $S$ 以及塑性支承基础区域 $S_1$ 两个区域上连续，因此可以给出如下关系式：

$$
\begin{cases} -a \leqslant x \leqslant a \\ y = b \end{cases}, \quad
\begin{cases}
\dfrac{\partial}{\partial y}\nabla^2 \omega_s = \dfrac{\partial}{\partial y}\nabla^2 \omega \\[2mm]
\dfrac{\partial^2 \omega_s}{\partial y^2} + \mu \dfrac{\partial^2 \omega_s}{\partial x^2} = \dfrac{\partial^2 \omega}{\partial y^2} + \mu \dfrac{\partial^2 \omega}{\partial x^2} \\[2mm]
\dfrac{\partial \omega_s}{\partial y} = \dfrac{\partial \omega}{\partial y} \\[2mm]
\omega_s(x,b) = \omega(x,b)
\end{cases}
$$

$$
\begin{cases} -a \leqslant x \leqslant a \\ y = -b \end{cases}, \quad
\begin{cases}
\dfrac{\partial}{\partial y}\nabla^2 \omega_s = \dfrac{\partial}{\partial y}\nabla^2 \omega \\[2mm]
\dfrac{\partial^2 \omega_s}{\partial y^2} + \mu \dfrac{\partial^2 \omega_s}{\partial x^2} = \dfrac{\partial^2 \omega}{\partial y^2} + \mu \dfrac{\partial^2 \omega}{\partial x^2} \\[2mm]
\dfrac{\partial \omega_s}{\partial y} = \dfrac{\partial \omega}{\partial y} \\[2mm]
\omega_s(x,-b) = \omega(x,-b)
\end{cases}
$$

$$
\begin{cases} -b \leqslant y \leqslant b \\ x = a \end{cases}, \quad
\begin{cases}
\dfrac{\partial}{\partial x}\nabla^2 \omega_s = \dfrac{\partial}{\partial x}\nabla^2 \omega \\[2mm]
\dfrac{\partial^2 \omega_s}{\partial x^2} + \mu \dfrac{\partial^2 \omega_s}{\partial y^2} = \dfrac{\partial^2 \omega}{\partial x^2} + \mu \dfrac{\partial^2 \omega}{\partial y^2} \\[2mm]
\dfrac{\partial \omega_s}{\partial x} = \dfrac{\partial \omega}{\partial x} \\[2mm]
\omega_s(a,y) = \omega(a,y)
\end{cases}
$$

$$\begin{cases} -b \leqslant y \leqslant b \\ x = -a \end{cases}, \quad \begin{cases} \dfrac{\partial}{\partial x}\nabla^2\omega_{\text{s}} = \dfrac{\partial}{\partial x}\nabla^2\omega \\[2mm] \dfrac{\partial^2\omega_{\text{s}}}{\partial x^2} + \mu\dfrac{\partial^2\omega_{\text{s}}}{\partial y^2} = \dfrac{\partial^2\omega}{\partial x^2} + \mu\dfrac{\partial^2\omega}{\partial y^2} \\[2mm] \dfrac{\partial\omega_{\text{s}}}{\partial x} = \dfrac{\partial\omega}{\partial x} \\[2mm] \omega_{\text{s}}(-a, y) = \omega(-a, y) \end{cases} \tag{3-8}$$

2) 弹性与塑性交接边界条件

弹性支承基础区域 $S_2$ 与塑性支承基础区域 $S_1$ 交接处的边界 $A_1B_1$（$-a-a_{\text{s}} \leqslant x \leqslant a+a_{\text{s}}$，$y = b+b_{\text{s}}$）、$B_1C_1$（$-b-b_{\text{s}} \leqslant y \leqslant b+b_{\text{s}}$，$y = a$）、$C_1D_1$（$-a-a_{\text{s}} \leqslant x \leqslant a+a_{\text{s}}$，$y = -b-b_{\text{s}}$）和 $A_1D_1$（$-b-b_{\text{s}} \leqslant y \leqslant b+b_{\text{s}}$，$x = -a$）上各个点的挠度既满足弹性支承基础区域 $S_2$ 微分方程式(3-5)又满足塑性支承基础区域 $S_1$ 微分方程式(3-4)。除此之外，边界 $A_1B_1$、$B_1C_1$、$C_1D_1$ 和 $A_1D_1$ 上各个点的剪切力大小、弯矩大小、挠度大小以及截面法向线转角在弹性支承基础区域 $S_2$ 和塑性支承基础区域 $S_1$ 上连续，由此可以给出如下的边界条件关系式：

$$\begin{cases} -a-a_{\text{s}} \leqslant x \leqslant a+a_{\text{s}} \\ y = b+b_{\text{s}} \end{cases}, \quad \begin{cases} \dfrac{\partial}{\partial y}\nabla^2\omega_{\text{s}} = \dfrac{\partial}{\partial y}\nabla^2\omega_{\text{t}} \\[2mm] \dfrac{\partial^2\omega_{\text{s}}}{\partial y^2} + \mu\dfrac{\partial^2\omega_{\text{s}}}{\partial x^2} = \dfrac{\partial^2\omega_{\text{t}}}{\partial y^2} + \mu\dfrac{\partial^2\omega_{\text{t}}}{\partial x^2} \\[2mm] \dfrac{\partial\omega_{\text{s}}}{\partial y} = \dfrac{\partial\omega_{\text{t}}}{\partial y} \\[2mm] \omega_{\text{s}}(x, b+b_{\text{s}}) = \omega_{\text{t}}(x, b+b_{\text{s}}) \end{cases}$$

$$\begin{cases} -a-a_{\text{s}} \leqslant x \leqslant a+a_{\text{s}} \\ y = -b-b_{\text{s}} \end{cases}, \quad \begin{cases} \dfrac{\partial}{\partial y}\nabla^2\omega_{\text{s}} = \dfrac{\partial}{\partial y}\nabla^2\omega_{\text{t}} \\[2mm] \dfrac{\partial^2\omega_{\text{s}}}{\partial y^2} + \mu\dfrac{\partial^2\omega_{\text{s}}}{\partial x^2} = \dfrac{\partial^2\omega_{\text{t}}}{\partial y^2} + \mu\dfrac{\partial^2\omega_{\text{t}}}{\partial x^2} \\[2mm] \dfrac{\partial\omega_{\text{s}}}{\partial y} = \dfrac{\partial\omega_{\text{t}}}{\partial y} \\[2mm] \omega_{\text{s}}(x, -b-b_{\text{s}}) = \omega_{\text{t}}(x, -b-b_{\text{s}}) \end{cases}$$

$$\begin{cases} -b-b_\mathrm{s} \leqslant y \leqslant b+b_\mathrm{s}, \\ x=a+a_\mathrm{s} \end{cases}, \begin{cases} \dfrac{\partial}{\partial x}\nabla^2\omega_\mathrm{s} = \dfrac{\partial}{\partial x}\nabla^2\omega_\mathrm{t} \\[2mm] \dfrac{\partial^2\omega_\mathrm{s}}{\partial x^2}+\mu\dfrac{\partial^2\omega_\mathrm{s}}{\partial y^2} = \dfrac{\partial^2\omega_\mathrm{t}}{\partial x^2}+\mu\dfrac{\partial^2\omega_\mathrm{t}}{\partial y^2} \\[2mm] \dfrac{\partial\omega_\mathrm{s}}{\partial x} = \dfrac{\partial\omega_\mathrm{t}}{\partial x} \\[2mm] \omega_\mathrm{s}(a+a_\mathrm{s},y) = \omega_\mathrm{t}(a+a_\mathrm{s},y) \end{cases}$$

$$\begin{cases} -b-b_\mathrm{s} \leqslant y \leqslant b+b_\mathrm{s}, \\ x=-a-a_\mathrm{s} \end{cases}, \begin{cases} \dfrac{\partial}{\partial x}\nabla^2\omega_\mathrm{s} = \dfrac{\partial}{\partial x}\nabla^2\omega_\mathrm{t} \\[2mm] \dfrac{\partial^2\omega_\mathrm{s}}{\partial x^2}+\mu\dfrac{\partial^2\omega_\mathrm{s}}{\partial y^2} = \dfrac{\partial^2\omega_\mathrm{t}}{\partial x^2}+\mu\dfrac{\partial^2\omega_\mathrm{t}}{\partial y^2} \\[2mm] \dfrac{\partial\omega_\mathrm{s}}{\partial x} = \dfrac{\partial\omega_\mathrm{t}}{\partial x} \\[2mm] \omega_\mathrm{l}(-a-a_\mathrm{s},y) = \omega_\mathrm{t}(-a-a_\mathrm{s},y) \end{cases} \tag{3-9}$$

3) 外边界的边界条件

弹性支承基础外部边界 $A_2B_2C_2D_2$ 选取应该距离开采区域 $ABCD$ 足够远，间隔距离应该使外部边界不受开采区域扰动。那么当外部边界距离开采区域无穷远时，外部边界 $A_2B_2$、$B_2C_2$、$C_2D_2$ 和 $A_2D_2$ 上各个点的挠度和截面法向线转角等于 0，外部边界条件表达式为

$$\begin{cases} 边A_2D_2 \quad x=-a_2 \to -\infty \quad & \omega_\mathrm{t}=0, \quad \dfrac{\partial\omega_\mathrm{t}}{\partial x}=0 \\[2mm] 边B_2C_2 \quad x=a_2 \to +\infty \quad & \omega_\mathrm{t}=0, \quad \dfrac{\partial\omega_\mathrm{t}}{\partial x}=0 \\[2mm] 边C_2D_2 \quad y=-b_2 \to -\infty \quad & \omega_\mathrm{t}=0, \quad \dfrac{\partial\omega_\mathrm{t}}{\partial y}=0 \\[2mm] 边A_2B_2 \quad y=b_2 \to +\infty \quad & \omega_\mathrm{t}=0, \quad \dfrac{\partial\omega_\mathrm{t}}{\partial y}=0 \end{cases} \tag{3-10}$$

3. 弹-塑性支承基础基本顶板结构力学模型求解

基于前述给出的各个区域基本顶板结构力学求解控制方程[式(3-2)、式(3-4)和式(3-5)]以及边界条件[式(3-8)~式(3-10)]，控制方程与边界条件中涉及四阶偏微分方程组的求解，给出解析解难度极大。因而需要考虑可满足采矿精度要求的数值求解方法对相应问题进行计算分析，采用有限差分数值计算[4,5]对相应的弹-塑性支承基础基本顶板结构力学模型开展研究。

1) 有限差分法节点编号

有限差分法在求解并展开偏微分方程以及边界条件过程中，首先需要在所计算平面上布置差分节点，节点编号如图 3-2 所示。

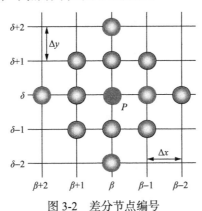

图 3-2　差分节点编号

2) 挠度方程的差分方程

基于差分节点编号图 3-2 可得式(3-2)、式(3-4)及式(3-5)在特征节点 $P$ 的差分方程分别为式(3-11)～式(3-13)：

$$20\omega_{\beta,\,\delta}-8(\omega_{\beta+1,\,\delta}+\omega_{\beta-1,\,\delta}+\omega_{\beta,\,\delta+1}+\omega_{\beta,\,\delta-1})+2(\omega_{\beta+1,\,\delta+1}+\omega_{\beta+1,\,\delta-1}+\omega_{\beta-1,\,\delta+1}+\omega_{\beta-1,\,\delta-1})$$

$$+\omega_{\beta+2,\,\delta}+\omega_{\beta-2,\,\delta}+\omega_{\beta,\,\delta+2}+\omega_{\beta,\,\delta-2}=\frac{q_{\beta,\,\delta}d^4}{D}$$

$$(3-11)$$

$$\left(20+d^4\frac{k_s}{D}\right)\omega_{\beta,\,\delta}-8(\omega_{\beta+1,\,\delta}+\omega_{\beta-1,\,\delta}+\omega_{\beta,\,\delta+1}+\omega_{\beta,\,\delta-1})+2(\omega_{\beta+1,\,\delta+1}+\omega_{\beta+1,\,\delta-1}+\omega_{\beta-1,\,\delta+1}$$

$$+\omega_{\beta-1,\,\delta-1})+\omega_{\beta+2,\,\delta}+\omega_{\beta-2,\,\delta}+\omega_{\beta,\,\delta+2}+\omega_{\beta,\,\delta-2}=0$$

$$(3-12)$$

$$\left(20+d^4\frac{k_t}{D}\right)\omega_{\beta,\,\delta}-8(\omega_{\beta+1,\,\delta}+\omega_{\beta-1,\,\delta}+\omega_{\beta,\,\delta+1}+\omega_{\beta,\,\delta-1})+2(\omega_{\beta+1,\,\delta+1}+\omega_{\beta+1,\,\delta-1}+\omega_{\beta-1,\,\delta+1}$$

$$+\omega_{\beta-1,\,\delta-1})+\omega_{\beta+2,\,\delta}+\omega_{\beta-2,\,\delta}+\omega_{\beta,\,\delta+2}+\omega_{\beta,\,\delta-2}=0$$

$$(3-13)$$

3) 弹性支承基础外边界差分方程

通常情况在满足采矿所需要的计算精度前提下，弹性支承基础区域外边界范围无须选取至无穷远处，考虑计算的可行性和有利性，取弹性支承基础 $S_2$ 区域边界 $A_2B_2$ 或 $D_2C_2$ 长度为采空区域 $S$ 边界 $AB$ 或 $DC$ 长度的 5 倍以上可以满足精度要求，因此采用差分法将式(3-10)展开如下：

$$
\begin{cases}
\text{边}A_2D_2 \quad x=-a_2 \quad
\begin{cases}
\omega_{\beta,\delta}=0 \\
\left(\dfrac{\partial \omega_t}{\partial x}\right)_{\beta,\delta}=\dfrac{\omega_{\beta-1,\delta}-\omega_{\beta+1,\delta}}{2\Delta x}=0
\end{cases} \\[4ex]
\text{边}B_2C_2 \quad x=a_2 \quad
\begin{cases}
\omega_{\beta,\delta}=0 \\
\left(\dfrac{\partial \omega_t}{\partial x}\right)_{\beta,\delta}=\dfrac{\omega_{\beta-1,\delta}-\omega_{\beta+1,\delta}}{2\Delta x}=0
\end{cases} \\[4ex]
\text{边}C_2D_2 \quad y=-b_2 \quad
\begin{cases}
\omega_{\beta,\delta}=0 \\
\left(\dfrac{\partial \omega_t}{\partial y}\right)_{\beta,\delta}=\dfrac{\omega_{\beta,\delta-1}-\omega_{\beta,\delta+1}}{2\Delta y}=0
\end{cases} \\[4ex]
\text{边}A_2B_2 \quad y=b_2 \quad
\begin{cases}
\omega_{\beta,\delta}=0 \\
\left(\dfrac{\partial \omega_t}{\partial y}\right)_{\beta,\delta}=\dfrac{\omega_{\beta,\delta-1}-\omega_{\beta,\delta+1}}{2\Delta y}=0
\end{cases}
\end{cases}
\tag{3-14}
$$

4) 弹-塑性支承基础基本顶板结构力学模型求解原理与判别指标

依据十三节点有限差分计算方法对采空区域 $S$、塑性支承基础区域 $S_1$ 和弹性支承基础区域 $S_2$ 关于挠度的四阶偏微分方程以及各个区域上边界连续条件展开研究，继而联立方程组式(3-11)~式(3-13)，依据边界条件和各个节点之间的关联性，对基本顶板结构于各个区域的挠度大小进行解算。获得每个区域相应节点挠度后，继而依据式(3-15)可解算出节点的弯矩分量数值，进一步将弯矩分量代入式(3-16)中获得各节点主弯矩。

$$
\begin{cases}
(M_x)_{\beta,\delta}=-D\left(\dfrac{\partial^2 \omega}{\partial x^2}+\mu\dfrac{\partial^2 \omega}{\partial y^2}\right)_{\beta,\delta} \\
\quad =-\dfrac{D}{(\Delta x)^2}[(\omega_{\beta-1,\delta}-2\omega_{\beta,\delta}+\omega_{\beta+1,\delta})-\mu(\omega_{\beta,\delta-1}-2\omega_{\beta,\delta}+\omega_{\beta,\delta+1})] \\
(M_y)_{\beta,\delta}=-D\left(\dfrac{\partial^2 \omega}{\partial y^2}+\mu\dfrac{\partial^2 \omega}{\partial x^2}\right)_{\beta,\delta} \\
\quad =-\dfrac{D}{(\Delta x)^2}[(\omega_{\beta,\delta-1}-2\omega_{\beta,\delta}+\omega_{\beta,\delta+1})-\mu(\omega_{\beta-1,\delta}-2\omega_{\beta,\delta}+\omega_{\beta+1,\delta})] \\
(M_{xy})_{\beta,\delta}=-D(1-\mu)\left(\dfrac{\partial^2 \omega}{\partial x\partial y}\right)_{\beta,\delta} \\
\quad =-\dfrac{D(1-\mu)}{4(\Delta x)^2}(\omega_{\beta-1,\delta-1}-\omega_{\beta+1,\delta-1}+\omega_{\beta+1,\delta+1}-\omega_{\beta-1,\delta+1})
\end{cases}
\tag{3-15}
$$

$$\begin{cases}(M_1)_{\beta,\delta}\\(M_3)_{\beta,\delta}\end{cases}=\frac{(M_x)_{\beta,\delta}+(M_y)_{\beta,\delta}}{2}\pm\sqrt{\left(\frac{(M_x)_{\beta,\delta}-(M_y)_{\beta,\delta}}{2}\right)^2+(M_{xy})_{\beta,\delta}^2} \qquad (3\text{-}16)$$

### 3.1.2 弹-塑性支承基础基本顶主弯矩形态特征

基于上述给出的计算方法与原理，选取特征参数通过求解分析基本顶主弯矩分布位态与数值，探究弹-塑性支承基础基本顶破断特征，参数由表 3-1 给出。其中，塑性支承基础支承系数可设定为线性变化，由式(3-17)确定：

$$k_s=\frac{k_t-k_0}{b_0}x+k_0 \qquad (3\text{-}17)$$

式中，$b_0$ 为塑性支承基础宽度，m；$x$ 为塑性支承基础中一点距采空边缘距离，$0\leqslant x\leqslant a_s$，m。

表 3-1　计算参数

| 参数 | 取值 | 参数 | 取值 |
|---|---|---|---|
| $AB$ 长度/m | 132 | 基本顶弹性模量 $E$/GPa | 32 |
| $AD$ 长度/m | 44 | 塑性支承基础厚度/m | 21.3 |
| 基本顶厚度 $h$/m | 6.5 | 泊松比 $\mu$ | 0.22 |
| 上覆荷载 $q$/MPa | 0.32 | 塑性支承基础宽度 $b_0$/m | 4 |
| 塑性支承基础浅部支承系数 $k_0$ | 0 | | |

图 3-3 为求解获得的基本顶板结构最大与最小主弯矩分布特征立体图，由图可知：①基本顶长边与短边中最大和最小主弯矩均位于支承基础深部，且数值均为负，表明基本顶板顶部受到拉升而底部受到压缩，基于岩体抗拉能力低于抗压特性可得，基本顶板结构断裂由顶部最先开始。②对比基本顶短边中最大与最小主弯矩峰值绝对值可知，最小主弯矩峰值绝对值大于最大主弯矩峰值绝对值，因此最小主弯矩峰值所处位置决定基本顶破断位置，而基本顶破断弯矩的数值大小等于短边最小主弯矩峰值的绝对值；同样，基本顶长边与短边呈现相同规律。由上述分析并结合图 3-3 可知，基本顶断裂位置深入支承基础内部。③基本顶中间区域的主弯矩数值均为正，表明中间岩体顶部受到压缩而底部受到拉升，由此可知该区域底部首先产生破断。④对比基本顶中间位置最大与最小主弯矩峰值数值可知，最大主弯矩峰值大于最小主弯矩峰值，因此基本顶中间破断位置由最大主弯矩峰值所在位置决定，由图 3-3(b)可知，最大主弯矩峰值位于采空区中心位置，并首先发生破断。

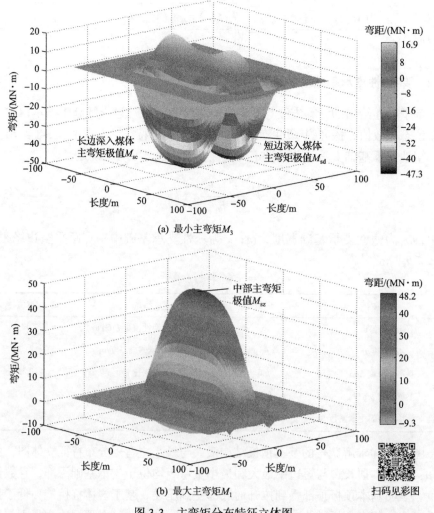

(a) 最小主弯矩 $M_3$

(b) 最大主弯矩 $M_1$

扫码见彩图

图 3-3　主弯矩分布特征立体图

由前述研究结果，给出弹-塑性支承基础基本顶板主弯矩峰值特征，如图 3-4 所示。基本顶长边，即工作面上覆基本顶边，该区域破断由长边破断弯矩 $M_{sc}$ 确定，其数值为最小主弯矩峰值绝对值 $|M_{3|(0, b+L_{sc})}|$ 或 $|M_{3|(0, -b-L_{sc})}|$，位置为最小主弯矩峰值所在位置；基本顶短边，即沿空掘巷上覆基本顶边，该区域破断由短边破断弯矩 $M_{sd}$ 确定，其数值为最小主弯矩峰值绝对值 $|M_{3|(a+L_{sd}, 0)}|$ 或 $|M_{3|(-a-L_{sd}, 0)}|$，位置为最小主弯矩峰值绝对值所在位置；基本顶中部边，即采空区中部上覆边，该区域破断由中部破断弯矩 $M_{sz}$ 确定，其数值等于该区域最大主弯矩峰值 $M_{1|(0,0)}$，位置为采空区中心位置，沿空掘巷与工作面上覆基本顶破断形成的"O"形圈距离采空区边缘距离为 $L_m$。在明确基本顶破断弯矩大小后，通过对比各个区域弯矩

分布可进一步确定各边破断长度。基于以上分析可知，由主弯矩分布特征即可获得弹-塑性支承基础基本顶板结构的破断特征与规律。

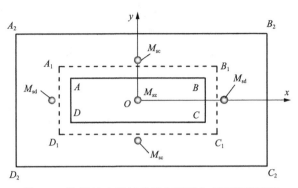

图 3-4　弹-塑性支承基础基本顶板主弯矩峰值特征

### 3.1.3　沿空掘巷上覆基本顶破断结构特征

基于前述计算原理及分析，以特厚煤层 8211 区段综放工作面为工程背景探究沿空掘巷上覆基本顶板破断结构特征，明晰 8211 区段沿空掘巷上覆基本顶板结构破断位置、形态与尺寸。由 8211 区段工程与技术条件介绍可知，8211 区段沿空掘巷上覆基本顶破断结构是由 8210 区段综放工作面回采后形成的。8210 区段综放工作面回采时，8209 区段以及 8211 区段综放工作面均未回采，因而 8210 区段综放工作面上覆基本顶周边支承基础边界均为未开采实体煤与直接顶。特厚煤层厚度为 15m，8210 区段及 8211 区段上覆基本顶（即低位关键岩层）厚度为 14.7m，基本顶控制上覆软弱岩层厚度为 57m，直接顶厚度为 5.5m。8210 区段综放工作面长度 220m，据现场实测与统计北二盘区已回采工作面初次动压显现步距为 78～94m，8210 区段综放工作面基本顶悬板结构跨距取平均值 86m。塑性支承基础浅部支承系数 $k_0$ 为 0，塑性支承基础支承系数 $k_s$ 由塑性支承基础浅部支承系数 $k_0$ 到弹性支承基础支承系数 $k_t$ 呈线性正增长。特厚煤体破坏深度为塑性支承基础区域宽度，可由极限平衡理论给出：

$$L_{mc} = \frac{h_m A_2}{2 \tan \varphi_0} \ln \left( \frac{k_m \gamma H_m + \dfrac{c_0}{\tan \varphi_0}}{\dfrac{c_0}{\tan \varphi_0} + \dfrac{P_z}{A_2}} \right) \tag{3-18}$$

式中，$h_m$ 为煤层高度，m；$H_m$ 煤层埋深，m；$k_m$ 为煤层上方应力集中系数；$\gamma$ 为岩层平均容重，kN/m³；$A_2$ 为煤体侧压系数；$P_z$ 为煤体所受支护阻力，N；$c_0$ 为煤体内聚力，MPa；$\varphi_0$ 为煤体内摩擦角，(°)。

依据前述所给出的计算原理、方法、参数和破断准则，求解 8210 区段综放工作面回采后采空区上覆基本顶悬板结构最大和最小主弯矩分布特征与数值大小，进而探究 8211 区段沿空掘巷上覆基本顶板破断位置、形态与尺寸特征。计算结果如图 3-5 所示，其中 8211 区段沿空掘巷上覆基本顶板破断位置深入实体煤深度 $L_m$ 为 15.2m，破断形成等腰三角块体，块体走向长度 $L_{d1}$ 为 107.8m，倾向长度 $L_{d2}$ 为 38.6m。其中关键块体破断深入实体煤壁中，故可知破断块体的走向长度大于工作面来压步距。

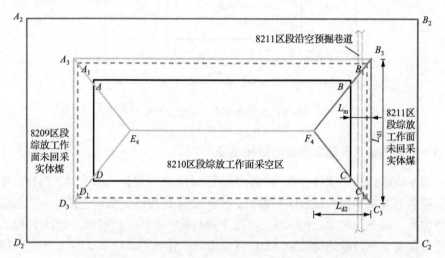

图 3-5　8211 区段沿空掘巷上覆基本顶板破断结构特征

## 3.2　基本顶破断特征影响因素分析

本节采用控制变量法对弹-塑性支承基础基本顶板结构中的关键因素(塑性支承基础范围、塑性支承基础系数、弹性支承基础系数、基本顶厚度、跨度、弹性模量)进行研究，以明确上述因素对上覆基本顶板结构破断特征与规律的影响。

依据基本顶深入支承基础断裂线相对弹塑性区域位置，将其划分为三种情况，即沿空掘巷上覆基本顶断裂线分别位于塑性支承基础上方、弹性支承基础上方和弹塑性分界线上方(图 3-6)。

### 3.2.1　破断特征的弹性支承基础支承系数效应

图 3-7 为基本顶主弯矩及其位置随未破坏弹性支承基础支承系数变化规律。由图 3-7 可知，弹性支承基础对基本顶破断位态和顺序均有影响。由式(3-6)可知，当支承基础弹性模量一定时，弹性支承基础支承系数间接反映支承基础厚度对基本顶破断特征与规律的影响。

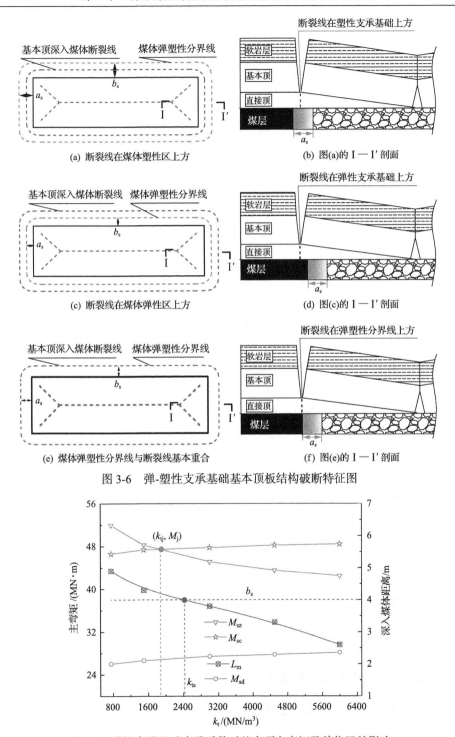

(a) 断裂线在煤体塑性区上方

(b) 图(a)的 I—I′ 剖面

(c) 断裂线在煤体弹性区上方

(d) 图(c)的 I—I′ 剖面

(e) 煤体弹塑性分界线与断裂线基本重合

(f) 图(e)的 I—I′ 剖面

图 3-6　弹-塑性支承基础基本顶板结构破断特征图

图 3-7　弹性支承基础支承系数对基本顶主弯矩及其位置的影响

(1)对破断顺序与形态的影响分析：随着弹性支承基础支承系数减小，沿空掘巷上覆基本顶主弯矩 $M_{sd}$ 与工作面上覆基本顶主弯矩 $M_{sc}$ 均减小，且减幅较小，而采空区中部上覆基本顶主弯矩 $M_{sz}$ 增大，且增幅较大。①弹性支承基础支承系数较小时，采空区中部上覆基本顶主弯矩 $M_{sz}$ >工作面上覆基本顶主弯矩 $M_{sc}$ >沿空掘巷上覆基本顶主弯矩 $M_{sd}$ ，在上述弯矩数值超过基本顶破断极限弯矩 $M_s$ 时，破断顺序呈现如下特征：采空区中部上覆基本顶底端首先破断，而后工作面上覆基本顶顶部发生破断且破断位置深入弹性支承基础上方，最后沿空掘巷上覆基本顶同样于顶部发生破断且断入弹性支承基础上方，各区域断裂线扩展延伸进而基本顶破断为"O-X"形态，沿空掘巷上覆基本顶破断为三角块体，如图 3-6(c)和 3-6(d)。②弹性支承基础支承系数较大时，工作面上覆基本顶主弯矩 $M_{sc}$ >采空区中部上覆基本顶主弯矩 $M_{sz}$ >沿空掘巷上覆基本顶主弯矩 $M_{sd}$ ，破断顺序呈现如下特征：首先工作面上覆基本顶于顶部最先破断且深入塑性支承基础上方，而后采空区中部上覆基本顶于底部首先破断，最后沿空掘巷上覆基本顶于顶部发生破断且断裂线位于塑性基础上方，最终破断基本顶在塑性支承基础上方形成"O"形圈，且整体破断为"O-X"形态，如图 3-6(a)和图 3-6(b)所示。③当弹性支承基础支承系数等于特征数值 $k_{ts}$ 时，基本顶破断形成的"O"形圈将位于塑性支承基础与弹性支承基础交界线位置，如图 3-6(e)和图 3-6(f)所示。④当弹性支承基础支承系数等于特征数值 $k_{tj}$ 时，工作面上覆基本顶与采空区中部基本顶中弯矩相等，此时工作面上覆基本顶与采空区中部基本顶同时发生破断。

(2)对破断位置的影响分析：沿空掘巷与工作面上覆基本顶破断规律相同，随着弹性支承基础支承系数减小，上覆基本顶中主弯矩位置均由初始小于塑性支承基础范围，跃迁至大于塑性支承基础范围，表明弹性支承基础支承系数较大时上覆基本顶破断位置位于塑性支承基础上方，而弹性支承基础支承系数较小时上覆基本顶破断深入弹性支承基础上方；弹性支承基础支承系数越大，表明煤体支承上覆基本顶能力越强，即控制基本顶弯曲下沉等变形的能力越强。

基于式(3-6)所给出的弹性支承基础支承系数与下伏支承基础等效弹性模量和厚度的关系可知，在基本顶下伏煤层弹性模量确定的前提下，随着煤层厚度增大，弹性煤体支承系数将随之降低，依据前述研究可知基本顶板结构断入煤壁深度随之增大。因而，由上述分析得出特厚煤层综放开采条件下沿空掘巷上覆基本顶板结构断入煤体深度相较普通厚度煤层而言更大。

### 3.2.2　破断特征的基本顶厚度效应

图 3-8 为基本顶主弯矩及其位置随基本顶厚度的变化规律。由图 3-8 可知，基本顶厚度对基本顶破断位态和顺序均有影响。

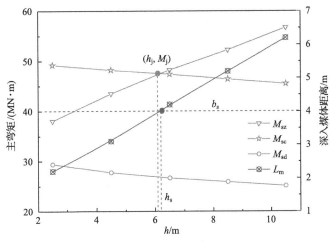

图 3-8　基本顶厚度对基本顶主弯矩及其位置的影响

（1）对破断顺序与形态的影响分析：随着基本顶厚度减小，工作面上覆基本顶主弯矩 $M_{sc}$ 和沿空掘巷上覆基本顶主弯矩 $M_{sd}$ 增大，而采空区中部上覆基本顶主弯矩 $M_{sz}$ 降低。①基本顶厚度较小时，工作面上覆基本顶主弯矩 $M_{sc}$ ＞采空区中部上覆基本顶主弯矩 $M_{sz}$ ＞沿空掘巷上覆基本顶主弯矩 $M_{sd}$，破断顺序呈现如下特征：工作面上覆基本顶最先于岩体顶部开始破断，且破断位置位于塑性支承基础上方，接着采空区中部上覆基本顶于岩层底部发生破断，最后沿空掘巷上覆基本顶于岩层顶部开始破断且断裂线位于塑性支承基础上方，各区域断裂线扩展延伸进而基本顶破断为"O-X"形态，沿空掘巷上覆基本顶破断为三角块体，如图 3-6（a）和 3-6（b）所示。②基本顶厚度较大时，采空区中部上覆基本顶主弯矩 $M_{sz}$ ＞工作面上覆基本顶主弯矩 $M_{sc}$ ＞沿空掘巷上覆基本顶主弯矩 $M_{sd}$，破断顺序呈现如下特征：首先采空区中部基本顶底端发生破断，接着工作面上覆基本顶顶端岩层破断且破断位置位于弹性支承基础，最后沿空掘巷上覆基本顶岩层顶端破断，同样破断深入弹性支承基础，各区域断裂线扩展延伸进而基本顶破断为"O-X"形态，且"O"形圈位于弹性支承基础上方，如图 3-6（c）和图 3-6（d）所示。③当基本顶厚度等于特征值 $h_s$ 时，基本顶破断形成的"O"形圈将位于塑性支承基础与弹性支承基础交界线位置，如图 3-6（e）和图 3-6（f）所示。④当基本顶厚度等于特征值 $h_j$ 时，工作面上覆基本顶弯矩与采空区中部基本顶弯矩相等，此时工作面上覆基本顶与采空区中部基本顶同时发生破断。

（2）对破断位置的影响分析：沿空掘巷和工作面上覆基本顶破断规律相同，随着基本顶厚度减小，沿空掘巷上覆基本顶主弯矩位置由初始大于塑性支承基础范围，跃迁至小于塑性支承基础范围，表明基本顶厚度较大时工作面与沿空掘巷上覆基本顶破断位置深入弹性支承基础上方，而基本顶厚度较小时上覆基本顶破断位于塑性支承基础上方；基本顶厚度增大，其弯曲与下沉变形影响的范围增加，工作面与沿空掘巷上覆基本顶断入煤体深度因此增加。

### 3.2.3　破断特征的基本顶弹性模量效应

图 3-9 为基本顶主弯矩及其位置随基本顶弹性模量的变化规律。由图 3-9 可知，基本顶弹性模量对基本顶破断位态和顺序均有影响。

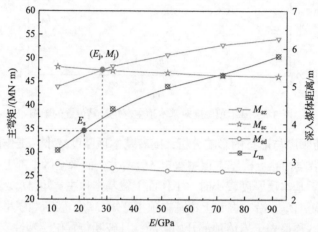

图 3-9　基本顶弹性模量对基本顶主弯矩及其位置的影响

（1）对破断顺序与形态的影响分析：随着基本顶弹性模量的增大，工作面与沿空掘巷上覆基本顶主弯矩 $M_{sc}$ 和 $M_{sd}$ 均降低，而采空区中部上覆基本顶主弯矩 $M_{sz}$ 增大。①基本顶弹性模量较小时，工作面上覆基本顶主弯矩 $M_{sc}$＞采空区中部上覆基本顶主弯矩 $M_{sz}$＞沿空掘巷上覆基本顶主弯矩 $M_{sd}$，破断顺序呈现如下特征：首先工作面上覆基本顶岩层顶部破断，且破断位置位于塑性区，而后采空区中部上覆基本顶岩层底部破断，最后沿空掘巷上覆基本顶顶部破断且破断位置位于塑性区上方，各区域断裂线扩展延伸进而基本顶破断为"O-X"形态，且"O"形圈位于塑性支承基础上方，如图 3-6(a)和 3-6(b)所示。②基本顶弹性模量较大时，采空区中部上覆基本顶主弯矩 $M_{sz}$＞工作面上覆基本顶主弯矩 $M_{sc}$＞沿空掘巷上覆基本顶主弯矩 $M_{sd}$，破断顺序呈现如下特征：首先采空区中部上覆基本顶底部破断，接着工作面上覆基本顶顶端发生破断且破断位置深入弹性支承基础上方，而后沿空掘巷上覆基本顶岩层顶部开始破断，且破断位置位于弹性支承基础上方，最后各区域断裂线扩展延伸进而基本顶破断为"O-X"形态，且"O"形圈位于弹性支承基础上方，沿空掘巷上覆基本顶破断为三角块体，如图 3-6(c)和 3-6(d)所示。③当基本顶弹性模量等于特征值 $E_s$ 时，基本顶破断形成的"O"形圈将处于塑性支承基础与弹性支承基础交界线位置，如图 3-6(e)和 3-6(f)所示。④当基本顶弹性模量等于特征值 $E_j$ 时，此时工作面与采空区中部上覆基本顶将同时破断。

（2）对破断位置的影响分析：沿空掘巷与工作面上覆基本顶破断规律相同，随着基本顶弹性模量的减小，上覆基本顶主弯矩位置由初始大于塑性支承基础范围，跃迁至小于塑性支承基础范围，表明基本顶弹性模量较大时沿空掘巷与工作面上覆基本顶破断位置深入弹性支承基础上方，而基本顶弹性模量较小时上覆基本顶破断位于塑性支承基础上方；基本顶弹性模量增大，基于式（3-3）可知基本顶岩层的刚度随之增加，其变形影响和波及的范围增大，沿空掘巷与工作面上覆基本顶断入煤体深度因此增加。

### 3.2.4　破断特征的基本顶跨度效应

图 3-10 为基本顶跨度对基本顶主弯矩及其位置的影响，基本顶跨度可间接反映基本顶强度，跨度越大表明其强度越高。

（1）对破断顺序与形态的影响分析：随着基本顶跨度的增大，工作面、沿空掘巷及采空区中部上覆基本顶的主弯矩均增大。①基本顶跨度较大时，工作面上覆基本顶主弯矩 $M_{sc}$＞采空区中部上覆基本顶主弯矩 $M_{sz}$＞沿空掘巷上覆基本顶主弯矩 $M_{sd}$，破断顺序呈现如下特征：首先，工作面上覆基本顶岩层顶部发生破断，且破断位置位于塑性支承基础上方，而后采空区中部上覆基本顶岩层底部发生破断，最后沿空掘巷上覆基本顶顶端发生破断且破断位置位于塑性支承基础上方，基本顶整体呈现"O-X"破断，"O"形圈位于塑性支承基础上方，如图 3-6（a）和图 3-6（b）所示。②基本顶跨度较小时，采空区中部上覆基本顶主弯矩 $M_{sz}$＞工作面上覆基本顶主弯矩 $M_{sc}$＞沿空掘巷上覆基本顶主弯矩 $M_{sd}$，破断顺序呈现如下特征：采空区中部基本顶岩层底端首先破断，接着工作面上覆基本顶岩层顶端破断

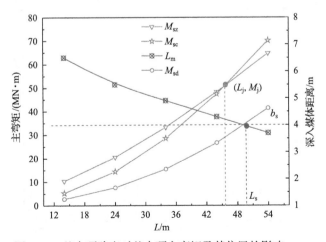

图 3-10　基本顶跨度对基本顶主弯矩及其位置的影响

且断裂线位于弹性支承基础上方，最后沿空掘巷上覆基本顶岩层顶端破断且破断位置位于弹性支承基础上方，基本顶整体呈现"O-X"破断，"O"形圈位于弹性支承基础上方，如图 3-6(c)和图 3-6(d)所示。③当基本顶跨度等于特征值 $L_s$ 时，基本顶破断形成的"O"形圈将处于塑性支承基础与弹性支承基础交界线位置，如图 3-6(e)和 3-6(f)所示。④当基本顶跨度等于特征值 $L_j$ 时，工作面上覆基本顶弯矩与采空区中部基本顶弯矩相等，此时工作面与采空区中部上覆基本顶同时破断。

(2)对破断位置的影响分析：沿空掘巷与工作面上覆基本顶破断规律相同，随着基本顶跨度的减小，上覆基本顶主弯矩位置由初始小于塑性支承基础范围，跃迁至大于塑性支承基础范围，表明基本顶跨度较大时上覆基本顶破断位置位于塑性支承基础上方，而跨度较小时上覆基本顶破断位置位于弹性支承基础上方；刚性基础上覆基本顶破断位置与跨度无关，而弹-塑性支承基础中基本顶跨度越小，上覆基本顶断入煤体深度越大，与刚性基础求解破断位置差距增大，可知弹-塑性支承基础基本顶板结构力学模型更加符合实际。

### 3.2.5　破断特征的支承基础破坏范围效应

图 3-11 为基本顶主弯矩及其位置随支承基础破坏范围的变化规律。由图 3-11 可知，支承基础破坏范围对基本顶破断位态和顺序均有影响。

(1)对破断位态与顺序的影响分析：支承基础破坏范围增大，工作面、沿空掘巷及采空区中部上覆基本顶的主弯矩均增加，支承基础破坏范围增大表明支承基础对上覆基本顶的控制能力降低，或基本顶悬顶范围增加进而导致不同区域基本顶中主弯矩均增加。①支承基础破坏范围较小时，工作面上覆基本顶主弯矩 $M_{sc}$ >采空区中部上覆基本顶主弯矩 $M_{sz}$ >沿空掘巷上覆基本顶主弯矩 $M_{sd}$，破断顺序呈

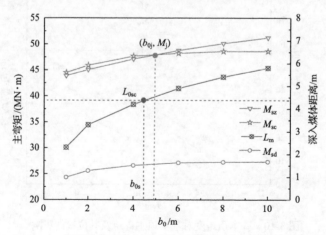

图 3-11　支承基础破坏范围对基本顶主弯矩及其位置的影响

现如下特征：首先，工作面上覆基本顶岩层顶端发生破断，而后采空区中部上覆基本顶岩层底端发生破断，最后沿空掘巷上覆基本顶岩层顶端发生破断，基本顶各区域断裂线扩展延伸，整体呈现"O-X"破断，且"O"形圈位于塑性支承基础上方，如图3-6(a)和图3-6(b)所示。②支承基础破坏范围较大时，采空区中部上覆基本顶主弯矩 $M_{sz}$>工作面上覆基本顶主弯矩 $M_{sc}$>沿空掘巷上覆基本顶主弯矩 $M_{sd}$，破断顺序呈现如下特征：首先，采空区中部上覆基本顶于岩层底部破断，而后工作面上覆基本顶于岩层顶部破断，最后沿空掘巷上覆基本顶于岩层顶部破断，基本顶各区域断裂线扩展延伸，整体呈现"O-X"破断，且"O"形圈位于弹性支承基础上方，如图3-6(c)和图3-6(d)所示。③当支承基础破坏范围等于特征值 $b_{0s}$ 时，基本顶破断形成的"O"形圈和塑性支承基础与弹性支承基础交界线重合，如图3-6(e)和图3-6(f)所示。④当支承基础破坏范围等于特征值 $b_{0j}$ 时，工作面上覆基本顶主弯矩与采空区中部上覆基本顶主弯矩相等，此时工作面与采空区中部上覆基本顶同时发生破断。

(2)对破断位置的影响分析：沿空掘巷与工作面上覆基本顶破断规律相同，随着支承基础破坏范围的增大，上覆基本顶主弯矩位置由初始小于支承基础破坏范围，跃迁至大于支承基础破坏范围，当支承基础破坏范围为 $b_{0s}$ 时，塑性支承基础与弹性支承基础交界线与"O"形断裂线位置重合，上述规律表明支承基础破坏范围较大时上覆基本顶破断位置位于弹性支承基础上方，而支承基础破坏范围较小时上覆基本顶破断位置位于塑性支承基础上方；支承基础破坏范围增大，上覆基本顶破断距离随之增加，表明支承基础破坏范围越大，对上覆基本顶的支承控制能力越弱，使得基本顶断入支承基础的距离越大。

### 3.2.6　破断特征的支承基础破坏程度效应

图3-12为基本顶主弯矩及其位置随支承基础破坏程度的变化规律，本次研究中支承基础破坏程度由塑性支承基础浅部支承系数 $k_0$ 表征。由图3-12可知，塑性支承基础浅部支承系数对基本顶破断位态和顺序均有显著影响。

(1)对破断顺序与形态的影响分析：塑性支承基础浅部支承系数增大时，工作面、沿空掘巷和采空区中部上覆基本顶的主弯矩均减小，表明浅部支承基础承载能力的增加，使得支承基础控制上覆基本顶变形能力增强，基本顶悬顶范围减小。①塑性支承基础浅部支承系数较小时，工作面上覆基本顶主弯矩 $M_{sc}$>采空区中部上覆基本顶主弯矩 $M_{sz}$>沿空掘巷上覆基本顶主弯矩 $M_{sd}$，破断顺序呈现如下特征：首先，工作面上覆基本顶顶部于弹性支承基础上方破断，接着采空区中部上覆基本顶底部发生破断，最后沿空掘巷上覆基本顶岩体顶端于弹性支承基础上方破断，基本顶各区域断裂线扩展延伸，整体呈现"O-X"破断，且"O"形圈位于弹性支承基础上方，如图3-6(c)和图3-6(d)所示。②塑性支承基础浅部支承系数

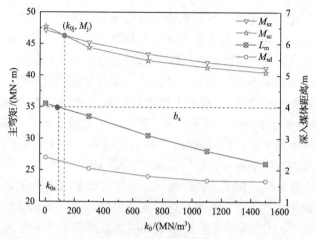

图 3-12　支承基础破坏程度对基本顶主弯矩及其位置的影响

较大时，采空区中部上覆基本顶主弯矩 $M_{sz}$＞工作面上覆基本顶主弯矩 $M_{sc}$＞沿空掘巷上覆基本顶主弯矩 $M_{sd}$，破断顺序呈现如下特征：首先，采空区中部上覆基本顶于岩层底部发生破断，而后工作面上覆基本顶于岩层顶部破断，最后沿空掘巷上覆基本顶于岩层顶部破断，基本顶各区域断裂线扩展延伸，整体呈现"O-X"破断，且"O"形圈位于塑性支承基础上方，如图 3-6(a)和图 3-6(b)所示。③当塑性支承基础浅部支承系数等于特征值 $k_{0s}$ 时，基本顶破断形成的"O"形圈和塑性支承基础与弹性支承基础交界线重合，如图 3-6(e)和图 3-6(f)所示。④当塑性支承基础浅部支承系数等于特征值 $k_{0j}$ 时，工作面与采空区中部上覆基本顶的主弯矩数值相同，且同时发生破断。

(2)对破断位置的影响分析：沿空掘巷与工作面上覆基本顶破断规律相同，随着塑性支承基础浅部支承系数增大，支承基础破坏程度减小，上覆基本顶主弯矩位置由初始大于塑性支承基础范围，跃迁至小于塑性支承基础范围，上述规律表明支承基础破坏程度较大时上覆基本顶破断位置位于弹性支承基础上方，而支承基础破坏程度较小时上覆基本顶破断位置位于塑性支承基础上方；支承基础破坏程度增大，即塑性支承基础浅部支承系数减小，上覆基本顶破断位置与煤壁的距离随之增加，表明支承基础破坏程度越大，塑性支承基础对上覆基本顶的弯曲下沉的控制能力越弱，从而使得基本顶断入塑性支承基础的距离增加。

## 3.3　沿空掘巷上覆破断岩层失稳运移规律

特厚煤层综放面回采后，覆岩将经历破断、失稳、垮落运移及稳定四个阶段，覆岩稳定后于沿空侧所成结构对其下伏沿空掘巷围岩稳定性有着重要影响，因而本节以典型特厚煤层综放开采 8211 区段工作面为具体地质工程背景，通过数值模拟手段探究沿空掘巷上覆岩层破断、失稳、垮落运移及稳定后的结构特征。

### 3.3.1　沿空掘巷覆岩运移数值模型

本次研究采用 3DEC 离散元数值分析软件构建三维数值计算模型，如图 3-13 所示。模型长度 400m，高度 154m，宽度 90m。煤岩层厚度及赋存层位均按 8211 区段综放工作面煤岩柱状图布置。固定模型底部边界垂直位移与四周边界水平位移，顶板边界设定为自由边界并于顶部施加 261m 上覆岩层压力。

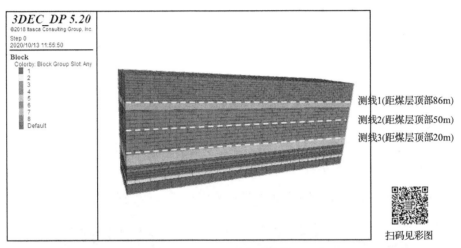

图 3-13　三维数值计算模型

模型中共布置编号为 1、2、3 的三条垂直位移测线，分别位于基本顶上部（距煤层顶部 20m）、软弱岩层中部（距煤层顶部 50m）和高位关键层上部（距煤层顶部 86m）。

地下实际赋存煤岩体中包含大量节理、裂隙等结构，因而地下煤岩体力学强度明显弱于实验室测试获取的未考虑节理、裂隙岩样[6]。因此，数字模拟中煤岩层力学参数并不能直接使用实验室测试获取的岩块力学参数，需结合实际工程地质与煤岩体赋存条件进行修正。结合实验室测试力学参数及矿井工程地质资料，修正后的岩体参数见表 3-2。

### 3.3.2　沿空掘巷覆岩失稳运移分析

图 3-14 与图 3-15 呈现了特厚煤层综放开采 8211 区段沿空侧覆岩（即上覆岩层）破断失稳与活化运移特征。基于数值分析结果，可将沿空侧覆岩破断运移划分为覆岩破断前缓慢变形下沉阶段（0～2000 步）、覆岩关键层破断阶段（2000 步）、破断覆岩快速垮落下沉阶段（2000～3500 步）、破断覆岩结构趋于稳定阶段

（3500～5000 步），各阶段覆岩赋存与运动特征描述如下。

**表 3-2　修正后的岩体参数**

| 岩层 | GSI | mi | D | $E_m$/GPa | K/GPa | G/GPa | $\varphi$/(°) | c/MPa | $\sigma_t$/MPa | $\mu$ |
|---|---|---|---|---|---|---|---|---|---|---|
| 软弱岩层 | 47 | 16 | 0.5 | 2.82 | 3.62 | 1.03 | 28 | 0.85 | 0.01 | 0.37 |
| 中粗砂岩 | 70 | 16 | 0.5 | 20.3 | 15.37 | 7.92 | 48 | 2.70 | 0.45 | 0.28 |
| 软弱岩层 | 47 | 16 | 0.5 | 2.82 | 3.62 | 1.03 | 28 | 0.85 | 0.01 | 0.37 |
| 中粗砂岩 | 70 | 16 | 0.5 | 20.3 | 15.37 | 7.92 | 48 | 2.70 | 0.45 | 0.28 |
| 泥岩 | 43 | 5 | 0.5 | 2.13 | 2.96 | 0.77 | 18 | 0.48 | 0.03 | 0.38 |
| 粉砂岩 | 43 | 5 | 0.5 | 4.19 | 3.32 | 1.62 | 18 | 1.89 | 0.11 | 0.29 |
| 煤层 3-5# | 30 | 5 | 0.5 | 1.22 | 2.26 | 0.43 | 14 | 0.33 | 0.01 | 0.41 |
| 泥岩 | 43 | 5 | 0.5 | 2.13 | 2.96 | 0.77 | 18 | 0.48 | 0.03 | 0.38 |
| 中细砂岩 | 66 | 12 | 0.5 | 16.3 | 12.9 | 6.32 | 44 | 2.10 | 0.46 | 0.29 |

注：GSI 为裂隙岩体常数指标；mi 为扰动程度；D 为岩体破碎程度；$E_m$ 为变形模量；K 为岩体体积模量；G 为岩体剪切模量；$\sigma_t$ 为抗拉强度；c 为内聚力；$\varphi$ 为摩擦角；$\mu$ 为泊松比。

图 3-14(a) 为 8211 区段工作面开挖后覆岩与工作面赋存状况。工作面开挖初

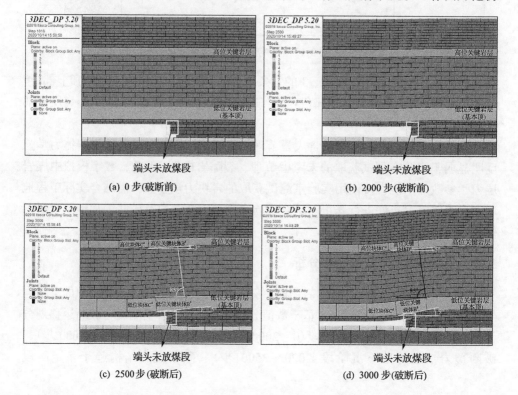

(a) 0 步(破断前)　　　(b) 2000 步(破断前)　　　(c) 2500 步(破断后)　　　(d) 3000 步(破断后)

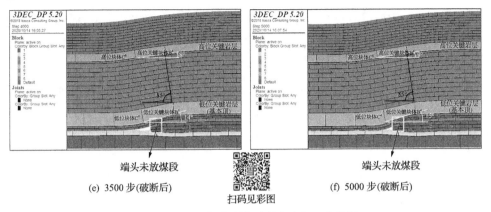

(e) 3500 步(破断后)

扫码见彩图

(f) 5000 步(破断后)

图 3-14　沿空掘巷覆岩破断失稳与运移特征

始,采空区上方覆岩大面积悬顶,低位关键岩层(基本顶)与高位关键岩层均未产生位移,如图 3-15(a)所示,且 8211 上区段端头 6m 未放煤段煤体未开始垮落。

图 3-14(b)与图 3-15(b)为工作面开挖后运行 2000 步时沿空侧覆岩赋存特征与下沉量,低位关键岩层与高位关键岩层均发生了一定程度的弯曲下沉,最大下沉量分别达 0.43m 和 0.05m,高位关键岩层下沉量显著小于低位关键岩层,同时工作面端头未放煤段开始下沉。

运行至 2000 步后低位关键岩层与高位关键岩层发生破断,形成高位关键块体 $B^g$、高位块体 $C^g$ 和低位关键块体 $B^d$、低位块体 $C^d$。模型继续运行至 2500 步时,沿空侧覆岩破断结构特征如图 3-14(c)所示,采空区上覆岩层持续垮落下沉,高位关键岩层与低位关键岩层(基本顶)在采空区上方最大位移分别为 4.35m 和 4.74m[图 3-15(c)],而沿空侧破断覆岩高、低位关键块体 $B^g$、$B^d$ 随采空区覆岩垮落下沉而回转,回转角度分别为 3°和 5°。此时,端头未放煤段顶煤垮落至采空区底板。

如图 3-14(d)所示,运行至 3000 步时,采空区上覆岩层快速垮落下沉,相较于 2500 步时高、低位关键岩层最大下沉量分别增加 4.02m 和 4.20m,而沿空侧高位与低位关键块体回转角度分别增加了 3°和 4°。低位关键块体下伏煤体在关键块体回转运移过程中变形破坏,大幅向采空区挤出,同时采空区底板明显向上鼓起。

如图 3-14(e)所示,运行至 3500 步时,上覆岩层接触鼓起的采空区底板,沿空侧破断块体进一步大幅度回转,高、低位关键块体 $B^g$ 和 $B^d$ 的回转角度分别达到 8°与 14°。高、低位关键岩层顶部最大下沉量分别达到 13.2m 和 13.6m[图 3-15(e)]。

运行至 5000 步时,如图 3-14(f)所示,覆岩达到稳定,最终稳定后的沿空侧覆岩破断结构高、低位关键块体 $B^g$ 和 $B^d$ 的回转角度分别为 9°与 15°。

特厚煤层综放开采 8211 区段沿空侧覆岩破断结构稳定后位移与结构特征,如

图 3-16 所示。依据覆岩位移与赋存特征，可将特厚煤层综放开采沿空侧稳定后的覆岩破断结构划分为破断覆岩垮落下沉区、破断覆岩回转区、覆岩弯曲下沉区及覆岩稳定区，各区域赋存特征描述如下。

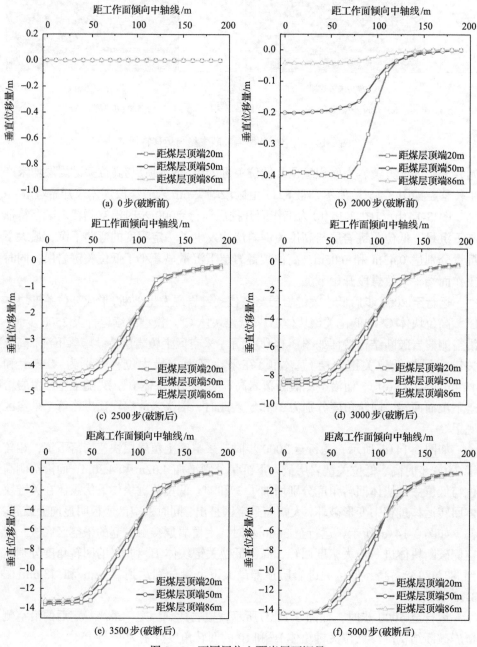

图 3-15　不同层位上覆岩层下沉量

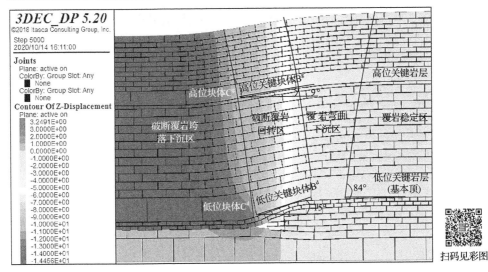

图 3-16　沿空侧覆岩稳定后结构特征

（1）特厚煤层综放开采，强度高，采空空间大，导致上覆岩层破断运移活动更为强烈，相应的垮落带与裂隙带高度增大。因此，特厚煤层综放开采形成的垮落下沉区的岩层破断，不仅影响至低位关键岩层而且影响至高位关键岩层，且该区域岩体垮落和下沉量均较大。

（2）特厚煤层综放高强度开采采空区周边煤体，破坏范围与程度均增大，且特厚煤体支承基础可变形量大，导致上覆岩层深入煤体破断，因此破断覆岩回转区的高、低位关键块体 $B^g$ 和 $B^d$ 深入未开采实体煤上方。同时，特厚煤层综放开采空间巨大使得高、低位关键块体回转角度较大，下伏煤体受关键块体回转下沉影响产生较大程度的压缩变形和破坏。

（3）由于靠近采空区侧覆岩下伏可变形弹-塑性特厚煤体支承基础，覆岩弯曲下沉区岩层在自身重力与上覆荷载，以及破断覆岩回转区与该区岩层之间形成的剪切、挤压等作用力共同影响下必然产生一定程度的弯曲下沉，且特厚煤层综放开采形成的覆岩弯曲下沉区岩层呈漏斗状赋存于实体煤上方。

（4）覆岩稳定区煤岩体距离上区段采空区较远，因而该区域覆岩与煤体受覆岩破断运移影响甚微，赋存较为稳定。

特厚煤层综放窄煤柱区段间隔沿空掘巷往往位于破断覆岩回转区下伏煤体中，进一步观察覆岩破断回转区可知，高、低位关键块体联合控制该区域覆岩整体运动态势及赋存特征，低位关键块体 $B^d$ 与低位块体 $C^d$、端头未放煤段煤体、关键块体下伏实体煤和低位关键岩层（基本顶）共同形成沿空侧低位关键结构，高位关键块体 $B^g$ 与高位块体 $C^g$、下伏软弱岩层和高位关键岩层共同构成沿空侧高位关键结构。沿空侧高、低位关键结构对特厚煤层综放开采条件下的窄煤柱区段间隔沿空掘巷围岩应力环境与稳定性起着极其重要的作用。

## 参 考 文 献

[1] 徐芝纶. 弹性力学[M]. 5 版. 北京: 高等教育出版社, 2018: 53-95.

[2] 朱德仁, 钱鸣高, 徐林生. 坚硬顶板来压控制的探讨[J]. 煤炭学报, 1991, 16(2): 12-20.

[3] 刘鸿文. 材料力学[M]. 北京: 高等教育出版社, 2010: 80-332.

[4] 张文生. 科学计算中的偏微分方程有限差分法[M]. 北京: 高等教育出版社, 2006: 127-129.

[5] 何红雨. 有限差分法在 MATLAB 中的应用[M]. 北京: 科学出版社, 2002: 1-50.

[6] Li Z, Xu J L, Ju J F, et al. The effects of the rotational speed of voussoir beam structures formed by key strata on the ground pressure of stopes[J]. International Journal of Rock Mechanics and Mining Sciences, 2018, 108: 67-79.

# 第4章 特厚煤层侧向支承应力与沿空煤巷覆岩演化机理

沿上区段采空侧覆岩结构下伏煤体侧向支承应力是驱动沿空掘巷围岩变形破坏并影响其稳定性的主要动力。因此，本章首先基于特厚煤层综放沿空掘巷上覆岩层结构特征，构建侧向支承应力分析模型，求解并验证沿空掘巷前煤体侧向支承应力大小与范围，依据侧向支承应力分布特征评价窄煤柱沿空掘巷位置的合理性，并给出掘采期间特厚煤层综放窄煤柱沿空掘巷帮部煤体大范围严重破坏失稳机理。

## 4.1 沿空侧覆岩结构下伏煤体侧向支承应力理论分析

### 4.1.1 侧向支承应力理论计算模型构建

基于第3章研究得到的特厚煤层综放沿空掘巷上覆破断岩层稳定后的结构赋存特征，构建如图4-1所示的煤体侧向支承应力理论计算模型。依据沿空掘巷上覆岩

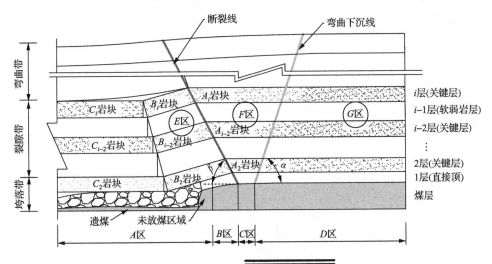

$A$区-采空区；$B$区-关键块承载区；$C$区-弯曲覆岩承载区；$D$区-弹性区
$E$区-破断覆岩回转区；$F$区-覆岩弯曲下沉区；$G$区-覆岩稳定区

图4-1 煤体侧向支承应力理论计算模型

层结构特征,已将上覆岩层划分为破断覆岩回转区($E$区)、覆岩弯曲下沉区($F$区)和覆岩稳定区($G$区),本节进一步对沿空掘巷位置煤体侧向支承应力进行分区研究,将煤层分为关键块承载区($B$区)、弯曲覆岩承载区($C$区)和弹性区($D$区)三部分。对特厚煤层综放开采沿空侧覆岩结构下伏煤体侧向支承应力理论计算模型作如下假设。

(1)煤岩体均视为均质连续介质,且煤岩体变形受力连续。

(2)上覆岩层弯曲下沉与煤体压缩变形整体协调统一。

(3)覆岩与煤层视为平面应变。

针对关键块承载区$B$区域支承应力分布可由式(4-1)确定[1]:

$$\sigma_x^w(y) = \left(\frac{c_0}{\tan\varphi_0} + \frac{P_x}{A_1}\right)e^{\frac{2\tan\varphi_0}{mA_1}y} - \frac{c_0}{\tan\varphi_0} + \gamma_m x_m \tag{4-1}$$

式中,$\varphi_0$为煤层顶部界面内摩擦角,(°);$c_0$为煤层与直接顶界面内聚力,MPa;$m$为煤层厚度,m;$A_1$为关键块承载区侧压系数;$P_x$为关键块承载区煤层侧向阻力,N;$\gamma_m$为煤体容重,kN/m³;$x_m$为煤层中部一点距煤层顶端的垂直距离,m。

针对弯曲覆岩承载区$C$区煤体侧向支承应力,由覆岩弯曲下沉区$F$区中各岩层受力及其相互之间力的传递进行分析。为了便于分析计算对岩层进行编号,煤层上覆直接顶编号为1,直接顶上覆基本顶或关键层编号为2,依次类推直至发生破断的断裂带最高位上覆关键岩层第$i$层,如图4-1所示。

对覆岩弯曲下沉区$F$区岩层分离进行研究(图4-2),针对覆岩弯曲下沉区第$i$层关键岩层,其岩梁断裂线位置受到邻侧破断关键块体$B_i$对其形成的水平挤压力$T_i'$、剪切力$F_i'$及偏心弯矩$M_i'$作用;覆岩弯曲下沉区岩层受到外力作用而于岩层内部形成水平挤压力$T_i$、剪切力$F_i$和弯矩$M_i$三种内力。上部受到弯曲下沉带覆岩传递下来的应力$q_i$,下部受到下伏岩层的支承应力$q_{i-1}$,在上述各作用力下第$i$层关键岩层保持静态平衡。

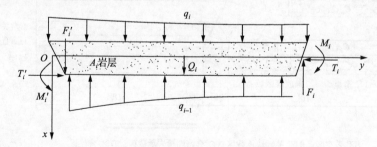

图4-2　覆岩弯曲下沉区第$i$层关键岩层受力分析

由破断关键块体$B_i$对第$i$层关键岩层$A_i$的水平挤压力$T_i'$为

$$T_i' = \frac{2L_{qi}\left(Q_{ri} + Z_i\right)}{L_{si}\left(2h_i - L_{qi}\sin\theta_i\right)}\sin\delta_i \tag{4-2}$$

式中，$Q_{ri}$ 为破断关键块体 $B_i$ 上覆软弱岩层重力，$i=1,2,\cdots,n$（$n$ 取整数）；$Z_i$ 为破断关键块体 $B_i$ 自重，kN；$\theta_i$ 为破断关键块体 $B_i$ 回转角度，(°)；$\delta_i$ 为破断关键块体 $B_i$ 底角，(°)；$L_{qi}$、$L_{si}$ 分别为破断关键块体 $B_i$ 倾向长度与走向长度，m；$h_i$ 为第 $i$ 层关键岩层厚度，m。

破断关键块体 $B_i$ 对第 $i$ 层关键岩层 $A_i$ 的剪切力 $F_i'$ 为

$$F_i' = \mu\frac{2L_{qi}\left(Q_{ri} + Z_i\right)}{L_{si}\left(2h_i - L_{qi}\sin\theta_i\right)}\sin\delta_i \tag{4-3}$$

式中，$\mu$ 为破断关键块体 $B_i$ 与岩层 $A_i$ 之间的摩擦系数。

破断关键块体 $B_i$ 的水平挤压力 $T_i'$ 对岩层 $A_i$ 的中轴线的偏心弯矩 $M_i'$ 为

$$M_i' = \frac{h_i T_i'}{2} \tag{4-4}$$

覆岩弯曲下沉区岩层 $A_i$ 自重为

$$Q_i = \rho_i g v_i \tag{4-5}$$

式中，$g$ 为重力加速度，m/s$^2$；$\rho_i$ 为关键岩层 $A_i$ 容重，kN/m$^3$；$v_i$ 为弯曲下沉区关键岩层 $A_i$ 体积，m$^3$，$v_i=h_i L_{zi}b_i$，$b_i$ 为关键岩层 $A_i$ 宽度，取单位 1；$L_{zi}$ 为关键岩层 $A_i$ 弯曲下沉区岩体长度，m，可由下式确定：

$$L_{Zi} = H_i\left(\frac{1}{\tan\beta} + \frac{1}{\tan\alpha}\right) + L_{mc} \tag{4-6}$$

式中，$H_i$ 为岩层 $A_i$ 至煤层顶部高度，m；$L_{mc}$ 为弯曲覆岩承载区 $C$ 区宽度，m，可由式(4-7)求得[2]

$$L_{mc} = \frac{h_m A_2}{2\tan\varphi_0}\ln\left(\frac{k_m\gamma H_m + \dfrac{c_0}{\tan\varphi_0}}{\dfrac{c_0}{\tan\varphi_0} + \dfrac{P_z}{A_2}}\right) \tag{4-7}$$

式中，$h_m$ 为开采煤层高度，m；$H_m$ 煤层埋深，m；$k_m$ 为煤层上方应力集中系数；$\gamma$ 为岩层平均容重，kN/m³；$A_2$ 为弯曲覆岩承载区 $C$ 区所受侧压系数；$P_z$ 为 $C$ 区煤体所受侧向阻力，N，可由 $P_z = A_2\sigma_x^w(y = L_{mc})$ 确定（$\sigma_x^w$ 为水平应力，MPa）。

根据覆岩弯曲下沉区关键岩层受力分析(图 4-2)，$x$、$y$ 轴线方向力及对弯曲下沉线位置中轴线取弯矩的平衡方程：

$$\begin{cases} T_i' - T_i = 0 \\ \int_0^{L_{zi}} q_{i-1}(y)\mathrm{d}y + F_i = F_i' + \int_0^{L_{zi}} q_i(y)\mathrm{d}y + Q_i \\ \int_0^{L_{zi}} q_i(y)y\mathrm{d}y + M_i' + F_i'L_{qi} + \dfrac{Q_i L_{zi}}{2} \int_0^{L_{zi}} q_{i-1}(y)y\mathrm{d}y + M_i \end{cases} \tag{4-8}$$

依据变形协调方程可知：

$$w_i = w_{(i)q_i} + w_{(i)F_i'} + w_{(i)q_{i-1}} + w_{(i)Q_i} + w_{(i)M_i'} \tag{4-9}$$

式中，$w_i$ 为第 $i$ 层关键岩层破断位置处的挠度，mm；$w_{(i)q_i}$ 为第 $i$ 层关键岩层在力 $q_i$ 作用下破断位置处的挠度，mm；$w_{(i)F_i'}$ 为第 $i$ 层关键岩层在力 $F_i'$ 作用下破断位置处挠度，mm；$w_{(i)q_{i-1}}$ 为第 $i$ 层关键岩层在力 $q_{i-1}$ 作用下破断位置处挠度，mm；$w_{(i)Q_i}$ 为第 $i$ 层关键岩层在 $Q_i$ 作用下破断位置处挠度，mm；$w_{(i)M_i'}$ 为第 $i$ 层关键岩层在偏心弯矩 $M_i'$ 作用下破断位置处挠度，mm。

由关键块承载区 $B$ 区煤体与弯曲覆岩承载区 $C$ 区煤体交接位置变形连续性得到，煤体在覆岩断裂线位置的压缩量[3]：

$$w_m = \frac{\sigma_x^w(y = L_{mb})}{D_m} \tag{4-10}$$

式中，$w_m$ 为煤体压缩量，mm；$D_m$ 为关键块承载区 $B$ 区煤体压缩刚度，GPa/m；$L_{mb}$ 为关键块承载区煤体宽度，m，等于基本顶断入煤体深度。

依据变形协调关系可知第 $i$ 层关键岩层破断位置处的挠度为

$$w_i = w_m \left( 1 + \frac{H_i \tan\alpha}{\tan\beta \left( L_{mc} \tan\alpha + H_i \right)} \right) \tag{4-11}$$

式中，$w_i$ 为第 $i$ 层关键岩层破断位置处的挠度，mm；$H_i$ 为第 $i$ 层关键岩层中性轴距离煤层顶部高度，m；$\beta$ 为覆岩破断角，(°)；$\alpha$ 为覆岩弯曲下沉角，(°)。

将覆岩弯曲下沉区岩层上覆应力分布视为仍具有工程实践意义的均布荷载，第 $i$ 层关键岩层上覆垂直应力由式(4-12)确定：

$$q_i = k_r \gamma H_r \tag{4-12}$$

式中，$k_{\mathrm{r}}$ 为覆岩弯曲下沉区第 $i$ 层关键岩层上覆应力集中系数；$H_{\mathrm{r}}$ 为弯曲下沉带与断裂线交界处埋深，m。

第 $i$ 层关键岩层断裂线位置处在各应力作用下的挠度分别为

$$\begin{cases} w_{(i)}(q_{i-1}) = -\dfrac{L_{Zi}^{4}}{8E_iI_i}q_{i-1} \\[3mm] w_{(i)}(q_i) = -\dfrac{L_{Zi}^{4}}{8E_iI_i}q_i \\[3mm] w_{(i)}(F_i') = -\dfrac{F_i'L_{Zi}^{3}}{3E_iI_i} \\[3mm] w_{(i)}(Q_i) = -\dfrac{5Q_iL_{Zi}^{3}}{12E_iI_i} \\[3mm] w_{(i)}(M_i') = -\dfrac{M_i'L_{Zi}^{2}}{2E_iI_i} \end{cases} \tag{4-13}$$

式中，$E_i$ 为弹性模量，MPa；$I_i$ 为惯性矩，$\mathrm{m}^4$；其中 $I_i = b_ih_i^3 1/12$。

联立式(4-9)～式(4-13)可得

$$w_i = -\frac{L_{Zi}^{4}}{8E_iI_i}(q_{i-1}-q_i) + \frac{(4F_i'+5Q_i)L_{Zi}^{3}}{12E_iI_i} + \frac{M_i'L_{Zi}^{2}}{2E_iI_i} \tag{4-14}$$

由式(4-14)求得第 $i-1$ 层下伏软弱岩层受力为

$$q_{i-1} = -\frac{8E_iI_i}{L_{Zi}^{4}}w_i + \frac{(8F_i'+10Q_i)L_{Zi}^{3}}{3E_iI_i} + \frac{4M_i'}{L_{Zi}^{2}} + q_i \tag{4-15}$$

并由式(4-8)求得第 $i$ 层关键岩层弯曲下沉位置处的水平挤压力、剪切力和弯矩为

$$\begin{cases} T_i = \dfrac{2L_{q_i}(Q_{ri}+Zi)}{2h_i - L_{q_i}\sin\theta_i}\sin\delta_i \\[3mm] F_i = F_i' + (q_i - q_{i-1})L_{Zi} + Q_i \\[3mm] M_i = (q_i - q_{i-1})\dfrac{L_{Zi}^{2}}{2} + M_i' + F_i'L_{Zi} + \dfrac{Q_iL_{Zi}}{2} \end{cases} \tag{4-16}$$

进一步由图 4-3 给出的覆岩弯曲下沉区第 $i-1$ 层软弱岩层受力分析，计算下伏第 $i-1$ 层软弱岩层受力。软弱岩层强度低，承载差，其破断覆岩回转区破断块体难以与覆弯曲下沉区岩层形成诸如坚硬关键层的铰接关系，因此不考虑软弱岩层破断岩块与第 $i-1$ 层岩层之间力的传递，则覆岩弯曲下沉区第 $i-1$ 层岩层只受第 $i$

层上覆坚硬关键岩层传递下来的应力 $q_{i-1}$，由此可列出超静定平衡方程组：

$$\begin{cases} T_{i-1} = 0 \\ \int_0^{L_{Z(i-1)}} q_{i-2}(y)\mathrm{d}y + F_{i-1} = \int_0^{L_{Z(i-1)}} q_{i-1}(y)\mathrm{d}y + Q_{i-1} \\ \int_0^{L_{Z(i-1)}} q_{i-1}(y)y\mathrm{d}y + \dfrac{Q_{i-1}L_{Z(i-1)}}{2} = \int_0^{L_{Z(i-1)}} q_{i-2}(y)y\mathrm{d}y + M_{i-1} \end{cases} \quad (4\text{-}17)$$

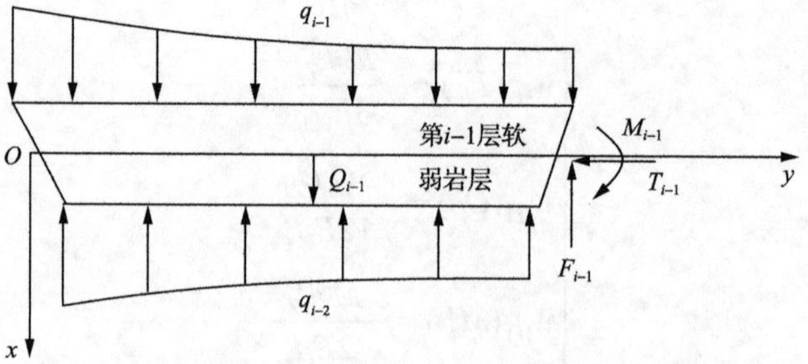

图 4-3　覆岩弯曲下沉区第 $i$–1 层软弱岩层受力分析

基于变形协调关系求得弯曲下沉区第 $i$–1 层岩层断裂线位置处挠度：

$$w_{i-1} = w_{(i-1)q_{i-1}} + w_{(i)q_{i-2}} + w_{(i-1)Q_{i-1}} \quad (4\text{-}18)$$

第 $i$–1 层岩层断裂线位置处挠度在各应力作用下可分别由式(4-19)求解：

$$\begin{cases} w_{(i-1)}(q_{i-2}) = -\dfrac{L_{Z(i-1)}^4}{8E_{i-1}I_{i-1}}q_{i-2} \\[2mm] w_{(i-1)}(q_{i-1}) = \dfrac{L_{Z(i-1)}^4}{8E_{i-1}I_{i-1}}q_{i-1} \\[2mm] w_{(i-1)}(Q_{i-1}) = \dfrac{5Q_{i-1}L_{Z(i-1)}^3}{12E_{i-1}I_{i-1}} \end{cases} \quad (4\text{-}19)$$

联立式(4-18)、式(4-19)得

$$w_{i-1} = -\dfrac{L_{Z(i-1)}^4}{8E_{i-1}I_{i-1}}(q_{i-2} - q_{i-1}) + \dfrac{5Q_{i-1}L_{Z(i-1)}^3}{12E_{i-1}I_{i-1}} \quad (4\text{-}20)$$

依据式(4-20)求得第 $i$–2 层岩层对第 $i$–1 层软弱岩层形成的平均应力 $q_{i-2}$ 为

$$q_{i-2} = \left[ -\dfrac{8E_{i-1}I_{i-1}}{L_{Z(i-1)}}w_{i-1} + \dfrac{10Q_{i-1}}{3L_{Z(i-1)}} \right] + q_{i-1} \quad (4\text{-}21)$$

并求得弯曲下沉线处水平挤压力、剪切力和弯矩为

$$\begin{cases} T_{i-1} = 0 \\ F_{i-1} = (q_{i-1} - q_{i-2})L_{Z(i-1)} + Q_{i-1} \\ M_{i-1} = (q_{i-1} - q_{i-2})\dfrac{L_{Z(i-1)}^2}{2} + \dfrac{Q_{i-1}L_{Z(i-1)}}{2} \end{cases} \tag{4-22}$$

同理，可依次求得第 $i$–2 层岩层直至第 1 层覆岩弯曲下沉区各岩层受力，那么弯曲覆岩承载区 $C$ 区上覆平均应力为

$$q_0 = -\frac{8E_1 I_1}{L_{Z1}^4}w_1 + \frac{(8F_1' + 10Q_1)L_{Z1}^3}{3E_1 I_1} + \frac{4M_1'}{L_{Z1}^2} + q_1 \tag{4-23}$$

进一步基于以上确定的各岩层于弯曲下沉线处得到的力及弯矩，构建覆岩稳定区 $G$ 区应力传递模型，如图 4-4 所示。

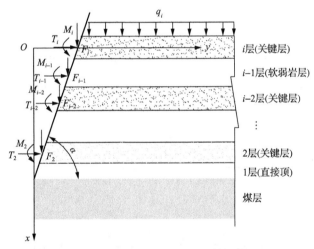

图 4-4　覆岩稳定区 $G$ 区应力传递模型

极坐标下覆岩稳定区受第 $i$ 层岩层弯矩 $M_i$ 作用时煤体内一点处应力为

$$\begin{cases} \sigma_{\rho_i} = \dfrac{2M_i}{\pi}\dfrac{\sin 2\varphi_y}{\rho^2} \\ \sigma_{\varphi_i} = 0 \\ \tau_{\rho\varphi_i} = -\dfrac{M_i}{\pi}\dfrac{2\cos^2 \varphi_y}{\rho^2} \end{cases} \tag{4-24}$$

式中，$\rho$ 为煤体中某点到坐标原点半径长度，m；$\varphi_y$ 为煤体中某点与坐标原点的

连线与 $y$ 轴夹角，(°)；$\sigma_{\rho_i}$ 为第 $i$ 层岩层所受力下煤体内某点径向应力，MPa；$\sigma_{\varphi_i}$ 为第 $i$ 层岩层所受力下煤体内某点切向应力，MPa；$\tau_{\rho\varphi_i}$ 为第 $i$ 层岩层所受力下煤体内某点剪应力，MPa。

极坐标下覆岩稳定区受第 $i$ 层岩层集中力 $F_i$ 作用时煤体内一点处应力为

$$\begin{cases} \sigma_\rho = -\dfrac{2F_i}{\pi\rho}(\cos\beta\cos\varphi + \sin\beta\sin\varphi) \\[2mm] \sigma_\varphi = 0 \\[2mm] \tau_{\rho\varphi} = \tau_{\varphi\rho} = 0 \end{cases} \tag{4-25}$$

式中，$\beta$ 为集中作用力与 $x$ 坐标轴夹角，(°)。

极坐标下应力转化为笛卡儿坐标下应力：

$$\begin{cases} \sigma_x = \sigma_\rho\cos^2\varphi + \sigma_\varphi\sin^2\varphi - 2\tau_{\rho\varphi}\sin\varphi\cos\varphi \\ \sigma_y = \sigma_\rho\sin^2\varphi + \sigma_\varphi\cos^2\varphi + 2\tau_{\rho\varphi}\sin\varphi\cos\varphi \\ \tau_{xy} = (\sigma_\rho - \sigma_\varphi)\sin\varphi\cos\varphi + \tau_{\rho\varphi}(\cos^2\varphi - \sin^2\varphi) \end{cases} \tag{4-26}$$

依据式(4-26)的坐标转化，在覆岩稳定区第 $i$ 层岩层弯矩 $M_i$ 作用下的煤体应力为

$$\begin{cases} \sigma_x^{M_i} = \dfrac{8M_i(x-t_i)^3\left(y - \dfrac{H_i}{\tan\alpha}\right)}{\pi\left[(x-t_i)^2 + \left(y - \dfrac{H_i}{\tan\alpha}\right)^2\right]^3} \\[8mm] \sigma_y^{M_i} = \dfrac{4M_i(x-t_i)\left(y - \dfrac{H_i}{\tan\alpha}\right)\left[\left(y - \dfrac{H_i}{\tan\alpha}\right)^2 - (x-t_i)^2\right]}{\pi\left[(x-t_i)^2 + \left(y - \dfrac{H_i}{\tan\alpha}\right)^2\right]^3} \\[8mm] \tau_{xy}^{M_i} = \dfrac{2M_i(x-t_i)^2}{\pi\left[(x-t_i)^2 + \left(y - \dfrac{H_i}{\tan\alpha}\right)^2\right]^3}\left[3\left(y - \dfrac{H_i}{\tan\alpha}\right)^2 - (x-t_i)^2\right] \end{cases} \tag{4-27}$$

式中，$t_i$ 为第 $i$ 层岩层距 $y$ 坐标轴 $x$ 方向的距离，m；$H_i$ 为第 $i$ 层岩层厚度，m；$\alpha$ 为内摩擦角，(°)。

依据式(4-24)与式(4-25)，笛卡儿坐标下覆岩稳定区第 $i$ 层岩层剪切力 $F_i$ 作用下的煤体应力为

$$
\begin{cases}
\sigma_x^{F_i} = -\dfrac{2F_i}{\pi}\dfrac{(x-t_i)^3}{\left[(x-t_i)^2+\left(y-\dfrac{H_i}{\tan\alpha}\right)^2\right]^2} \\[4mm]
\sigma_y^{F_i} = -\dfrac{2F_i}{\pi}\dfrac{(x-t_i)\left(y-\dfrac{H_i}{\tan\alpha}\right)^2}{\left[(x-t_i)^2+\left(y-\dfrac{H_i}{\tan\alpha}\right)^2\right]^2} \\[4mm]
\tau_{xy}^{F_i} = -\dfrac{2F_i}{\pi}\dfrac{(x-t_i)^2\left(y-\dfrac{H_i}{\tan\alpha}\right)}{\left[(x-t_i)^2+\left(y-\dfrac{H_i}{\tan\alpha}\right)^2\right]^2}
\end{cases}
\tag{4-28}
$$

笛卡儿坐标下覆岩稳定区第 $i$ 层岩层水平挤压力 $T_i$ 作用下的煤体应力为

$$
\begin{cases}
\sigma_x^{T_i}(x,y) = -\dfrac{2F_i}{\pi}\dfrac{(x-t_i)^2\left(y-\dfrac{H_i}{\tan\alpha}\right)}{\left[(x-t_i)^2+\left(y-\dfrac{H_i}{\tan\alpha}\right)^2\right]^2} \\[4mm]
\sigma_y^{T_i}(x,y) = -\dfrac{2F_i}{\pi}\dfrac{\left(y-\dfrac{H_i}{\tan\alpha}\right)^3}{\left[(x-t_i)^2+\left(y-\dfrac{H_i}{\tan\alpha}\right)^2\right]^2} \\[4mm]
\tau_{xy}^{T_i}(x,y) = -\dfrac{2F_i}{\pi}\dfrac{(x-t_i)\left(y-\dfrac{H_i}{\tan\alpha}\right)^2}{\left[(x-t_i)^2+\left(y-\dfrac{H_i}{\tan\alpha}\right)^2\right]^2}
\end{cases}
\tag{4-29}
$$

笛卡儿坐标下覆岩稳定区第 $i$ 层岩层上覆均布荷载 $q_i$ 作用下的煤体应力为

$$\sigma_x^{q_i}(x,y) = -\frac{q_i}{\pi}\left[\arctan\frac{y-\dfrac{H_i}{\tan\alpha}}{x-t_i} - \arctan\frac{y-\dfrac{H_i}{\tan\alpha}-a_{\mathrm{m}}}{x-t_i} + \frac{(x-t_i)\left(y-\dfrac{H_i}{\tan\alpha}\right)}{(x-t_i)^2+\left(y-\dfrac{H_i}{\tan\alpha}\right)^2}\right.$$

$$\left. -\frac{(x-t_i)\left(y-\dfrac{H_i}{\tan\alpha}-a_{\mathrm{m}}\right)}{(x-t_i)^2+\left(y-\dfrac{H_i}{\tan\alpha}-a\right)^2}\right]$$

$$\sigma_y^{q_i}(x,y) = -\frac{q_i}{\pi}\left[\arctan\frac{y-\dfrac{H_i}{\tan\alpha}}{x-t_i} - \arctan\frac{y-\dfrac{H_i}{\tan\alpha}-a_{\mathrm{m}}}{x-t_i} - \frac{(x-t_i)\left(y-\dfrac{H_i}{\tan\alpha}\right)}{(x-t_i)^2+\left(y-\dfrac{H_i}{\tan\alpha}\right)^2}\right.$$

$$\left. +\frac{(x-t_i)\left(y-\dfrac{H_i}{\tan\alpha}-a_{\mathrm{m}}\right)}{(x-t_i)^2+\left(y-\dfrac{H_i}{\tan\alpha}-a_{\mathrm{m}}\right)^2}\right]$$

$$\tau_{xy}^{q_i}(x,y) = \frac{q_i}{\pi}\left[\frac{(x-t_i)^2}{(x-t_i)^2+\left(y-\dfrac{H_i}{\tan\alpha}\right)^2} - \frac{(x-t_i)^2}{(x-t_i)^2+\left(y-\dfrac{H_i}{\tan\alpha}-a_{\mathrm{m}}\right)^2}\right]$$

$$(4\text{-}30)$$

式中，$a_{\mathrm{m}}$ 为均布荷载 $q_i$ 分布范围，$\mathrm{kN/m^2}$，$a_{\mathrm{m}}$ 取值为无穷大，则式(4-30)化简为

$$\begin{cases}\sigma_x^{q_i}(x,y) = -\dfrac{q_i}{\pi}\left[\arctan\dfrac{y-\dfrac{H_i}{\tan\alpha}}{x-t_i} + \dfrac{\pi}{2} + \dfrac{(x-t_i)\left(y-\dfrac{H_i}{\tan\alpha}\right)}{(x-t_i)^2+\left(y-\dfrac{H_i}{\tan\alpha}\right)^2}\right] \\[4mm] \sigma_y^{q_i}(x,y) = -\dfrac{q_i}{\pi}\left[\arctan\dfrac{y-\dfrac{H_i}{\tan\alpha}}{x-t_i} + \dfrac{\pi}{2} - \dfrac{(x-t_i)\left(y-\dfrac{H_i}{\tan\alpha}\right)}{(x-t_i)^2+\left(y-\dfrac{H_i}{\tan\alpha}\right)^2}\right] \\[4mm] \tau_{xy}^{q_i}(x,y) = \dfrac{q_i}{\pi}\left[\dfrac{(x-t_i)^2}{(x-t_i)^2+\left(y-\dfrac{H_i}{\tan\alpha}\right)^2}\right]\end{cases} \qquad (4\text{-}31)$$

同理，依次可求得第 $i$–1、$i$–2 直至第 1 层岩层作用力在煤体中的应力，进而得到覆岩稳定区下伏弹性区煤体中侧向支承应力为

$$\sigma_x^t(x,y) = \sum_n^{i=1} \left( \sigma_x^{M_i}(x,y) + \sigma_x^{F_i}(x,y) + \sigma_x^{T_i}(x,y) + \sigma_x^{q_i}(x,y) \right) + \gamma H_i \qquad (4\text{-}32)$$

式中，$\sigma_x^t$ 为弹性区垂直应力，MPa；$H_i$ 为第 $i$ 层岩层埋深，m；$n$=1,2,3,…。

### 4.1.2　侧向支承应力分布特征及形成机理

1. 典型特厚煤层侧向支承应力求解

基于上述理论分析，以特厚煤层综放开采 8211 区段工作面为工程背景，探究沿空侧覆岩结构下伏煤体侧向支承应力。破断关键块体相关计算参数由 3.3 节修正后的参数确定，煤岩层位关系及厚度根据地质条件确定，其他计算参数由表 4-1 给出，计算并绘制 8211 区段沿空掘巷前煤体侧向支承应力曲线。

表 4-1　力学模型参数取值

| 参数 | 数值 | 参数 | 数值 |
|---|---|---|---|
| 高低位关键岩层弹性模量/GPa | 20 | 软弱岩层弹性模量/GPa | 3 |
| 弯曲覆岩承载区煤体压缩刚度/(GN/m) | 25 | 上区段支护阻力/MPa | 0.3 |
| 应力集中系数 | 2 | 弯曲覆岩承载区煤体侧压系数 | 0.6 |
| 岩层平均容重/(MN/m³) | 0.025 | 煤层开采高度/m | 15 |
| 煤体容重/(MN/m³) | 0.015 | 煤层埋藏深度/m | 415 |
| 煤层与直接顶界面内聚力/MPa | 1.8 | 煤层与直接顶界面摩擦角/(°) | 16 |

图 4-5 为 8211 区段沿空掘巷前特厚煤体侧向支承应力理论计算与数值结果。基于理论计算结果，将侧向支承应力划分为三个区域，距采空区 0～14.2m 范围内支承应力低于原始支承应力(10.4MPa)，称为应力降低区；随着深入煤体距采空区 14.2～60m 范围内支承应力大于原始支承应力，并于距采空区边缘 21.2m 位置形成支承应力峰值，其数值大小为 23.4MPa，称为应力升高区；而远离采空区的支承应力逐渐减小并恢复至原始支承应力 10.4MPa，称为原始支承应力区。通过理论计算与数值分析结果对比可知，理论计算与数值结果获得的煤体侧向支承应力峰值仅相差 0.2MPa，峰值位置仅相差 1.2m，且应力分布趋势较为吻合，说明了力学分析模型的合理性及所得结果的可靠性。

2. 煤体侧向支承应力形成机理分析

基于前述力学模型和已有研究[4,5]，沿空侧覆岩结构下伏煤体侧向支承应力形

成及其分布特征与上覆岩层结构和煤体自身性质密切相关。为了明晰沿空侧覆岩结构影响下煤体侧向支承应力形成机理，本节依据覆岩结构将煤体侧向支承应力分布特征分为以下三类。

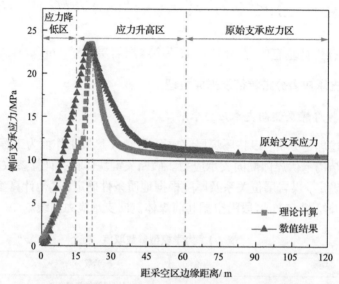

图4-5　煤体侧向支承应力理论计算与数值结果验证

第一种，沿空侧覆岩无关键层时，其下伏煤体侧向支承应力分布如图 4-6（a）所示。在采空区上覆岩层无关键层存在时，覆岩结构沿采空区边缘近似垂直切落且采空区切落岩层与未开采煤层上覆岩层之间无联系，与此同时若距采空区边缘较近煤体未发生破坏或者破坏范围极小，那么此时未开采区域煤体支承应力近似等于上覆岩层荷载，煤体侧向支承应力分布近似均布荷载且其数值等于未开采前的原始支承应力大小。

第二种，沿空侧覆岩未发生破断形成大面积悬顶时，其下伏煤体侧向支承应力分布如图 4-6（b）所示。该类覆岩结构中存在坚硬厚关键岩层，工作面在回采一定距离后仍难以垮落，此时采空区域上覆岩层荷载丧失支承基础，必然通过厚且坚硬关键岩层向采空区周边未开采煤体转移，使得煤体中侧向支承应力升高。而在高支承应力作用下浅部煤体将产生破坏，此时破坏后煤体的承载能力下降，进而导致该区域煤体中支承应力降低。浅部破坏煤体承载能力的下降使得高支承应力进一步向煤体深部转移，但破坏煤体仍具有一定承载能力可分担部分荷载，且深部煤体受较大侧压约束其抵抗变形破坏能力更强，因而煤体侧向支承应力峰值在煤体深处运移至一定位置处停止。此时,煤体侧向支承应力分布特征如图 4-6（b）所示，靠近采空区一定范围内侧向支承应力降低，而远离采空区煤体一定范围内侧向支承应力升高。

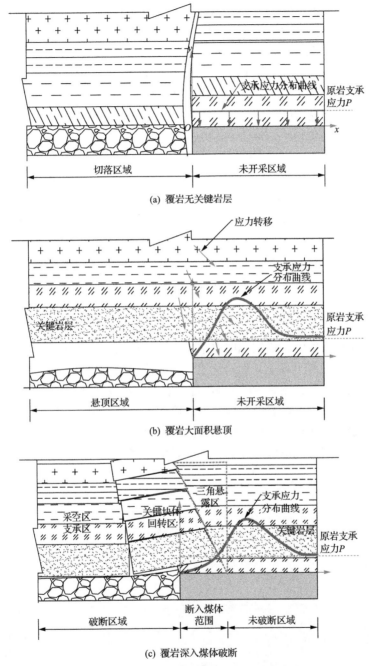

图 4-6　侧向支承应力形成机理示意图

　　第三种，沿空侧覆岩结构深入煤体破断时，其下伏煤体侧向支承应力分布如图 4-6(c) 所示。该类覆岩在工作面回采后以一定破断角度发生破断垮落，且基本顶破断位置深入煤体内部。由第3章可知此类沿空侧覆岩破断结构在特厚煤层综放开采中较为常见。基于前文煤体侧向支承应力研究，进一步对该类覆岩结构支承应力形成机理与特征进行分析。

破断覆岩回转区的关键块体下伏煤体经历上区段巷道与工作面采掘影响及覆岩破断、失稳和运移而发生破坏，煤体侧向支承应力大小主要受煤体自身破坏程度影响，即破碎塑性煤体可支承上覆荷载的大小与能力，在上覆荷载超过破坏煤体承载能力时，未能承载的部分荷载将向其他位置煤体亦或矸石转移。而弯曲下沉区覆岩下伏煤体侧向支承应力则主要受到上覆岩层结构影响，基于 4.1.1 节理论分析可知，该区域覆岩支承应力升高的主要因素为三点：一是以一定破断角破断的覆岩会形成三角悬露区域，该区域覆岩自身重力和上覆荷载必然向下伏煤体深部转移；二是破断覆岩回转区的关键块体与覆岩弯曲下沉区的岩层之间形成的摩擦力、挤压力和偏心弯矩(如图 4-2 所示的剪切力 $F_i'$、水平挤压力 $T_i'$ 和偏心弯矩 $M_i'$)将向下伏煤体传递；三是三角悬露区域自身重力与上覆荷载、覆岩破断关键块体与未破断岩层之间的作用力均会形成巨大弯矩(如图 4-2 中弯矩 $M_i$)向覆岩下伏煤体传递。

### 4.1.3　侧向支承应力影响下沿空掘巷位置评价

基于前文获得的特厚煤层侧向支承应力分布特征与形成机理，探讨与评价不同沿空掘巷位置的应力环境与围岩性质，以明确侧向支承应力影响下沿空掘巷位置对围岩稳定性及其控制难度的影响。目前沿空掘巷位置选择面临以下两种情形。

一是欲使沿空掘巷围岩处于低应力环境，便需要采用相对较窄的煤柱宽度间隔上区段采空区，使得沿空掘巷位置布置于如图 4-7 所示的位置 I 中的侧向支承应力降低区域。但是支承应力降低区域的煤体在多次采掘强烈影响及上覆岩层破

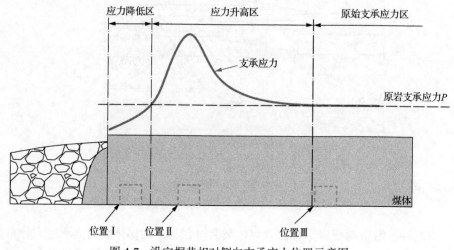

图 4-7　沿空掘巷相对侧向支承应力位置示意图

断结构共同作用下产生损伤，从而使得沿空掘巷围岩破碎且强度大幅降低。

　　二是欲使沿空掘巷位置煤体相对较为完整，那么就需要避开上区段采掘影响以及沿空侧上覆岩层结构影响下已发生破坏的煤体，沿空掘巷位置需距离上区段采空区较远，通常情况下沿空掘巷与上区段采空区间隔的煤柱宽度较大，如图 4-7 所示位置Ⅱ，而该类巷道围岩将处于高支承应力作用位置，甚至支承应力峰值处。倘若区段间隔煤柱宽度足够大，如图 4-7 位置Ⅲ所示，沿空掘巷位于原始支承应力区，可以保障沿空巷道围岩完整性和较好的应力环境，但是该类煤柱宽度往往过大将造成极大的资源浪费，尤其特厚煤层开采。

　　因而无论怎样选择掘巷位置，沿空巷道围岩均会面临弊端，要么牺牲围岩强度来改善应力环境，要么承受高应力环境来换取掘巷位置处围岩强度。然而，与上区段采空区间隔较远的煤体在掘巷前虽是相对完整的，但在巷道开掘后围岩在高支承应力作用下同样会发生破坏，与此同时高支承应力驱动下的破碎塑性煤体破坏范围与程度会持续加大，从而导致围岩控制难度极大。而采用窄煤柱区段间隔掘巷使沿空巷道围岩处于低应力区域，虽然巷道围岩较为破碎但驱动围岩变形的应力较低，在采取科学有效的围岩控制手段后，完全可以使支护后的围岩抵抗较低应力环境下的变形破坏，从而使得围岩控制具有可操作性、可实施性。因此针对特厚煤层综放开采 8m 窄煤柱 8211 区段间隔沿空掘巷，巷道开掘位置煤体大纵深破坏尤其煤柱煤体，但掘巷位置处支承应力较低，由前述求解结果(图 4-5)可知，该区域煤体侧向支承应力大小为 5～6MPa，因而在采取科学合理的围岩控制措施后是可以保障沿空掘巷服务期限内围岩稳定性的。

## 4.2　窄煤柱沿空掘巷帮部侧向支承应力实测

### 4.2.1　支承应力监测装置与方案

　　图 4-8 为支承应力监测装置，由钻孔应力计、传感器、三通阀、数据采集器、数据传输器、加压泵组成，该装置施工简单，操作简便，数据监测稳定。支承应力监测装置安装与使用主要流程如下：将钻孔应力计布置于巷道两帮钻孔中，并推送至设定位置，通过加压泵向钻孔应力计施加一定压力使得钻孔应力计与孔壁紧密贴合，而后通过数据采集器与数据传输器定期收集支承应力数据，如图 4-8 所示。

　　本次支承应力监测方案如图 4-9 所示，在特厚煤层综放 8211 区段窄煤柱沿空掘巷中布置 1#和 2#两个测站，测站间隔距离 15m。每个测站共设置 10 个间距为 2m 的支承应力监测钻孔，其中 8m 煤柱布置 3 个，铅孔深度分别为 2m、4m 和 6m；实体煤帮侧布置 7 个钻孔，钻孔深度分别为 1m、6m、11m、16m、21m、26m 和 31m，所施工钻孔直径为 42mm。每个钻孔中布置一个钻孔应力计并将其推送至孔底，并向钻孔应力计施加 2MPa 初始应力，使得钻孔应力计与钻孔壁紧密贴合。

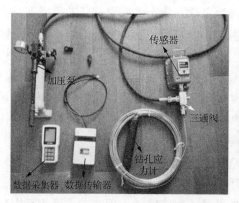

图 4-8　支承应力监测装置

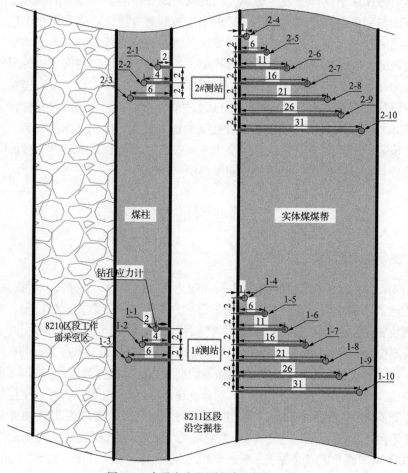

图 4-9　支承应力监测方案(单位：m)

#### 4.2.2　侧向支承应力实测结果

依据各钻孔应力计监测的数据，剔除个别钻孔应力计损坏或数据异常钻孔，绘制如图 4-10 所示沿空掘巷帮部侧向支承应力分布曲线。

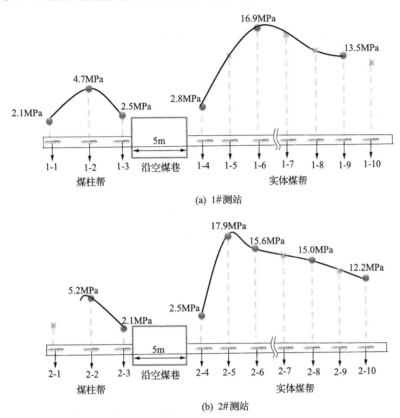

(a) 1#测站

(b) 2#测站

图 4-10　侧向支承应力分布曲线

由于各测站个别钻孔支承应力数据缺失，需结合测站 1#与 2#的测定结果进行分析，煤柱与实体煤帮侧向支承应力分布呈显著非对称特征。8m 煤柱中部支承应力较煤柱两侧大，支承应力平均峰值为 4.95MPa。实体煤帮支承应力峰值位于 1～5 号钻孔中，距实体煤壁距离为 6m，随着远离实体煤壁支承应力逐渐降低，2#测站 1～10 号钻孔中支承应力为 12.2MPa，接近煤体原始支承应力数值。上述规律表明，煤柱两侧煤体损伤程度大于煤柱中心，而实体煤帮浅部煤体损伤程度大于深部煤体。巷帮支承应力分布规律与前述 8m 煤柱沿空掘巷偏应力分布特征相吻合。而实测实体煤帮支承应力峰值小于 4.1 节理论计算与数值结果，原因为钻孔应力计工作原理是由钻孔煤壁变形收缩挤压钻孔应力计产生应变，进而计算支承应力数值，而现场实际中钻孔壁较为破碎，与钻孔应力计难以保障完全贴合。但依据现场实测所得支承应力分布规律，结合理论计算和数值结果，仍可准确掌握沿空掘巷围岩侧向支承应力数值与分布特征。

## 4.3　特厚煤层综放沿空掘巷大小结构稳定性及失稳机理

### 4.3.1　掘采前后沿空掘巷上覆岩层结构稳定性分析

特厚煤层综放开采条件下，开采空间大，强度高，进而导致上覆岩层破断、运动及垮落范围大且影响广，因此不仅低位关键岩层对窄煤柱区段间隔沿空掘巷围岩稳定性起关键作用，而且高位关键岩层的稳定性也直接影响低位关键岩层与巷道围岩稳定性。同时就大及特大型矿井数千米走向长度的综放工作面而言，沿空掘巷上覆破断岩层主要由周期破断形成的类直角三角块体组成，如图 4-11(a) 所示。

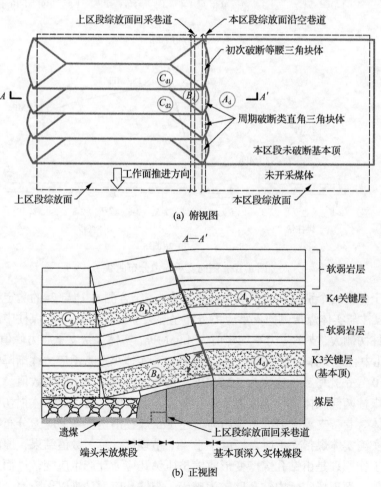

(a) 俯视图

(b) 正视图

图 4-11　掘巷前沿空侧覆岩破断结构示意图

因此本节基于沿空掘巷上覆岩层破断结构特征，建立周期破断高低位三角关键块体力学模型，如图 4-12 所示，探究沿空掘巷高低位关键块体的联动稳定性及其关键影响因素。

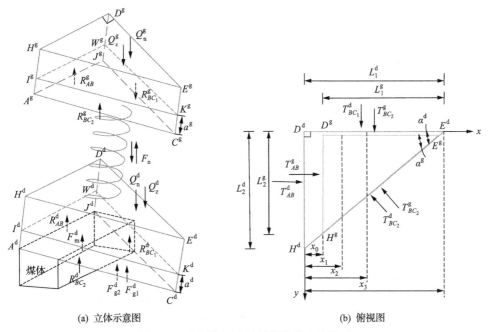

(a) 立体示意图　　　　　　　　　　　(b) 俯视图

图 4-12　高低位三角关键块体稳定性模型

1. 参数设定

1) 生产与地质参数设定

煤层厚度 $m$；割煤高度 $h_c$；放煤高度 $h_f$；岩层破断角 $\beta$；高、低位关键块体承载软弱岩层厚度 $h_r^d$ 和 $h_r^g$；软弱岩层容重 $\rho^r$；塑性煤体内聚力 $c_0$；塑性煤体内摩擦角 $\varphi_0$；直接顶厚度 $h_z$；煤体碎胀系数 $k_m$；直接顶碎胀系数 $k_z$；软弱岩层碎胀系数 $k_r$。参数取值见表 4-2。

2) 低位关键块体参数设定

基于前文研究获得的上覆基本顶破断关键块体参数以及理论[6]与实践研究结果，确定低位关键三角块体倾向长度等于初次破断块体走向长度，初次破断块体走向长度为周期破断的两倍以上，同时基于现场实测初次来压步距约为周期来压步距 3 倍，因而低位关键块体走向长度为初次破断块体走向长度的 1/3，即 $L_2^d = 1/3L^d$；

低位关键块体厚度 $h^d$，m；

低位关键块体容重 $\rho^d$，kN/m³；

表 4-2　地质及生产参数

| 参数 | 数值 | 参数 | 数值 |
|---|---|---|---|
| 煤层厚度 $m$/m | 15 | 挤压系数 $\eta$ | 0.45 |
| 割煤高度 $h_c$/m | 3.9 | 软弱岩层容重 $\rho^r$/(MN/m³) | 0.020 |
| 放煤高度 $h_f$/m | 11.1 | 关键块体容重 $\rho^d$, $\rho^g$/(MN/m³) | 0.026 |
| 直接顶厚度 $h_z$/m | 5.5 | 巷道宽度 $L_4$/m | 5.2 |
| 低位关键块体承载软弱岩层厚度 $h_r^g$/m | 57 | 端头不放煤宽度 $L_5$/m | 6 |
| 高位关键块体承载软弱岩层厚度 $h_r^d$/m | 34 | 煤体碎胀系数 $k_m$ | 1.3 |
| 岩层破断角 $\beta$/(°) | 85 | 软弱岩层碎胀系数 $k_r$ | 1.04 |
| 矸石支撑弹性模量 $E_g$/GPa | 0.4 | 直接顶碎胀系数 $k_z$ | 1.2 |
| 低位关键块体厚度 $h^d$/m | 15 | 高位关键块体厚度 $h^g$/m | 9 |
| 塑性煤体内聚力 $c_0$/MPa | 2.0 | 塑性煤体内摩擦角 $\varphi_0$/(°) | 18 |

低位关键块体底角 $a^d = \arctan(L_2^d/L_1^d)$，(°)；

低位关键块体自重 $Q_z^d = \rho^d L_1^d L_2^d h^d/2$，kg；

低位关键块体回转角度 $\theta^d$ 由 3.3.2 节数值模拟计算结果取 15°；

低位关键块体 $B_d$ 与岩块 $A_d$、$C_{d1}$ 和 $C_{d2}$ 铰接高度 $a^d = (h^d - L_2^d \sin\theta^d)/2$。

3) 高位关键块体参数设定

依据岩层破断角与低位关键块体几何关系确定高位关键块体倾向长度 $L_2^g = L_2^d - h_r^d \cot\beta$；

高位关键块体走向破断长度 $L_1^g = L_1^d - h_r^d \cot\beta$，m；

高位关键块体厚度 $h^g$，m；

高位关键块体容重 $\rho^g = \rho^d$，kN/m³；

高位关键块体破断底角 $\alpha^g = \alpha^d$，(°)；

高位关键块体回转角 $\theta^g = \arcsin\dfrac{L_2^d \sin\theta^d - h_r(k_r - 1)}{L_2^g}$；

高位关键块体 $B_g$ 与岩块 $A_g$、$C_{g1}$ 和 $C_{g2}$ 铰接高度 $a = (h^g - L_2^g \sin\theta^g)/2$。

2. 受力分析

1) 低位关键块体受力

低位关键块体 $B_d$ 受煤体支承力 $F_m^d$、力矩 $M_m^d$；放煤段矸石对低位关键块体的支撑力 $F_{g1}^d$、力矩 $M_{g1}^d$；未放煤段矸石对低位关键块体的支撑力 $F_{g2}^d$、力矩 $M_{g2}^d$；

与低位岩块 $A_d$ 的剪切力 $R_{AB}^d$、水平推力 $T_{AB}^d$；低位关键块体 $B_d$ 直角边侧与低位岩块 $C_1$ 的剪切力 $R_{BC_1}^d$、水平推力 $T_{BC_1}^d$；低位关键岩块 $B_d$ 斜边侧与低位岩块 $C_{d2}$ 的剪切力 $R_{BC_2}^d$、水平推力 $T_{BC_2}^d$；低位软弱夹层自重 $Q_n^d$；高低位关键块体之间相互作用力 $F_n$，当高位关键块体可以达到自稳且低位软弱岩层与其离层时，高位关键块体对低位关键块体传递的力 $F_n$ 为 0，而当高位关键块体发生失稳时，低位关键块体受到高位关键块体传递的力最大，数值为高位关键块体与其所承担软弱岩层的自重，由此可以确定力 $F_n$ 范围为 $0 \leqslant F_n \leqslant h_f^g L_1^g L_2^g \rho^r / 2$。

由轴线 $I^d W^d$ 力矩平衡可知：

$$M_m^d + M_{g1}^d + M_{g2}^d + (R_{BC_1}^d + R_{BC_2}^d)\cos\theta^d \frac{L_2^d}{2}$$
$$- \frac{a^d T_{BC_2}^d \sin\alpha^d}{2} - \frac{(F_n + Q_n^d + Q_z^d)\cos\theta^d L_2^d}{3} = 0 \tag{4-33}$$

由 $x$ 方向水平力平衡可知：

$$T_{AB}^d = T_{BC_2}^d \sin\alpha^d \tag{4-34}$$

由 $y$ 方向水平力平衡可知：

$$T_{BC_1}^d = T_{BC_2}^d \cos\alpha^d \tag{4-35}$$

由垂直方向力平衡可知：

$$R_{AB}^d + F_m^d + R_g^d + R_{BC_1}^d + R_{BC_2}^d - Q_n^d - Q_z^d - F_n = 0 \tag{4-36}$$

依据式 (4-36) 求得低位岩块 $A_d$ 与低位关键块体 $B_d$ 纵向剪切力为

$$R_{AB}^d = Q_n^d + Q_z^d + F_n - F_m^d - F_{g1}^d - F_{g2}^d - (R_{BC_1}^d + R_{BC_2}^d) \tag{4-37}$$

低位岩块 $A_d$ 对低位关键块体 $B_d$ 的水平推力为

$$T_{AB}^d = \frac{L_2^d(Q_n^d + Q_z^d + F_n)}{2h^d - L_2^d \sin\theta^d}\sin\alpha^d \tag{4-38}$$

其中，煤体对低位关键块体垂直应力为

$$R_m^d(x) = \left(\frac{c_0}{\tan\varphi_0} + \frac{p_z}{A}\right)e^{\frac{2\tan\varphi_0}{mA}(x_1-x)} - \frac{c_0}{\tan\varphi_0}$$

煤体对低位关键块体 $B_d$ 的支撑力为

$$F_m = -\tan\alpha^d \left[ \begin{array}{l} \left( \dfrac{A_1}{A_2{}^2} - \dfrac{A_1 L_2^d}{A_2} \right) e^{A_2 x_1} - \dfrac{A_1}{A_2{}^2}(A_2 x_1 + 1) + \dfrac{A_1 L_2^d}{A_2} \\[3mm] + A_3 x_1 L_2^d - \dfrac{1}{2} A_3 x_1^2 \end{array} \right]$$

煤体对低位关键块体 $B_d$ 的支撑力矩为

$$M_m^d = \int_0^{x_1} x R_m^d(x) \tan\alpha^d (L_2^d - x) dx$$

$$= -\tan\alpha^d \left\{ \begin{array}{l} \dfrac{2A_1}{A_2^3} e^{A_2 x_1} - \dfrac{A_1}{A_2^3}(A_2^2 x_1^2 + 2A_2 x_1 + 2) \\[3mm] + \dfrac{A_1 L_2}{A_2^2}[(A_2 x_1 + 1) - e^{A_2 x_1}] + \dfrac{A_3 L_2 x_1^2}{2} - \dfrac{A_3 x_1^3}{3} \end{array} \right\}$$

其中：

$$A_1 = \frac{c_0}{\tan\varphi_0} + \frac{p_z}{A}$$

$$A_2 = \frac{2\tan\varphi_0}{mA}$$

$$A_3 = \frac{c_0}{\tan\varphi_0}$$

放煤段矸石支撑力为

$$F_{g1} = \int_{x_2}^{x_3} R_{g1}^d(x) \tan\alpha^d (L_2^d - x) dx$$

$$= E_g \tan\alpha^d \left[ \frac{M_1 L_2^d - M_2}{2}(x_3^2 - x_2^2) - \frac{M_1}{3}(x_3^3 - x_2^3) + L_2^d M_2 (x_3 - x_2) \right]$$

放煤段矸石支撑力矩为

$$M_{g1} = \int_{x_2}^{x_3} x R_{g1}^d(x) \tan\alpha^d (L_2 - x) dx$$

$$= E_g \tan\alpha^d \left[ \frac{M_1 L_2 - M_2}{3}(x_3^3 - x_2^3) - \frac{M_1}{4}(x_3^4 - x_2^4) + \frac{L_2 M_2}{2}(x_3^2 - x_2^2) \right]$$

其中：

$$M_1 = \frac{\sin \theta^{\mathrm{d}}}{h_z k_z}$$

$$M_2 = \frac{-h_{\mathrm{c}} - h_{\mathrm{f}} + h_z (k_z - 1)}{h_z k_z}$$

$$x_3 = L_2^{\mathrm{d}} \cos \theta^{\mathrm{d}}$$

未放煤段矸石支撑力为

$$
\begin{aligned}
F_{g2} &= \int_{x_1}^{x_2} R_{g2}^{\mathrm{d}}(x) \tan \alpha^{\mathrm{d}} (L_2^{\mathrm{d}} - x) \mathrm{d}x \\
&= E_{\mathrm{g}} \tan \alpha^{\mathrm{d}} \left[ \frac{M_3 L_2^{\mathrm{d}} - M_4}{2} (x_2^2 - x_1^2) - \frac{M_3}{3} (x_2^3 - x_1^3) + L_2^{\mathrm{d}} M_4 (x_2 - x_1) \right]
\end{aligned}
$$

其中：

$$M_3 = \frac{\sin \theta^{\mathrm{d}}}{h_z k_z + h_{\mathrm{f}} k_{\mathrm{m}}}$$

$$M_4 = \frac{-h_{\mathrm{c}} + h_{\mathrm{f}} (k_{\mathrm{m}} - 1) + h_z (k_z - 1)}{h_z k_z + h_{\mathrm{f}} k_{\mathrm{m}}}$$

未放煤段矸石支撑力矩为

$$
\begin{aligned}
M_{g2} &= \int_{x_1}^{x_2} x R_{g2}^{\mathrm{d}}(x) \tan \alpha^{\mathrm{d}} (L_2^{\mathrm{d}} - x) \mathrm{d}x \\
&= E_{\mathrm{g}} \tan \alpha^{\mathrm{d}} \left[ \frac{M_3 L_2^{\mathrm{d}} - M_4}{3} (x_2^3 - x_1^3) - \frac{M_3}{4} (x_2^4 - x_1^4) + \frac{L_2 M_4}{2} (x_2^2 - x_1^2) \right]
\end{aligned}
$$

低位三角块体 $B_{\mathrm{d}}$ 与岩块 $C_{\mathrm{d1}}$ 和 $C_{\mathrm{d2}}$ 侧向剪切合力为

$$
R_{BC_1}^{\mathrm{d}} + R_{BC_2}^{\mathrm{d}} = \frac{2}{L_2^{\mathrm{d}} \cos \theta^{\mathrm{d}}} \left[ \frac{a}{2} T_{BC_2}^{\mathrm{d}} \sin \alpha^{\mathrm{d}} + \frac{(F_{\mathrm{n}} + Q_{\mathrm{n}}^{\mathrm{d}} + Q_z^{\mathrm{d}}) \cos \theta^{\mathrm{d}} L_2^{\mathrm{d}}}{3} - M_{\mathrm{m}}^{\mathrm{d}} - F_{g1}^{\mathrm{d}} - F_{g2}^{\mathrm{d}} \right]
$$

其中，$x_1 = L_3^{\mathrm{d}} \cos \theta^{\mathrm{d}}$；$x_2 = (L_4^{\mathrm{d}} + L_5^{\mathrm{d}} + L_3^{\mathrm{d}}) \cos \theta^{\mathrm{d}}$。

2）高位关键块体受力

高位关键块体 $B_{\mathrm{g}}$ 与高位岩块 $A_{\mathrm{g}}$ 的剪切力 $R_{AB}^{\mathrm{g}}$、水平推力 $T_{AB}^{\mathrm{g}}$；高位关键块体 $B_{\mathrm{g}}$ 直角边侧与高位岩块 $C_{\mathrm{g1}}$ 的剪切力 $R_{BC_1}^{\mathrm{g}}$、水平推力 $T_{BC_1}^{\mathrm{g}}$；岩块 $B_{\mathrm{g}}$ 斜边侧与高位岩块 $C_{\mathrm{g2}}$ 的剪切力 $R_{BC_2}^{\mathrm{g}}$、水平推力 $T_{BC_2}^{\mathrm{g}}$；高位软弱岩层重力 $Q_{\mathrm{n}}^{\mathrm{d}}$；高低位关键块体相互作用力为 $F_{\mathrm{n}}$。

由轴线 $I^{\mathrm{g}} W^{\mathrm{g}}$ 力矩平衡可知：

$$(R_{BC_1}^g + R_{BC_2}^g)\cos\theta\frac{L_2^g}{2} - \frac{a^g T_{BC_2}^g \sin\alpha^g}{2} - \frac{(-F_n + Q_n^g + Q_z^g)\cos\theta^g L_2^g}{3} = 0 \tag{4-39}$$

由 $x$ 方向水平力平衡可知：

$$T_{AB}^g = T_{BC_2}^g \sin\alpha^g \tag{4-40}$$

由 $y$ 方向水平力平衡可知：

$$T_{BC_1}^g = T_{BC_2}^g \cos\alpha^g \tag{4-41}$$

由垂直方向力平衡可知：

$$R_{AB}^g + R_{BC_1}^g + R_{BC_2}^g - Q_n^g - Q_z^g + F_n = 0 \tag{4-42}$$

求得高位岩块 $A_g$ 与高位关键块体 $B_g$ 剪切力为

$$R_{AB}^g = Q_n^g + Q_z^g - F_n - (R_{BC_1}^g + R_{BC_2}^g) \tag{4-43}$$

高位岩块 $A_g$ 与高位关键块体 $B_g$ 的水平推力为[7]

$$T_{AB}^g = \frac{L_2^g(Q_n^g + Q_z^g)}{2h^g - L_2^g \sin\theta^g}\sin\alpha^g \tag{4-44}$$

式中，高位关键块体 $B_g$ 直角边侧与高位岩块 $C_{g1}$ 的水平推力为

$$T_{BC_1}^g = \frac{L_2^g(Q_n^g + Q_z^g)}{2h_b^g - L_2^g \sin\theta^g}$$

高位关键块体 $B_g$ 斜边侧与高位岩块 $C_{g2}$ 的水平推力为

$$T_{BC_2}^g = \frac{L_2^g(Q_n^g + Q_z^g)}{2h_b^g - L_2^g \sin\theta^g}\cos\alpha^d$$

高位关键块体 $B_g$ 与高位岩块 $C_{g1}$ 和 $C_{g2}$ 侧向剪切合力为

$$R_{BC_1}^g + R_{BC_2}^g = \frac{a T_{BC_2}^g \sin\alpha^g}{L_2^g \cos\theta^g} + \frac{2(-F_n + Q_n^g + Q_z^g)}{3}$$

3. 高低位关键块体联合稳定性分析

关键块体失稳分为滑落与回转失稳，保障滑落和回转稳定条件分别为

$$T_{AB} \tan \varphi \geqslant R_{AB} \tag{4-45}$$

$$\frac{T_{AB}}{L_1 a} \leqslant \mu' \sigma_{\mathrm{c}} \tag{4-46}$$

式中，$\tan \varphi$ 为摩擦因数，通常取值为 0.3；$\mu'$ 为挤压系数；$L_1$ 为关键块体倾向长度。

通过系数 $k_1^{\mathrm{d}} = \dfrac{T_{AB}^{\mathrm{d}} \tan \varphi^{\mathrm{d}}}{R_{AB}^{\mathrm{d}}}$，$k_1^{\mathrm{g}} = \dfrac{T_{AB}^{\mathrm{g}} \tan \varphi^{\mathrm{g}}}{R_{AB}^{\mathrm{g}}}$，判断高低位板滑落准则下的稳定性。

通过系数 $k_2^{\mathrm{d}} = \dfrac{T_{AB}^{\mathrm{d}}}{L_1^{\mathrm{d}} a^{\mathrm{d}} \mu^{\mathrm{d}} \sigma_{\mathrm{c}}^{\mathrm{d}}}$，$k_2^{\mathrm{g}} = \dfrac{T_{AB}^{\mathrm{g}}}{L_1^{\mathrm{g}} a^{\mathrm{g}} \mu^{\mathrm{g}} \sigma_{\mathrm{c}}^{\mathrm{g}}}$，判断高低位板回转准则下的稳定性。

1）高低位关键块体滑落失稳联动分析

联立式（4-37）、式（4-38）、式（4-43）、式（4-44）和式（4-45）消除力 $F_{\mathrm{n}}$，可得高低位关键块体滑落稳定性系数关系为

$$
\begin{aligned}
&k_1^{\mathrm{d}}[Q_{\mathrm{n}}^{\mathrm{d}} + Q_{\mathrm{z}}^{\mathrm{d}} - F_{\mathrm{m}} - F_{\mathrm{g1}}^{\mathrm{d}} - F_{\mathrm{g2}}^{\mathrm{d}} - (R_{BC_1}^{\mathrm{d}} + R_{BC_2}^{\mathrm{d}})] \\
&= \left[ Q_{\mathrm{n}}^{\mathrm{g}} + Q_{\mathrm{z}}^{\mathrm{g}} - (R_{BC_1}^{\mathrm{g}} + R_{BC_2}^{\mathrm{g}}) - \frac{L_2^{\mathrm{g}}(Q_{\mathrm{n}}^{\mathrm{g}} + Q_{\mathrm{z}}^{\mathrm{g}})\sin \varphi^{\mathrm{g}} \tan \varphi^{\mathrm{g}}}{k_1^{\mathrm{g}}(2h^{\mathrm{g}} - L_2^{\mathrm{g}}\sin \theta^{\mathrm{g}})} \right] \left( \frac{L_2^{\mathrm{d}}\sin \alpha^{\mathrm{d}} \tan \varphi^{\mathrm{d}}}{2h^{\mathrm{d}} - L_2^{\mathrm{d}}\sin \theta^{\mathrm{d}}} - k_1^{\mathrm{d}} \right)
\end{aligned}
\tag{4-47}
$$

依据给定解析式及相关参数，采用 MATLAB 计算软件编程并绘制高、低位关键块体滑落稳定性系数 $k_1^{\mathrm{g}}$ 和 $k_1^{\mathrm{d}}$ 联动关系，如图 4-13 所示。

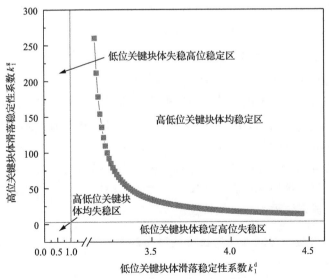

图 4-13　高、低位关键块体滑落稳定性系数联动关系

　　由式(4-45)可知,当滑落稳定性系数 $k_1^d$ 和 $k_1^g$ 小于 1 时,关键块体发生滑落失稳。在图 4-13 中,依据高低位关键块体滑落稳定性系数联动关系将其划分为 4 个区域,分别为高低位关键块体均稳定区($k_1^d > 1$ 且 $k_1^g > 1$),高低位关键块体均失稳区($k_1^d \leqslant 1$ 且 $k_1^g \leqslant 1$),低位关键块体失稳高位稳定区($k_1^d \leqslant 1$ 且 $k_1^g > 1$)和低位关键块体稳定高位失稳区($k_1^d > 1$ 且 $k_1^g \leqslant 1$)。因此,特厚煤层综放 8211 区段工作面生产地质条件下沿空掘巷上覆高低位关键块体依据滑落稳定性判别准则获得,高低位关键块体均处于稳定状态,低位关键块体滑落稳定性系数的最小值即高位关键块体发生失稳后为 1.10,因此低位关键块体在滑落稳定性判别准则下始终保持稳定。同时由图 4-13 可知,随着低位关键块体滑落稳定性系数的增大,高位关键块体的滑落稳定性系数逐渐降低且降低趋势变缓并趋于一定数值,表明随着低位关键块体滑落稳定性的增大高位关键块体滑落稳定性降低。

　　2)高低位关键块体回转失稳联动分析

　　由式(4-38)、式(4-44)和式(4-46)可知,高低位关键块体回转稳定性系数分别为

$$
\begin{cases}
k_2^d = \dfrac{L_2^d \sin \alpha^d (Q_n^d + Q_z^d + F_n)}{L_1^d a^d \mu^d \sigma_c^d (2h^d - L_2^d \sin \theta^d)} \\[2ex]
k_2^g = \dfrac{L_2^g \sin \alpha^d (Q_n^g + Q_z^g)}{L_1^g a^g \mu^g \sigma_c^g (2h^g - L_2^g \sin \theta^g)}
\end{cases}
\tag{4-48}
$$

　　由式(4-48)可知,低位关键块体回转稳定性系数受力 $F_n$ 影响,而高位关键块体回转稳定性系数与 $F_n$ 无关。绘制高低位关键块体回转稳定性系数联动关系如图 4-14 所示。

　　同样将联动关系划分为高低位关键块体均稳定区($k_2^d < 1$ 且 $k_2^g < 1$),高低位关键块体均失稳区($1 \leqslant k_2^d$ 且 $1 \leqslant k_2^g$),高位关键块体失稳低位稳定区($k_2^d < 1$ 且 $1 \leqslant k_2^g$)和高位关键块体稳定低位失稳区($1 \leqslant k_2^d$ 且 $k_2^g < 1$)。由图 4-14 可知,高位关键块体回转稳定性系数不随低位关键块体变化,其值恒定为 1.92,而低位关键块体回转稳定性系数范围为 $0.69 \leqslant k_2^d \leqslant 0.72$。由回转稳定性判别准则式(4-46)可知,关键块体结构处于高位关键块体失稳低位稳定区。

　　综上分析可知,8211 区段沿空掘巷上覆岩层破断结构中高位关键块体发生回转失稳,而低位关键块体在高位关键块体发生失稳后,仍然可以承担高位关键块体及其上覆软弱岩层重力并且保持稳定。

　　4. 高低位关键块体联动稳定性关键影响因素分析

　　1)滑落稳定性分析

　　采用单因素变量法分别对影响高低位关键块体滑落稳定性的关键因素进行分

析，给出各因素对关键块体滑落稳定性系数的影响。

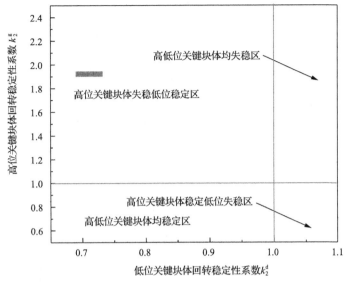

图 4-14　高低位关键块体回转稳定性系数联动关系

（1）由图 4-15（a）可知，随开采煤层厚度由 14m 增大至 18m，低位关键块体滑落稳定性系数呈现非线性降低，由 10.70 减少至 1.51，而高位关键块体滑落稳定性保持恒定值 25.50，上述数据表明开采煤层厚度对低位关键块体影响较大。基于式（3-6）可知，形成上述规律的原因为开采煤层厚度增加使得支撑关键块体的下伏煤体支承系数发生改变，进而导致下伏煤体控制关键块体的能力改变。

（2）由图 4-15（b）可知，关键块体断入煤壁深度 10m 时低位关键块体滑落稳定性系数仅为 0.78，而断入煤壁深度 15.5m 时为 6.55，上述数据表明低位关键块体断入实体煤壁深度对低位关键块体滑落稳定性有较大影响，主要体现在低位关键

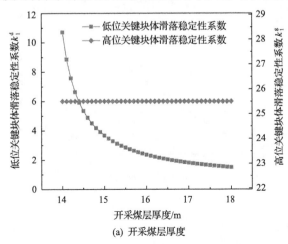

(a) 开采煤层厚度

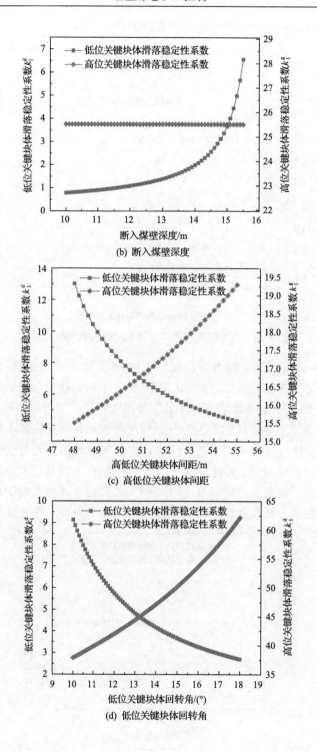

(b) 断入煤壁深度

(c) 高低位关键块体间距

(d) 低位关键块体回转角

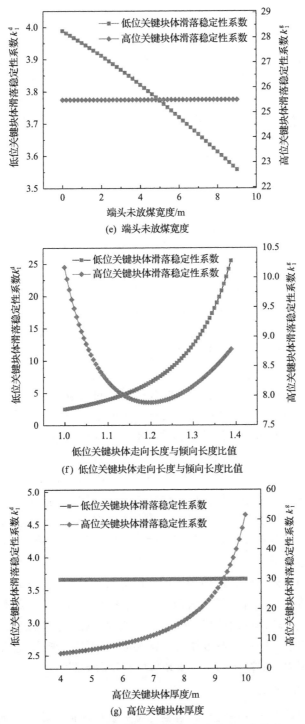

(e) 端头未放煤宽度

(f) 低位关键块体走向长度与倾向长度比值

(g) 高位关键块体厚度

图 4-15 高低位关键块体滑落稳定性影响因素分析

块体断入实体煤帮深度的增加可有效增大下伏煤层对关键块体的支撑，因此断入煤壁深度越大，低位关键块体滑落稳定性越高。

(3) 由图 4-15(c) 可知，高低位关键块体间距由 48m 增大至 55m，低位关键块体滑落稳定性系数由 13.01 减小至 4.30，而高位关键块体滑落稳定性系数由 15.5 增大至 19.29，上述数据表明随着高低位关键块体间距增大低位关键块体滑落稳定性系数非线性减小而高位关键块体滑落稳定性系数增大。高低位关键块体间距的增大使得低位关键块体所承担软弱岩层重力增大，导致低位关键块体滑落稳定性减小，而高位关键块体位态随高低位关键块体间距增大而改变，从而使得其受力产生影响。

(4) 由图 4-15(d) 可知，随低位关键块体回转角增加，低位关键块体滑落稳定性系数减小而高位关键块体滑落稳定性系数增大，低位关键块体回转角由 10° 增大至 18°，低位关键块体滑落稳定性系数由 9.13 减小至 2.70，高位关键块体滑落稳定性系数由 37.85 增大至 62.13。由上述数据及规律可知，特厚煤层综放开采高度及空间较大，破断关键块体回转角随之增大，进而使得低位关键块体滑落稳定性系数随之减小而高位关键块体滑落稳定性系数增加，但回转角达到一定数值使得低位关键块体失稳时高位关键块体将失去下伏岩体支撑继而可能发生失稳。

(5) 由图 4-15(e) 可知，上区段综放工作面端头未放煤宽度对低位关键块体滑落稳定性系数有较大影响。端头未放煤宽度为 0m 时，低位关键块体滑落稳定性系数为 3.99，而端头未放煤宽度为 9m 时，低位关键块体滑落稳定性系数降低为 3.56。形成上述规律的原因是端头未放煤段煤体对上覆破断关键块体起到重要支撑作用，其宽度的大小直接影响低位关键块体所受支撑力的大小。

(6) 由图 4-15(f) 可知，低位关键块体滑落稳定性系数随低位关键块体走向长度与倾向长度比值增大而单调增大，当低位关键块体走向长度与倾向长度比值由 1 增加至 1.4 时，低位关键块体滑落稳定性系数由 2.50 非线性增大至 25.5。而高位关键块体滑落稳定性系数随低位关键块体走向长度与倾向长度比值首先降低，在走向长度与倾向长度比值为 1.19 时，高位关键块体滑落稳定性系数达到最小，为 7.88，随着低位关键块体走向长度与倾向长度比值继续增大，高位关键块体滑落稳定性系数逐渐增加。

(7) 由图 4-15(g) 可知，高位关键块体厚度由 4m 增加至 10m，高位关键块体滑落稳定性系数由 5.18 非线性增大至 51.5，上述结果表明高位关键块体厚度越大，越有利于高位关键块体的滑落稳定性。主要原因为高位关键块体厚度增大使得高位关键块体与岩层之间铰接高度增大，接触面积增加，进而增加了铰接岩块之间的摩擦力等作用力，提高了高位关键块体的滑落稳定性。

2) 回转稳定性分析

同样，采用单因素变量法对影响高低位关键块体回转稳定性的关键因素进行分析，明确各因素对高低位关键块体回转稳定性系数的影响。

(1)由图 4-16(a)可知，随着高低位关键块体间距增加，低位关键块体回转稳

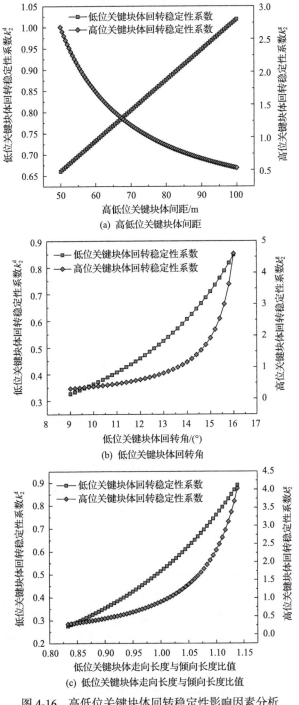

(a) 高低位关键块体间距

(b) 低位关键块体回转角

(c) 低位关键块体走向长度与倾向长度比值

图 4-16　高低位关键块体回转稳定性影响因素分析

定性系数近线性单调增大,而高位关键块体回转稳定性系数非线性单调减小。高低位关键块体间距由 50m 增加至 100m,低位关键块体回转稳定性系数由 0.66 增大至 1.02,高位关键块体回转稳定性系数由 2.68 降低至 0.53。对比高低位关键块体间距对高低位关键块体滑落与回转稳定性系数规律可发现,高低位关键块体间距对高低位关键块体滑落和回转稳定性系数的影响规律恰好相反。

(2)由图 4-16(b)可知,随着低位关键块体回转角增加,高位与低位关键块体回转稳定性系数均非线性增加。低位关键块体回转角由 9° 增加至 16°,低位关键块体回转稳定性系数由 0.33 增大至 0.85,高位关键块体回转稳定性系数由 0.32 增大至 4.60。对于回转稳定性而言,回转稳定性系数越大稳定性越差,即低位关键块体回转角增大不利于高低位关键块体的回转稳定性。

(3)由图 4-16(c)可知,随着低位关键块体走向长度与倾向长度比值增大,高位与低位关键块体回转稳定性系数同样均呈现非线性增大。低位关键块体走向长度与倾向长度比值由 0.83 增大至 1.14,低位关键块体回转稳定性系数由 0.27 增大至 0.89,高位关键块体回转稳定性系数由 0.28 增大至 4.03。上述规律同样表明,低位关键块体走向长度与倾向长度比值的增大均不利于高低位关键块体的回转稳定性。

### 5. 沿空掘巷期间覆岩结构稳定性

特厚煤层综放沿空掘巷覆岩破断位置深入煤体结构的特征,使得窄煤柱区段间隔 8211 区段沿空掘巷布置于覆岩破断关键块体之下,因此沿空掘巷期间上覆破断关键块体的稳定性对下伏围岩稳定性至关重要。本节基于掘巷前覆岩结构稳定性的研究进一步探究窄煤柱沿空掘巷期间覆岩结构稳定性。

窄煤柱沿空掘巷期间覆岩与围岩结构的示意,如图 4-17 所示。窄煤柱沿空煤巷开掘对覆岩破断结构稳定性的影响主要体现在以下三方面:一是巷道开掘扰动对距离煤层最近的上覆基本顶破断关键块的影响;二是巷道开挖后使得支承覆岩结构的部分下伏煤体缺失导致下伏煤体承载破断关键块体的能力降低;三是巷道开挖使得沿空煤巷周边一定范围的围岩发生破坏或者进一步地破坏,使得支承覆岩破断关键块体的能力减弱。

上一节分析中已明确 8211 区段沿空煤巷掘进前低位关键块体稳定,高位关键块体回转失稳。掘巷期间 8211 区段沿空掘巷沿 15m 特厚煤层底板掘进且以 8m 窄煤柱布置于关键块体之下,巷道顶板距离上方基本顶破断关键块体平均垂距为 16.3m,以煤层单孔周边切向应力影响超过原岩应力 5%考虑扰动范围,影响半径取值:

$$R = \sqrt{20}r \tag{4-49}$$

式中,$R$ 为孔洞应力扰动半径,m;$r$ 为孔洞半径,m。

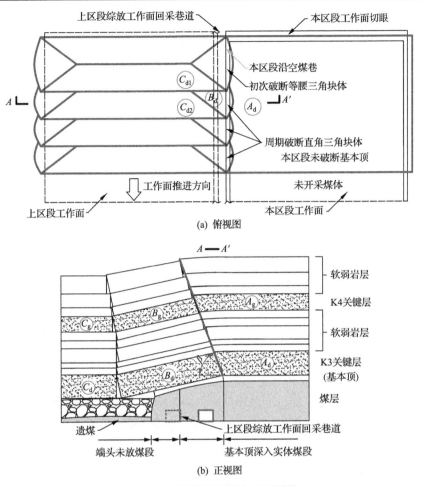

图 4-17　掘巷期间覆岩与围岩结构

8211 区段沿空掘巷断面等效圆形孔洞最大半径 $r$=3.17m，由式(4-49)可知应力扰动半径 $R$=14.17m，小于巷道顶板距基本顶距离 16.3m，因此沿空煤巷掘巷扰动对上覆基本顶破断关键块体稳定性影响很小。

考虑沿空煤巷开掘使得关键块体下方特厚煤层部分煤体缺失和巷道开挖导致煤体围岩破坏，基于上节模型对关键块体稳定性进行求解。

$$R_m^{dj}(x) = \lambda R_m^d(x) \tag{4-50}$$

式中，$\lambda$ 为煤体支承力折减系数，其范围

$$\frac{\sigma_c}{\sigma_0} \leqslant \lambda \leqslant 1$$

其中，$\sigma_c$ 为煤体残余强度，MPa；$\sigma_0$ 为煤体初始强度，MPa。当覆岩破断关键块体下伏煤体发生完全破坏，煤体强度仅为残余强度时，$\lambda$ 取值 $\sigma_c/\sigma_0$；当下伏煤体强度受巷道开挖影响较小时，$\lambda$ 取值接近 1，本次计算取中间值 0.8。

掘巷前已明确 8211 区段沿空掘巷覆岩高位关键块体失稳，因此只对低位关键块体掘巷期间稳定性进行分析。煤体对低位关键块体的支撑力与力矩表达式为

$$F_{\mathrm{m}}^{\mathrm{dj}} = -\lambda \tan \alpha^{\mathrm{d}} \begin{bmatrix} -\dfrac{A_1}{A_2^{\,2}}\left(A_2 x_1 + 1\right) + \dfrac{A_1}{A_2^{\,2}} e^{A_2 x_1} + \dfrac{A_1 L_2^{\mathrm{d}}}{A_2} - \\ \dfrac{A_1 L_2^{\mathrm{d}}}{A_2} e^{A_2 x_1} + A_3 x_1 L_2^{\mathrm{d}} - \dfrac{1}{2} A_3 x_1^{\,2} \end{bmatrix} \tag{4-51}$$

$$M_{\mathrm{m}}^{\mathrm{dj}} = -\lambda \tan \alpha^{\mathrm{d}} \left\{ \begin{array}{l} \left[ \dfrac{2A_1}{A_2^{\,3}} e^{A_2 x_1} - \dfrac{A_1}{A_2^{\,3}}\left(A_2^{\,2} x_1^{\,2} + 2 A_2 x_1 + 2\right) \right] + \\ \dfrac{A_1 L_2^{\mathrm{d}}}{A_2^{\,2}}\left[ \left(A_2 x_1 + 1\right) - e^{A_2 x_1} \right] + \dfrac{A_3 L_2^{\mathrm{d}} x_1^{\,2}}{2} - \dfrac{A_3 x_1^{\,3}}{3} \end{array} \right\} \tag{4-52}$$

其他求解过程均与掘巷前高低位关键块体稳定性计算过程相同，由 MATLAB 数学分析软件编程并求解得出低位关键块体回转稳定性系数与滑落稳定性系数分别为 1.02 和 0.94，由覆岩破断关键块体回转稳定性及滑落稳定性判别公式(4-45)、式(4-46)可知，掘巷期间覆岩破断关键块体仍保持稳定。

### 6. 回采期间覆岩结构稳定性

由基本顶覆岩破断关键块体与特厚煤层综放工作面相对位置关系，对回采期间覆岩结构稳定性分三类探讨：一是工作面端头位置受采动影响剧烈区域关键块体的稳定性；二是距离工作面较远但仍受较强采动影响区域的关键块体稳定性；三是相对综放工作面距离较远，受采动影响较弱区域的关键块体稳定性。

由图 4-18 可知，本工作面推进至 $B_{\mathrm{d1}}$ 关键块体位置时，$B_{\mathrm{d1}}$ 关键块体位于采空区段与基本顶岩块 $A_{\mathrm{d}}$ 已无铰接，而 $B_{\mathrm{d1}}$ 回采工作面端头段受到特厚煤层综放剧烈采动影响基本丧失了与岩体 $A_{\mathrm{d}}$ 之间的铰接关系。因此，位于回采工作面当前推进位置的基本顶覆岩破断关键块体通常失稳。对于相对工作面较远受采动影响较小区域的 $B_{\mathrm{d4}}$ 等关键块体，工作面采动对其影响微弱，因此其稳定性仍可由掘巷期间破断关键块体的稳定性判定。对于距工作面一定距离的关键块体 $B_{\mathrm{d2}}$ 与 $B_{\mathrm{d3}}$ 而言，关键块体稳定性受回采工作面的采动力影响，因此在判断该类关键块体时由以下计算进行分析。

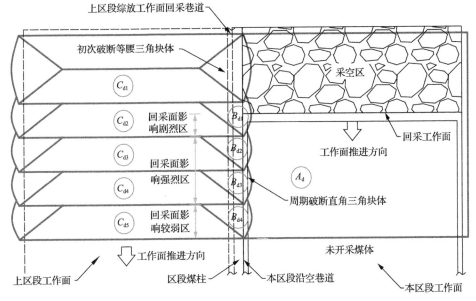

图 4-18　回采期间沿空侧覆岩结构

由关键块体力矩平衡得

$$M_{\mathrm{m}}^{\mathrm{dc}} + M_{\mathrm{g1}}^{\mathrm{d}} + M_{\mathrm{g2}}^{\mathrm{d}} + \left(R_{BC_1}^{\mathrm{dc}} + R_{BC_2}^{\mathrm{dc}}\right)\cos\theta^{\mathrm{d}}\frac{L_2^{\mathrm{a}}}{2}$$
$$-\frac{a^{\mathrm{d}}T_{BC_2}^{\mathrm{dc}}\sin\alpha^{\mathrm{d}}}{2} - \frac{\left(F_{\mathrm{n}} + Q_{\mathrm{n}}^{\mathrm{d}} + Q_{\mathrm{z}}^{\mathrm{d}} + F_{\mathrm{c}}\right)\cos\theta^{\mathrm{d}}L_2^{\mathrm{d}}}{3} = 0 \tag{4-53}$$

下伏煤体对低位关键块体的支撑力为

$$F_{\mathrm{m}}^{\mathrm{dc}} = \int_0^{x_1}\sigma_{\mathrm{c}}^{\mathrm{d}}\tan\alpha\left(L_2 - x\right)\mathrm{d}x = \sigma_{\mathrm{c}}^{\mathrm{d}}\tan\alpha^{\mathrm{d}}\left(L_2 x_1 - \frac{1}{2}x_1^2\right) \tag{4-54}$$

下伏煤体对低位关键块体的力矩为

$$M_{\mathrm{m}}^{\mathrm{dc}} = \int_0^{x_1}x\sigma_{\mathrm{c}}^{\mathrm{d}}\tan\alpha\left(L_2 - x\right)\mathrm{d}x = \sigma_{\mathrm{c}}^{\mathrm{d}}\tan\alpha^{\mathrm{d}}\left(\frac{L_2}{2}x_1^{\,2} - \frac{1}{3}x_1^{\,3}\right) \tag{4-55}$$

式中，$\sigma_{\mathrm{c}}^{\mathrm{d}}$ 为影响强烈区域煤体残余强度，MPa。

低位关键块体所受采动应力可表达为

$$\sigma_z(x) = \frac{x}{k_{\mathrm{j}}m}k_{\mathrm{c}}\gamma H \tag{4-56}$$

式中，$x$ 为距离采空区侧煤壁距离，m；$k_{\mathrm{j}}$ 为侧向支承应力峰值位置与开采高度比值；$k_c$ 为采动支承应力系数。

关键块体受采动影响力大小为

$$F_c = \int_0^{x_1} \sigma_z \tan \alpha^d (L_2 - x) \mathrm{d}x$$

$$= \frac{k_c \gamma H}{k_j m} \tan \alpha \left( L_2 x_1 - \frac{1}{2} x_1^{\,2} \right) \tag{4-57}$$

$$M_c = \int_0^{x_1} x \sigma_z \tan \alpha^d (L_2 - x) \mathrm{d}x$$

$$= \frac{k_c \gamma H}{k_j m} \tan \alpha \left( \frac{L_2}{2} x_1^{\,2} - \frac{1}{3} x_1^{\,3} \right) \tag{4-58}$$

关键块体 $B_{d2}$ 与岩块 $C_{d2}$、$C_{d3}$ 之间的水平推力为

$$T_{BC_2}^{dc} = \frac{L_2^d \left( Q_n^d + Q_z^d + F_c + F_n \right)}{2 \left( h_b^g - \dfrac{L_2^d \sin \theta^d}{2} \right)} \tag{4-59}$$

$$T_{BC_3}^{dc} = \frac{L_2^d \left( Q_n^d + Q_z^d + F_c + F_n \right)}{2 \left( h_b^d - \dfrac{L_2^d \sin \theta^d}{2} \right)} \cos \alpha^d \tag{4-60}$$

求得岩块 $C_{d1}$ 与 $C_{d2}$ 对关键块体 $B_{d2}$ 的竖直作用力为

$$R_{BC_2}^{dc} = \frac{2}{L_2^d \cos \theta^d} \left\{ \begin{array}{l} \dfrac{a^d T_{BC_2}^{dc} \sin \alpha^d}{2} + \dfrac{\left( F_n + Q_n^d + Q_z^d + F_c \right) \cos \theta^d L_2^d}{3} - \\ M_m^{dc} - M_{g1}^d - M_{g2}^d \end{array} \right\} \tag{4-61}$$

关键块体 $B_{d2}$ 与岩块 $A_d$ 的竖直作用力为

$$R_{AB}^d = Q_n^d + Q_z^d + F_n - F_m^{dc} - F_{g1}^d - F_{g2}^d - \left( R_{BC_1}^{dc} + R_{BC_2}^{dc} \right) \tag{4-62}$$

采动支承应力系数取 1.5，对回采期间 8211 区段沿空煤巷上覆基本顶关键块体滑落与回转稳定性进行求解，得出 $k_1^d$ 及 $k_2^d$ 分别为 0.26 和 33.71，结果表明回采期间受工作面采动影响强烈段的沿空掘巷上覆基本顶关键块体结构同时发生回转与滑落失稳。

综合上述掘采前后沿空掘巷上覆岩层稳定性力学模型与求解过程，巷道围岩是支撑深入煤体破断关键块体的重要承载结构，在围岩具有足够的承载能力条件下上覆关键块体稳定性才能得到保障，而覆岩结构稳定性反之又会对下伏围岩受力变形产生影响，因此覆岩大结构与围岩小结构密切关联，互相影响。

### 4.3.2　沿空掘巷上覆岩层结构影响下围岩失稳机理

#### 1. 窄煤柱沿空掘巷期间围岩失稳机理

基于前文研究，针对特厚煤层综放 8211 区段窄煤柱沿空煤巷围岩支护及破坏特征，构建如图 4-19 所示力学计算模型。模型视巷道顶板塑性顶煤为悬臂梁，上方承受侧向支承应力作用，下方受塑性实体煤、塑性煤柱、相对完整实体煤和桁架锚索支承。图 4-19 中实体煤帮侧向支承应力峰值设定为 $q_{j1}$；煤柱侧向支承应力峰值为 $q_{j2}$；巷道顶板上方支承应力为 $q_{j3}$。对力学计算模型作如下假定。

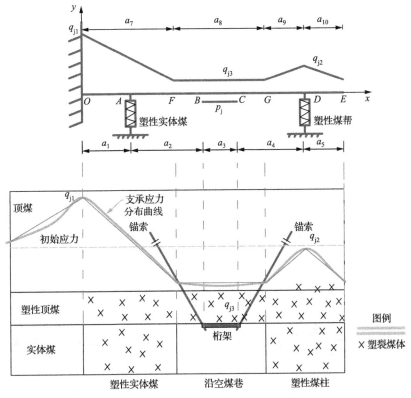

图 4-19　顶帮联动稳定性力学计算模型

(1) 塑性煤柱与实体煤帮均视为损伤支承结构作用于塑性煤体的中部位置。
(2) 锚索预紧力与支护力通过桁架传递至顶板，等效为均布荷载。
(3) 顶板支承应力荷载线性分布。

设定 $O$ 点至 $A$、$B$、$C$、$D$、$E$ 为 $L_1$、$L_2$、$L_3$、$L_4$、$L_5$；$O$ 点至 $F$、$G$、$D$、$E$ 为 $L_7$、$L_8$、$L_9$、$L_{10}$。基于材料力学与弹性力学中力的叠加原理，分别求解顶梁在不同力作用下的弯曲挠度。

在 $0 \leqslant x \leqslant L_7$ 实体煤上覆支承应力作用下顶板挠度为

$$w_{q1}(x_1) = -\frac{(q_{j1} - q_{j3})}{EI}\left[\frac{1}{120L_7}(L_7 - x)^5 + \frac{L_7^3}{24}x - \frac{L_7^4}{120}\right] \quad (0 \leqslant x \leqslant L_7) \tag{4-63}$$

$$w_{q1}(x_2) = -\frac{(q_{j1} - q_{j3})L_7^3}{120EI}(5x - L_7) \quad (L_7 < x \leqslant L_{10}) \tag{4-64}$$

式中，$E$ 为顶板弹性模量，MPa；$I$ 为顶板惯性矩，$m^4$，可由 $I = b_d h_d^3 / 12$ 获得，其中 $b_d$ 为单排锚索桁架控制顶板宽度，m，此次计算取 1.2m；$h_d$ 为顶板塑性煤层厚度，m。

在 $L_8 \leqslant x \leqslant L_9$ 段煤柱上覆支承应力作用下顶板挠度为

$$w_{q2}(x_1) = -\frac{(q_{j2} - q_{j3})}{12EI}\left[-(L_9 - L_8)x^3 + (L_9 - L_8)(2L_9 + L_8)x^2\right] \quad (0 \leqslant x \leqslant L_8) \tag{4-65}$$

$$w_{q2}(x_2) = -\frac{(q_{j2} - q_{j3})}{EI(L_9 - L_8)}\left[\begin{array}{l}\dfrac{x^5}{120} - \dfrac{L_8}{24}x^4 + \left(-\dfrac{L_9^2}{12} + \dfrac{L_9 L_8}{6}\right)x^3 \\[2mm] + \left(\dfrac{L_9^3}{6} - \dfrac{L_9^2 L_8}{4}\right)x^2 + \dfrac{L_8^4}{24}x - \dfrac{L_8^5}{120}\end{array}\right] \quad (L_8 < x \leqslant L_9) \tag{4-66}$$

$$w_{q2}(x_3) = -\frac{(q_{j2} - q_{j3})}{EI(L_9 - L_8)}\left(\frac{3L_9^4}{24} - \frac{L_8 L_9^3}{6} + \frac{L_8^4}{24}\right)(x - L_9) + w(L_9) \quad (L_9 < x \leqslant L_{10})$$

$$\tag{4-67}$$

在 $L_9 \leqslant x \leqslant L_{10}$ 段煤柱上覆支承应力作用下顶板挠度为

$$w_{q3}(x_1) = -\frac{(q_{j2} - q_{j3})}{12EI}\left[-(L_{10} - L_9)x^3 + (L_{10} + 2L_9)(L_{10} - L_9)x^2\right] \quad (0 \leqslant x \leqslant L_9)$$

$$\tag{4-68}$$

$$w_{q3}(x_2) = -\frac{(q_{j2} - q_{j3})}{EI}\left[\begin{array}{l}\dfrac{1}{L_{10} - L_9}\dfrac{(L_{10} - x)^5}{120} + \dfrac{(L_{10} - L_9)(3L_9^2 + 2L_{10}L_9 + L_{10}^2)}{24}x \\[2mm] - \dfrac{1}{120}(L_{10} - L_9)(4L_9^3 + 3L_9^2 L_{10} + 2L_9 L_{10}^2 + L_{10}^3)\end{array}\right]$$
$$(L_9 < x \leqslant L_{10})$$

$$\tag{4-69}$$

在 $0 \leqslant x \leqslant L_{10}$ 段顶板体积力 $q_{j3}$ 作用下顶板挠度为

$$w_{q4} = -\frac{q_{j3}x^2}{24EI}\left(x^2 - 4L_{10}x + 6L_{10}{}^2\right) \quad (0 \leqslant x \leqslant L_{10}) \tag{4-70}$$

式中，顶板体积力 $q_{j3} = \gamma_d h_d$，其中 $\gamma_d$ 为煤体容重，$kN/m^3$；$h_d$ 为顶板塑性煤层厚度，m。

实体煤支撑力作用下顶板挠度为

$$w_{s1}(x) = \frac{F_s x^2}{6EI}(3L_1 - x) \quad (0 \leqslant x \leqslant L_1) \tag{4-71}$$

$$w_{s2}(x) = \frac{F_s L_1{}^2}{6EI}(3x - L_1) \quad (L_1 < x \leqslant L_5) \tag{4-72}$$

式中，$F_s$ 为塑性实体煤对顶板支撑力。

煤柱支撑力作用下顶板挠度为

$$w_{z1}(x) = \frac{F_z x^2}{6EI}(3L_4 - x) \quad (0 \leqslant x \leqslant L_4) \tag{4-73}$$

$$w_{z2}(x) = \frac{F_z L_4{}^2}{6EI}(3x - L_4) \quad (L_4 < x \leqslant L_5) \tag{4-74}$$

式中，$F_z$ 为煤柱对梁的支撑力。

支护作用下梁挠度为

$$w_{P_{j1}}(x) = \frac{1}{EI}\left[\frac{P_j a_3\left(L_3 - \dfrac{a_3}{2}\right)}{2}x^2 - \frac{P_j a_3}{6}x^3\right] \quad (0 \leqslant x \leqslant L_2) \tag{4-75}$$

$$w_{P_{j2}}(x) = \frac{1}{EI}\left[\frac{P_j L_3{}^2}{4}x^2 + \frac{P_j}{24}x^4 - \frac{P_j L_3}{6}x^3 - \frac{P_j L_3{}^3}{6}x + \frac{P_j L_3{}^4}{24}\right] \quad (L_2 < x \leqslant L_3) \tag{4-76}$$

$$w_{P_{j3}}(x) = \frac{P_j L_3{}^4}{8EI} - \frac{P_j L_2{}^3 L_3}{6EI} + \frac{P_j L_2{}^4}{24EI} + (x - L_3)\frac{P_j\left(L_3{}^3 - L_2{}^3\right)}{6EI} \quad (L_3 < x \leqslant L_5) \tag{4-77}$$

式中，$P_j$ 为桁架作用于顶板的均布支撑力。

上述力学计算模型为超静定问题，需考虑变形协调方程以满足问题求解，煤柱变形协调方程如下：

$$\Delta_z = w_{D(F_z)} + w_{D(F_s)} + w_{D(P_j)} + w_{D(q(x))} \tag{4-78}$$

式中，$\Delta_z$ 为塑性煤柱压缩量，mm；$w_{D(F_z)}$ 为顶板在塑性煤柱支撑力作用下 $D$ 点位置挠度，mm；$w_{D(F_s)}$为顶板在塑性实体煤支撑力作用下 $D$ 点位置挠度，mm；$w_{D(P_j)}$为顶板在锚索桁架支护力作用下 $D$ 点位置挠度，mm；$w_{D(q(x))}$为顶板在其上覆支承力作用下 $D$ 点位置挠度，mm。

同样，给出实体煤变形协调方程：

$$\Delta_s = w_{A(F_z)} + w_{A(F_s)} + w_{A(P_j)} + w_{A(q(x))} \tag{4-79}$$

式中，$\Delta_s$ 为塑性实体煤帮压缩量，mm；$w_{A(F_z)}$为顶板在塑性煤柱支撑力作用下 $A$ 点位置挠度，mm；$w_{A(F_s)}$为顶板在塑性实体煤支撑力作用下 $A$ 点位置挠度，mm；$w_{A(P_j)}$为顶板在锚索桁架支护力作用下 $A$ 点位置挠度，mm；$w_{A(q(x))}$为顶板在其上覆支承力作用下 $A$ 点位置挠度，mm。

基于弹性力学给出煤柱应力应变关系式：

$$\sigma_z = E_z \varepsilon_z \tag{4-80}$$

$$\varepsilon_z = \frac{\Delta_z}{H_z} \tag{4-81}$$

$$\sigma_z = \frac{F_z}{A_z} \tag{4-82}$$

式中，$\varepsilon_z$ 为塑性煤柱应变；$\sigma_z$ 为塑性煤柱所受应力，MPa；$E_z$ 为塑性煤体弹性模量，MPa；$H_z$ 为煤柱高度，m；$A_z$ 为顶梁与煤柱接触面积，m$^2$。

联立式(4-80)、式(4-81)和式(4-82)，求得煤柱变形量为

$$\Delta_z = \frac{H_z F_z}{A_z E_z} \tag{4-83}$$

进一步给出各作用力下顶板于煤柱 $D$ 点位置挠度：

$$W_{D(F_z)} = \frac{F_z L_4^3}{3EI} \tag{4-84}$$

$$w_{D(F_s)} = \frac{F_s L_1^2}{6EI}(3L_4 - L_1) \tag{4-85}$$

$$w_{D(P_j)} = \frac{P_j L_3^4}{8EI} - \frac{P_j L_2^3 L_3}{6EI} + \frac{P_j L_2^4}{24EI} + (L_4 - L_3)\frac{P_j(L_3^3 - L_2^3)}{6EI} \tag{4-86}$$

$$w_{D(q_j)} = w_{q1}(L_9) + w_{q2}(L_9) + w_{q3}(L_9) + w_{q4}(L_9) \tag{4-87}$$

式中，$F_z$ 为煤柱对梁支撑力，N；$F_s$ 为塑性实体煤对顶板支撑力，N；$E$ 为塑性厚顶梁弹性模量，MPa ；$I$ 为塑性厚顶梁惯性矩，$m^4$；$P_j$ 为桁架作用于顶板均布支撑力，N；$q_j$ 为顶板所受支承应力，MPa。

将式(4-83)～式(4-87)代入式(4-78)中，得到等式：

$$-\frac{H_z F_z}{A_z E_z} = \frac{F_z L_4^{\,3}}{3EI} + \frac{F_s L_1^{\,2}}{6EI}\left(3L_4 - L_1\right) + p\,\frac{4L_4 L_3^{\,3} - L_3^{\,4} + L_2^{\,4} - 4L_4 L_2^{\,3}}{24EI}$$
$$+ w_{q1}\left(L_9\right) + w_{q2}\left(L_9\right) + w_{q3}\left(L_9\right) + w_{q4}\left(L_9\right) \tag{4-88}$$

同理，可知实体煤变形量：

$$\varDelta_s = \frac{H_s F_s}{A_s E_s} \tag{4-89}$$

各作用力下顶板于实体煤 $A$ 点位置处挠度：

$$w_{A(F_z)} = \frac{F_z L_1^{\,2}}{6EI}\left(3L_4 - L_1\right) \tag{4-90}$$

$$w_{A(F_s)} = \frac{F_s L_1^{\,3}}{3EI} \tag{4-91}$$

$$w_{A(P_j)} = \frac{1}{EI}\left[\frac{p a_3\left(L_3 - \dfrac{a_3}{2}\right)}{2}L_1^{\,2} - \frac{p a_3}{6}L_1^{\,3}\right] \tag{4-92}$$

$$w_{A(q_j)} = w_{q1}\left(L_1\right) + w_{q2}\left(L_1\right) + w_{q3}\left(L_1\right) + w_{q4}\left(L_1\right) \tag{4-93}$$

将式(4-89)～式(4-93)代入式(4-79)中，得到等式：

$$-\frac{H_s F_s}{A_s E_s} = \frac{F_z L_1^{\,2}}{6EI}\left(3L_4 - L_1\right) + \frac{F_s L_1^{\,3}}{3EI} + \frac{1}{EI}\left[\frac{p a_3\left(L_3 - \dfrac{a_3}{2}\right)}{2}L_1^{\,2} - \frac{p a_3}{6}L_1^{\,3}\right]$$
$$+ w_{q1}\left(L_1\right) + w_{q2}\left(L_1\right) + w_{q3}\left(L_1\right) + w_{q4}\left(L_1\right) \tag{4-94}$$

联立式(4-88)与式(4-94)，解方程组求得

$$F_s = \frac{LG + MT_2}{T_2^{\,2}T_1 - G^2 T_2}G + \frac{L}{T_2} \tag{4-95}$$

$$F_z = \frac{LG + MT_2}{T_2T_1 - G^2} \tag{4-96}$$

式中，$T_1$、$T_2$、$G$、$M$、$L$ 为计算参数，各参数取值如下：

$$T_1 = -\frac{H_z}{A_z E_z} - \frac{L_4{}^3}{3EI}$$

$$T_2 = -\frac{H_s}{A_s E_s} - \frac{L_1{}^3}{3EI}$$

$$G = \frac{L_1{}^2}{6EI}(3L_4 - L_1)$$

$$M = \frac{pL_3{}^4}{8EI} - \frac{pL_2{}^3 L_3}{6EI} + \frac{pL_2{}^4}{24} + (L_4 - L_3)\frac{p\left(L_3{}^3 - L_2{}^3\right)}{6EI} - \frac{qL_4{}^2}{24EI}\left(L_4{}^2 - 4L_5 L_4 + 6L_5{}^2\right)$$

$$L = \frac{1}{EI}\left[\frac{pa_3\left(L_3 - \dfrac{a_3}{2}\right)}{2}L_1{}^2 - \frac{pa_3}{6}L_1{}^3\right] - \frac{qL_1{}^2}{24EI}\left(L_1{}^2 - 4L_1 L_5 + 6L_5{}^2\right)$$

依据各力作用下顶板挠度，确定顶板总挠度：

$$w(x) = w_{F_z}(x) + w_{F_s}(x) + w_{P_j}(x) + w_{q_j}(x) \tag{4-97}$$

计算参数取值见表 4-3。

**表 4-3　顶帮联动稳定性计算参数**

| 参数 | 数值 | 参数 | 数值 |
|---|---|---|---|
| 实体煤帮塑性区范围/m | 4.6 | 塑性实体煤损伤弹性模量 $E_z$/GPa | 0.20 |
| 煤柱帮塑性区范围/m | 8 | 塑性顶板损伤弹性模量 $E$/GPa | 0.25 |
| 塑性顶板厚度/m | 3.7 | 煤柱峰值支承应力 $q_{j2}$/MPa | 5 |
| 煤体容重/(MN/m³) | 0.127 | 实体煤侧峰值支承应力 $q_{j1}$/MPa | 21 |
| 煤柱帮高度/m | 3.7 | 实体煤帮高度/m | 3.7 |
| 塑性煤柱损伤弹性模量 $E_s$/GPa | 0.02 | | |

采用控制变量法，研究不同煤柱与实体煤帮强度下，巷帮和顶板变形量及顶板最大下沉所处位置。此处不考虑锚索桁架支护对顶板的影响，首先将锚索桁架支护力设定为 0，研究结果如下。

由图 4-20 可知，随着塑性煤柱损伤弹性模量增大，煤柱壁变形量、实体煤壁变形量和顶板最大下沉量均在减小，减小速率随煤柱强度增大而减小。塑性煤柱损伤弹性模量由 0.02GPa 增大至 0.07GPa 时，煤柱壁及顶板最大下沉量变化速率较大。塑性煤柱损伤弹性模量由 0.02GPa 提高至 0.27GPa 时，煤柱壁变形量、实体煤壁变形量及顶板最大下沉量分别减小 190mm、31mm 和 115mm。同时，由图 4-20 可知煤柱强度较低时，顶板最大下沉位置偏向煤柱侧，而随着塑性煤柱损伤弹性模量增大顶板最大下沉位置逐渐由煤柱侧向实体煤帮侧偏移。塑性煤柱损伤弹性模量由 0.02GPa 增大至 0.27GPa 时，顶板最大下沉位置由偏向煤柱侧距离中轴线 2.6m 运移至偏向实体煤帮侧距离中轴线 0.4m 位置。上述数据与分析表明，煤柱强度不仅影响自身稳定性同时对实体煤壁和顶板稳定性起较大作用，煤柱强度的提高不仅可减小自身、实体煤壁变形量及其顶板最大下沉量，同时可减弱顶板向煤柱侧偏转的非对称变形破坏。

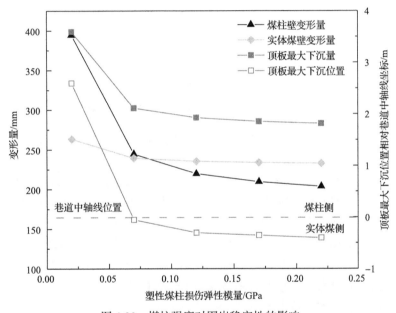

图 4-20 煤柱强度对围岩稳定性的影响

图 4-21 为实体煤帮强度对围岩稳定性的影响，与煤柱强度变化规律相同，随着塑性实体煤损伤弹性模量增大，煤柱壁变形量、实体煤壁变形量及顶板最大下沉量均减小。塑性实体煤损伤弹性模量由 0.10GPa 增大至 0.35GPa，煤柱壁变形量、实体煤壁变形量及顶板最大下沉量分别由 494mm、388mm 和 520mm 减少至 343mm、199mm 和 343mm，而顶板最大下沉位置由偏向煤柱帮距巷道中轴线 0.85m 进一步偏向煤柱帮距巷道中轴线 2.6m 位置。上述规律表明，实体煤帮强度的提高不仅使得实体煤壁变形得到有效降低，同时使得煤柱壁变形量和顶板最大下沉量得到大幅降低，但是实体煤帮强度的提高使得顶板最大下沉位置向煤柱帮偏移。

因此，欲减小顶板向煤柱侧偏转的非对称变形破坏，需要同时增大煤柱帮强度。

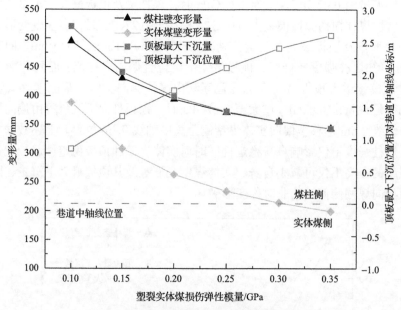

图 4-21　实体煤帮强度对围岩稳定性的影响

综上所述，窄煤柱沿空掘巷巷帮强度不仅影响自身稳定性，同时对顶板稳定性起到重要作用。实体煤帮、煤柱帮以及顶板相互影响，互相联动。因此 8211 区段窄煤柱沿空掘巷初始支护中缺乏科学有效的巷道帮部控制使得帮部煤体持续大变形和劣化，是特厚煤层综放窄煤柱沿空掘巷围岩整体失稳的关键原因。

基于顶帮联动稳定性力学计算模型(图 4-19)，对比分析顶板无支护状态、对称锚索桁架支护和 8211 区段沿空掘巷初始支护采用的偏向煤柱侧顶板的非对称锚索桁架支护，明确顶板初始非对称锚索桁架支护效果，评估顶板初始支护构型合理性，为后续窄煤柱沿空掘巷围岩控制提供依据。

三种顶板控制方案给出如下。

第一种方案为锚索桁架对称支护，桁架支护范围 3m，距离煤柱帮 1.1m，距离实体煤帮 1.1m，锚索桁架宽度 0.14m，每排三根锚索，锚索布置倾角 90°，锚索初始预紧力 200kN；第二种方案为锚索桁架非对称支护，桁架支护范围同样为3m，距离煤柱帮 0.1m，距离实体煤帮 2.1m，锚索桁架其他参数同上；第三种方案为顶板无支护。

不同支护方案下的顶板下沉量如图 4-22 所示。在无支护条件下顶板最大下沉量为398mm，位于煤柱侧。通过施加锚索桁架对称支护，顶板最大下沉位置处于煤柱煤壁处，最大下沉量为286mm，而采用锚索桁架非对称支护，顶板最大下沉位置仍处于煤柱煤壁处，但最大下沉量减小为270mm。通过对比上述数据发现，顶板在锚索桁架非对称支护下相较于锚索桁架对称支护和无支护状态，顶板下沉量分别减少了 16mm 和 112mm，说明锚索桁架支护对顶板稳定性起到了较好的控制，且锚索桁架非对称支护优于对称支护。

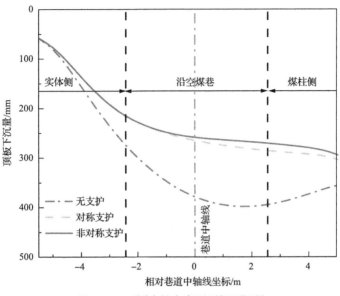

图 4-22　不同支护方案下顶板下沉量

上述分析可知，顶板初始支护采用锚索桁架非对称支护科学合理，有利于特厚煤层综放开采条件下窄煤柱区段间隔沿空掘巷厚顶煤顶板的稳定性，但偏向于煤柱侧的锚索桁架支护并不能改变顶板向煤柱侧下沉偏转的非对称变形，而且在帮部煤体强度较低时锚索桁架非对称支护对顶板下沉控制仍然有限。结合巷帮强度对顶板下沉量影响可知，帮部失稳前提下顶板再高强度、高密度支护都难以保障顶板稳定性，欲减小顶板下沉量和非对称变形破坏，除采用合理的顶板支护措施外，更需采取科学的巷帮控制方法提高巷帮煤体强度，避免煤柱帮及实体煤帮持续变形与劣化。

2. 基于巷帮变形破坏下底板失稳机理

大量研究已表明巷道帮部对底板围岩稳定性具有重要的影响，如文献[8]给出的黄塘岭矿煤巷两帮下沉与底鼓之间的关系(图 4-23)，指出随着帮部下沉量的增加底鼓量在不断增大。

其中沿空掘巷底板受到的水平力是引发底鼓的关键因素，在水平应力作用下底板岩层将产生剪切破坏或挠曲变形。底板中水平力一方面来源于底板岩层初始的水平应力，另一方面来源于煤柱帮与实体煤帮挤压底板岩层，进而使得底板岩层横向变形产生水平挤压力。巷道帮部破坏范围的增大使得巷帮对底板夹持能力

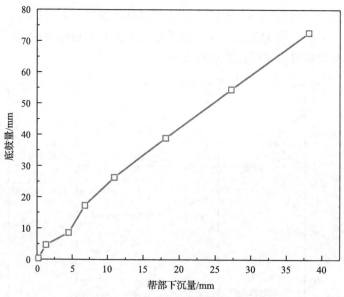

图 4-23　帮部下沉量与底鼓量的关系[8]

减弱，巷道底板"暴露"宽度增加[9,10]，底板向上运动空间增大，因巷帮的破坏窄煤柱沿空掘巷宽度由初始时的巷道开掘宽度等效扩展为煤柱破坏宽度、实体煤破坏宽度与巷道宽度之和，因而在水平力作用下沿空掘巷底板鼓起量将增大。同时，文献[11]指出巷道底板岩体存在应变为 0 的面，该面所处深度越大表明底板破坏深度越大。文献[12]通过拟合巷道断面半径与底板零位移标线深度关系，得出巷道半径的增大使得底板零位移标线逐渐下移，底板破坏深度增加。巷道底板的宽度与底板破坏深度可由式(4-98)定量分析[13]，由式(4-98)可知其他变量一定时随着底板塑性滑移范围增加，巷道底板破坏最大深度增加。

$$D_{\max} = \frac{L_{\max} \cos\theta}{\cos\left(\dfrac{\pi}{4}+\dfrac{\varphi}{2}\right)\tan\left(\dfrac{\pi}{4}+\dfrac{\varphi}{2}\right)\mathrm{e}^{\frac{\pi\tan\varphi}{2}}}\,\mathrm{e}^{\left(\frac{\pi}{4}+\frac{\varphi}{2}\right)\tan\varphi} \tag{4-98}$$

式中，$L_{\max}=D_1+D_2+D_3$ 为巷道底板的宽度，m；$\varphi$ 为底板赋存岩体内摩擦角，(°)；$D_{\max}$ 为巷道底板塑性滑移最大深度，m；$\theta$ 为巷道帮壁与垂线夹角，矩形巷道取 0°。

**3. 窄煤柱沿空掘巷帮部大纵深严重破坏失稳机理分析**

针对特厚煤层综放窄煤柱沿空掘巷帮部围岩变形破坏程度大、范围广的实际特征，综合前文现场调研、实验室试验、数值及理论分析等研究结果，本节以典型特厚煤层综放开采条件下窄煤柱区段间隔 8211 区段沿空掘巷为背景，对特厚煤层综放窄煤柱沿空掘巷期间帮部(煤柱帮与实体煤帮)围岩失稳机理进行系统探索与分析，将煤柱帮与实体煤帮的失稳总结概括为以下共性和个性失稳机理。

特厚煤层综放窄煤柱区段间隔沿空掘巷帮部围岩失稳机理分析总结如图 4-24 和图 4-25 所示。导致煤柱帮与实体煤帮破坏失稳的共性机理如下。

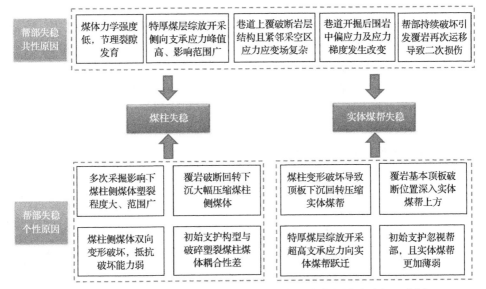

图 4-24　特厚煤层综放窄煤柱区段间隔沿空掘巷帮部围岩失稳机理分析

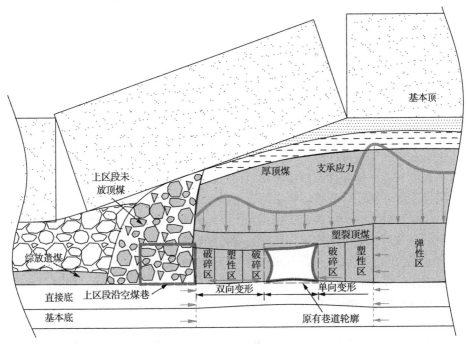

图 4-25　特厚煤层综放窄煤柱区段间隔沿空掘巷围岩失稳机理素描图

(1)沿空掘巷围岩煤体普氏系数为 1.5～2,围岩力学性能差,煤岩样力学试验研究结果表明煤体单轴抗压平均强度仅 9.15MPa,整体软弱。同时,现场所钻取的煤心节理裂隙发育强烈,完整试样难以成形,进一步减弱了围岩强度,巷道围岩在应力驱动下易变形破坏。

(2)特厚煤层综放开采空间巨大,覆岩活动剧烈,沿空掘巷位置煤体侧向支承应力影响范围广,峰值高。由 4.1 节特厚煤层综放开采沿空侧覆岩结构下伏煤体侧向支承应力研究可知,沿空掘巷位置煤体侧向支承应力影响范围约 60m,峰值应力 23.4MPa。相较于抗压强度低、裂隙发育的软弱巷帮煤体而言,高支承应力作用下煤帮易变形破坏进而发生失稳。

(3)沿空掘巷紧邻上区段特厚煤层综放开采条件下采放高度和开采空间超大的采空区并且上覆深入煤体破断的岩层关键块体结构,相较于实体煤巷道,沿空掘巷围岩应力应变环境必然更为复杂。由 4.2 节围岩偏应力分布规律及 4.3 节支承应力现场实测可知,窄煤柱区段间隔下沿空掘巷煤柱帮与实体煤支承应力数值大小及其分布规律相差较大,且煤柱帮围岩受拉应变,而实体煤帮浅部煤体由拉应变向深部煤体压应变和平面应变剧烈转变。

(4)沿空煤巷开掘后围岩应力重新分布,形成不同方向的应力加卸载[14],煤体中偏应力与应力梯度发生改变,在增大的偏应力及应力梯度作用下帮部煤体产生破坏,峰值强度后煤体在应力驱动下裂隙持续增加并扩展延伸,继而破碎煤体沿裂隙面发生滑动、离层、旋转等运动和碎胀扩容等变形。

(5)特厚煤层综放窄煤柱沿空掘巷期间,上覆高位关键块体失稳,而低位关键块体稳定。但由高低位关键块体联动稳定性力学计算模型可知,虽然低位关键块体保持稳定,但关键块体下伏沿空掘巷围岩,尤其巷道帮部,作为关键块体自重及其上覆岩层荷载的主要支撑与承载结构,是保障低位关键块体稳定的关键,因此沿空掘巷帮部仍承受较大荷载。在上覆荷载作用下帮部变形破坏处于动态持续发展过程,帮部煤体在无有效控制下持续变形劣化,导致其承载能力不断降低,使得上覆岩层结构再次回转下沉,进而对下伏沿空掘巷帮部围岩造成二次损伤破坏,由此形成恶性循环直至巷道围岩整体完全失稳。

窄煤柱沿空掘巷煤柱破坏失稳的个性机理如下。

(1)窄煤柱沿空掘巷煤柱侧煤体经历了上区段巷道掘进及综放工作面回采和本区段沿空巷道开掘的多次采掘影响,导致煤柱煤体破坏范围大而且程度高,裂隙发育强烈,而上区段中布置有水仓和倒车硐室的煤柱收窄段,或赋存有地质构造区域的煤柱煤体破坏程度将进一步加大,煤体强度大幅度降低。巷道开掘后,强度低且自稳性差的沿空巷道塑裂窄煤柱即使在低应力驱动下便会产生较大的变形破坏。

(2)煤柱侧煤体受上覆破断关键块体大幅回转挤压产生横向与纵向双向压缩

变形，且向采空区侧大幅外敛臌垮，煤体破坏程度进一步加大。与此同时煤柱侧煤体在关键块体大幅回转挤压变形下积蓄了一定变形能，沿空掘巷期间窄煤柱煤体一经开挖便以变形破坏形式释放。

(3)煤柱一侧为上区段已回采完毕的超大采空区，另一侧为开掘出来的沿空煤巷空间，因此煤柱采空区侧和沿空煤巷侧表面及浅部大范围煤体处于两向受力状态，相较于三向受力煤体的承载力弱，抵抗变形破坏能力差。与此同时，煤柱两侧煤体在上覆荷载作用下将分别向采空区及沿空煤巷发生双向外敛变形(图 4-25)，进一步降低了窄煤柱稳定性。

(4)巷道一经开掘，未支护前煤柱帮即呈现出大范围严重变形破坏。塑裂煤柱帮部锚杆索钻孔破碎、易塌孔、成孔难度大，钻孔凹凸不平，锚固剂推行困难，往往未到达孔底便破裂，锚杆索安装难度大，施工困难，进而导致锚杆索支护质量难以保障，设计锚固效能难以发挥，窄煤柱煤体在无有效控制下持续变形破坏。

窄煤柱沿空掘巷实体煤帮破坏失稳的个性机理如下。

(1)特厚煤层综放开采条件下窄煤柱沿空掘巷布置时，塑裂窄煤柱承载能力有限，超过其可承担的上覆荷载只能由实体煤帮侧煤体负担，因此侧向高支承应力跃迁转移至实体煤帮，使得窄煤柱区段间隔下沿空掘巷实体煤帮侧煤体所承受压力陡增，进而导致实体煤帮矿压显现强烈。

(2)煤柱帮煤体在巷道开掘后迅速持续大幅度外敛变形，导致煤柱煤体承载能力急剧且持续降低，与此同时，伴随煤柱变形沿空掘巷煤柱侧顶板不断下沉并以实体煤帮为支点回转，对实体煤帮煤体形成大幅挤压，导致实体煤帮伴随煤柱变形破坏而发生失稳。

(3)基于前文研究确定的沿空掘巷上覆基本顶板结构破断位置可知，采用窄煤柱区段间隔沿空掘巷，覆岩断裂线位置位于实体煤帮上方，使得实体煤帮煤体成为承担上覆破断关键块体结构荷载的主体，导致实体煤帮所受作用力进一步增大。

(4)初始支护强调了顶板而忽视了对帮部的控制，且更加忽视了对实体煤帮稳定性的控制，支护构型、密度和深度与破坏范围广、程度大、承受高荷载作用的实体煤帮显著不适，因而破碎实体煤帮在高荷载、高应力作用下难以维持稳定性。

### 4. 回采期间窄煤柱沿空掘巷围岩失稳机理

如图 4-26 所示，采场与沿空掘巷上覆岩层结构均会以一定破断角赋存，从而在沿空掘巷与综放工作面上方形成采场和巷道沿空侧三棱柱悬顶区。基于支承应力形成机理可知，悬顶区覆岩自身重力、覆岩上覆荷载及其形成的弯矩是工作面侧向支承应力升高的主因，而回采期间沿空掘巷围岩不仅受到侧向支承应力影响，同时还受工作面超前支承应力作用，在双向支承应力叠加下沿空掘巷围岩将面临更加严峻的应力环境。除此之外，现场实际生产过程中往往于沿空掘巷与工作面交接的端头位置处矿压显现尤为强烈，其原因是巷道端头位于沿空侧覆岩破断结构与采场覆岩破断结构交接处的四棱锥覆岩悬顶区，如图 4-27 所示，该区域覆岩外凸和悬顶的体积与重量更大，其所成荷载及其岩层上覆荷载均将向下方沿空掘巷位置处的围岩转移和传递，从而导致沿空掘巷端头围岩，尤其是作为围岩承载主体的巷帮，将承受更大应力进而使其矿压显现相较巷道其他段更大。

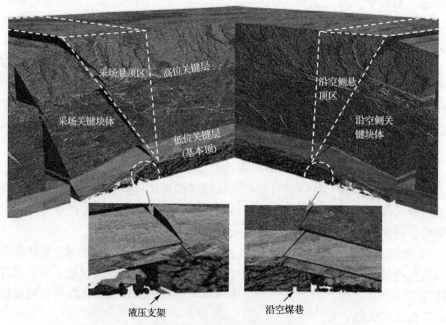

图 4-26　回采期间覆岩结构示意图

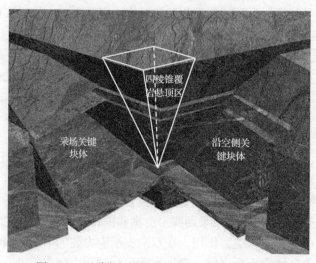

图 4-27　回采期间沿空掘巷端头覆岩结构示意图

依据覆岩破断结构与沿空掘巷的相对位置，可将其归纳为基本顶断裂线位于煤柱上方、基本顶断裂线位于巷道上方以及基本顶断裂线位于实体煤帮上方，下面就各种情形下回采期间沿空掘巷围岩受力破坏机理进行探索。

如图 4-28 所示，本区段工作面向前推进过程中，采场上覆基本顶走向跨度小于周期破断步距时将形成大范围的基本顶悬顶区域。基于前述分析，该采场基本顶悬顶区域 $A$ 上方覆岩重力及其上覆荷载丧失下伏煤体的有效支撑，只能向前方 $B$、$C$、$D$ 区域覆岩下伏煤体转移，而且 $B$ 区域煤体同时会受到悬顶区上覆岩层重力及上覆荷载所产生的巨大弯矩作用力，因而在工作面前方一定范围的煤体中将形成超前高支承应力。而沿空掘巷上覆基本顶破断关键块体结构与本区段工作面基本顶岩板仅通过一定的剪切力和摩擦力维系着铰接关系，因此本区段工作面基本顶悬顶区域 $A$ 上覆岩层重力、荷载及弯矩无法向沿空掘巷上覆基本顶破断关

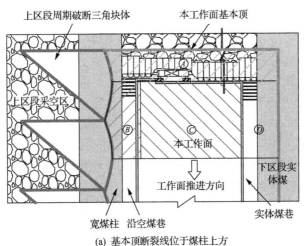

(a) 基本顶断裂线位于煤柱上方

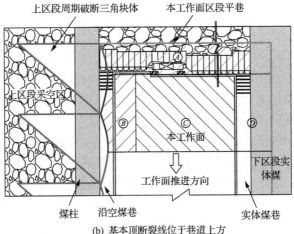

(b) 基本顶断裂线位于巷道上方

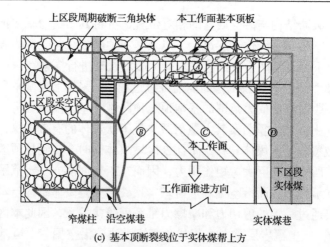

(c) 基本顶断裂线位于实体煤帮上方

图 4-28　巷道不同相对位置围岩应力环境

键块体传递。但在特厚煤层综放高强度开采形成的强烈覆岩破断与开采动压扰动下，距工作面较近的沿空掘巷上覆基本顶破断关键块体与本工作面上方岩板铰接关系将丧失，从而导致基本顶破断关键块体发生失稳。

(1)对于基本顶断裂线位于煤柱上方的情形，通常沿空掘巷区段间隔煤柱宽度较大，如图 4-28(a)所示。此类沿空掘巷围岩在回采期间不仅整体受到巷道沿空侧三棱柱悬顶区覆岩自身重力、岩层上覆荷载及其所成弯矩(图 4-26)传导至煤体的高侧向支承应力影响，同时还处于超前高支承应力影响的 B 区域中，此时沿空掘巷虽然留设的区段间隔煤柱宽度较大，但在双向高支承应力叠加作用下，该种布置形式的沿空掘巷煤柱帮与实体煤帮承受巨大荷载而发生变形破坏，进而导致围岩整体失稳。现场实际开采过程中，虽然特厚煤层综放 8209 区段回风平巷与 8210 区段综放工作面之间留设有 30m 宽煤柱，但 8209 区段回风平巷在 8209 区段综放工作面回采过程中出现剧烈的臌垮帮和底板鼓起等矿压现象，甚至局部地段发生巷道闭合，如图 4-29 所示。

(2)对于基本顶断裂线位于巷道上方的情形，如图 4-28(b)所示。该类沿空掘巷实体煤及实体煤帮侧厚顶煤处于本区段工作面未破断基本顶岩板下，而煤柱及其煤柱侧厚顶煤处于基本顶破断关键三角块体下方。本区段工作面回采期间，实体煤帮与实体煤侧厚顶煤承受侧向支承应力与 B 区域超前采动支承应力共同影响，实体煤帮在巨大叠加荷载作用下发生变形破坏。而煤柱与煤柱侧厚顶煤则受回采期间失稳后的破断关键块体自重及其上覆岩层重力的影响，此时沿空掘巷煤柱帮与实体煤帮围岩分别处于两种不同的超高复杂应力环境中，极易于断裂线位置产生割裂且围岩稳定性控制方向与重点难以把控，对巷道围岩控制极为不利。

图 4-29　回采期间 8209 区段回风平巷矿压显现

（3）对于基本顶断裂线位于实体煤帮上方的情形，即沿空掘巷处于覆岩关键块体之下，如图 4-28（c）所示，特厚煤层综放窄煤柱区段间隔 8211 区段沿空掘巷的布置形式符合该类情况。工作面回采过程中周期破断前悬板 $A$ 区域所受力只能使本工作面上覆基本顶岩板与沿空掘巷上覆关键块体之间失去铰接关系从而导致关键块体失稳，但无法传递 $A$ 区域覆岩重力、上覆荷载及弯矩至沿空掘巷围岩，即沿空掘巷围岩不处于超前采动支承应力影响 $B$ 区域。此时沿空掘巷围岩稳定性主要受失稳后关键块体自重及上覆破断岩层重力影响。因此，本工作面回采对布置于关键块体之下的沿空掘巷造成的影响远小于断裂线位于煤柱上方[如图 4-28（a）所示]的情况，为回采期间窄煤柱沿空掘巷围岩稳定性控制提供了条件。但特厚煤层综放窄煤柱沿空掘巷位置煤体破坏范围与程度均较大，尤其整体破坏的煤柱煤体，即便在较低应力驱动下仍会呈现大的变形破坏，而巷帮作为主要承载体，其中窄煤柱承载能力低，失稳破断关键块体自重及其上覆岩层重力荷载大部分将由实体煤帮承担，高荷载下塑裂实体煤帮将产生较大变形，因而仍为回采期间特厚综放窄煤柱沿空掘巷大纵深破坏煤帮稳定性控制带来巨大挑战。

## 参 考 文 献

[1] 侯朝炯, 马念杰. 煤层巷道两帮煤体应力和极限平衡区的探讨[J]. 煤炭学报, 1989, (4): 21-29.

[2] 王金安, 韦文兵, 冯锦艳. 综放沿空异形煤柱留巷系统力学场演化规律[J]. 北京科技大学学报, 2006, 28(4): 318-323.

[3] 刘长友, 钱鸣高, 曹胜根, 等. 采场直接顶的结构力学特性及其刚度[J]. 中国矿业大学学报, 1997, 26(2): 21-23.

[4] 许永祥, 李华敏, 王开林, 等. 特厚煤层综放工作面侧向支承压力分布研究[J]. 煤炭科学技术, 2014, 42(11): 27-28.

[5] 何团, 黄志增, 李春睿, 等. 特厚煤层综放工作面侧向煤体应力时空演化特征[J]. 采矿与安全工程学报, 2018, 35(1): 101-105.

[6] 戴兴国, 钱鸣高. 老顶岩层破损与来压的理论分析[J]. 矿山压力与顶板管理, 1992, 3: 7-11.

[7] 柏建彪. 沿空掘巷围岩控制[M]. 徐州: 中国矿业大学出版社, 2006: 14-35.

[8] 侯朝炯, 柏建彪, 张农, 等. 困难复杂条件下的煤巷锚杆支护[J]. 岩土工程学报, 2001, 23(1): 85-88.

[9] 王卫军, 冯涛. 加固两帮控制深井巷道底鼓的机理研究[J]. 岩石力学与工程学报, 2005, 24(5): 809-811.

[10] 王卫军, 侯朝炯. 沿空巷道底鼓力学原理及控制技术的研究[J]. 岩石力学与工程学报, 2004, 23(1): 69-74.

[11] 王卫军. 动压巷道底鼓[M]. 北京: 煤炭工业出版社, 2003: 52-81.

[12] 王军, 胡存川, 左键平, 等. 断层破碎带巷道底臌作用机理与控制技术[J]. 煤炭学报, 2019, 44(2): 397-408.

[13] 王平, 冯涛, 蒋运良, 等. 软弱再生顶板巷道围岩失稳机理及其控制原理与技术[J]. 煤炭学报, 2019, 44(10): 2953-2965.

[14] 黄炳香, 张农, 靖洪文, 等. 深井采动巷道围岩流变和结构失稳大变形理论[J]. 煤炭学报, 2020, 45(3): 911-926.

# 第5章　特厚煤层综放沿空掘巷围岩控制原理与技术体系

基于特厚煤层综放开采窄煤柱沿空掘巷帮部煤体大范围严重破坏实际特征，和深入实体煤帮上覆岩层破断结构影响下大纵深破碎煤帮失稳机理及帮部于围岩整体稳定性的关键作用，在初始支护基础上改进围岩控制方案，提出特厚煤层综放窄煤柱沿空掘巷"固帮护巷"保障围岩稳定性的控制策略，明确帮部围岩控制原则，继而依据帮部围岩破坏程度与工程地质条件因地制宜地给出锚杆索耦合破碎煤帮主体支护技术、严重破碎段煤柱注浆加固及煤柱收窄段人工墙体强化控制技术，并揭示相应控制机理。

## 5.1　窄煤柱沿空掘巷围岩控制策略与原则

特厚煤层综放 8211 区段窄煤柱沿空掘巷顶板初始支护中采用密集锚杆、非对称桁架锚索与锚索槽钢联合支护，对比其他已有研究中类似巷道，该顶板支护形式属于大密度、高强度支护，且由顶帮联动力学分析中顶板非对称桁架锚索控制评价可知，非对称桁架锚索可较好地控制顶板变形量，维持顶板稳定性，同时降低顶板对巷道两帮煤体的压缩变形。而初始支护中煤柱帮使用每排四根长度2600mm 锚杆与每排单根三花布置的锚索控制，实体煤帮则仅采用每排四根长度2600mm 锚杆支护，对于上覆深入煤体破断岩层结构且需承受强采动影响的特厚煤层综放窄煤柱区段间隔沿空掘巷大纵深破坏煤帮而言，上述巷道帮部支护明显不能满足围岩稳定性的控制需要，且由现场调研与理论研究可知 8211 区段窄煤柱沿空掘巷帮部破坏失稳条件下，即便顶板采用高强度、大密度支护，仍难以保持稳定。

基于围岩失稳机理，提高特厚煤层综放窄煤柱沿空掘巷帮部围岩强度，不仅减小帮部变形破坏，还会有效保障顶底板围岩稳定性。因此综合上述分析与特厚煤层综放窄煤柱沿空掘巷帮部大纵深破坏煤体特性，想要确保窄煤柱沿空掘巷围岩整体稳定需重视巷道帮部围岩控制，采取科学合理的巷帮围岩控制技术改善碎裂帮部煤体的力学状态，增强碎裂帮部煤体强度以提高其抵抗破坏能力，降低帮部破坏程度，增加帮部煤体刚度以降低其变形程度，阻止帮部持续收敛变形，保障帮部围岩稳定性，使得煤柱与实体煤帮成为围岩稳定承载结构，向上有效支撑顶板厚顶煤及其上覆岩层荷载，向下减小底板向上运动空间与巷帮收敛对底板的水平作用力，进而保障围岩整体稳定性，并进一步地避免围岩失稳导致上覆破断岩层结构再次回转下沉，从而对下伏围岩造成二次动压损伤。

综合上述分析并结合国内外相关研究[1,2]，基于特厚煤层综放窄煤柱沿空掘巷煤帮大纵深严重破坏实际特征及帮部于围岩整体稳定性关键作用，针对 8211 区段窄煤柱沿空掘巷围岩控制与技术发展需求，在初始支护方案基础上，改进围岩控制对策，提出特厚煤层综放窄煤柱沿空掘巷"固帮护巷"围岩控制策略。

进一步针对围岩控制策略给出相应的控制原则：第一，巷帮控制应具有科学性、针对性与经济性。依据不同区域煤柱与实体煤帮煤体赋存特征、力学特性、破坏程度，因地制宜地采取对应控制技术，避免盲目、无区别对帮部围岩进行控制，既可保障围岩稳定性又体现控制的科学性与经济性。第二，提高支护体与破碎煤帮的强度与刚度耦合性，充分利用巷帮塑性区煤体残余强度，调动深部弹性区煤体高承载性与抵抗变形破坏能力，使帮部围岩发挥自承力与自稳能力。第三，支护体应该注重对破碎帮部煤体的护表能力，既体现"支"又发挥"护"的能力，避免破碎煤帮表面与浅部煤体在应力驱动下持续向巷内挤出变形，进而引发支护结构失效甚至片帮事故的发生。第四，注重支护体的系统性和整体性，避免过度强调单一构件的个体强度而忽视其他构件强度，如一味强调锚杆杆体强度忽略托盘和螺栓强度，托盘与螺栓的失效将导致锚杆杆体无法发挥其高强特性。

依据围岩控制策略与原则，提出以锚杆索耦合破碎煤帮为主体的支护技术，和以注浆、人工混凝土墙体控制窄煤柱严重破坏段与收窄段的强化加固手段。

## 5.2　锚杆索耦合破碎煤帮支护机理与技术

针对特厚煤层综放窄煤柱沿空掘巷大纵深破碎煤帮变形破坏特征与失稳机理，提出锚杆索耦合破碎煤帮支护技术，将其作为煤柱帮与实体煤帮基础支护控制帮部稳定性，进而保障沿空掘巷围岩整体稳定性。

### 5.2.1　锚杆索固帮护巷数值分析

#### 1. 支护方案

四组方案中顶板支护均采用 8211 区段沿空掘巷初始顶板支护方案，煤柱帮与实体煤帮支护方案分别描述如下。

方案 1，煤柱帮与实体煤帮均采用 2000mm 锚杆支护，两帮支护参数均相同，锚杆间排距为 1000mm×900mm，巷帮紧邻顶底板锚杆分别向顶板与底板倾斜

15°，其余锚杆均垂直煤壁，锚杆托盘大小为 120mm×120mm×10mm，施加预紧力为 25kN，数值支护方案如图 5-1(a)所示。

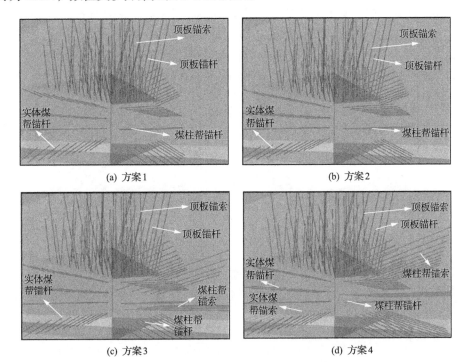

(a) 方案1

(b) 方案2

(c) 方案3

(d) 方案4

图 5-1 围岩支护方案

方案 2，煤柱帮与实体煤帮均采用 2600mm 锚杆支护，锚杆其他布置参数均与方案 1 相同。数值支护方案如图 5-1(b)所示。

方案 3，巷帮支护采用 8211 区段沿空掘巷试掘段的帮部初始支护，数值支护方案如图 5-1(c)所示。

方案 4，煤柱帮与实体煤帮均使用锚杆与锚索联合支护。两帮锚杆布置参数相同，锚杆长度 3100mm，间排距 1000mm×900mm，巷帮紧邻顶底板锚杆分别向顶板与底板倾斜 15°，锚杆托盘大小为 130mm×130mm×10mm，施加预紧力为 30kN。煤柱帮每排布置三根锚索，实体煤帮每排布置两根锚索，锚索长度 5200mm，巷帮紧邻顶底板锚索分别向顶板与底板倾斜 15°，其余锚索均垂直煤壁，锚索托盘大小为 300mm×300mm×16mm，施加预应力为 200kN。数值支护方案如图 5-1(d)所示。

2. 结果分析

由图 5-2 与图 5-3 可知，通过改变帮部锚杆索支护型式、密度与深度，沿空掘巷围岩变形量随之改变。方案 1 中煤柱帮与实体煤帮仅使用 2000mm 锚杆支护，沿空掘巷顶底板、实体煤帮与煤柱帮最大变形量分别为 217mm、29mm、189mm、237mm。方案 2 在方案 1 的巷帮锚杆布置参数基础上仅增大巷帮锚杆锚固深度，其相较方案 1 的顶板、实体煤帮和煤柱帮最大变形量分别减少 11mm、12mm、12mm，但底板鼓起量相同，说明巷帮锚杆锚固深度对围岩稳定性起重要作用。方案 3 在方案 2 支护基础上，于煤柱帮部每排增加一根 5200mm 长锚索以三花布置，相较

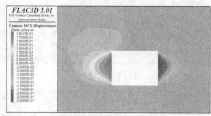

(a) 方案1

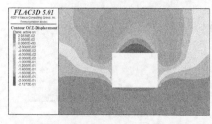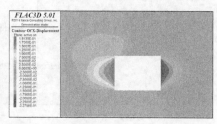

(b) 方案2

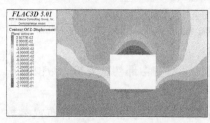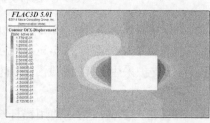

(c) 方案3

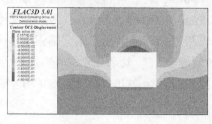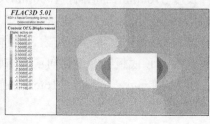

扫码见彩图

(d) 方案4

图 5-2　不同支护方案下围岩位移云图

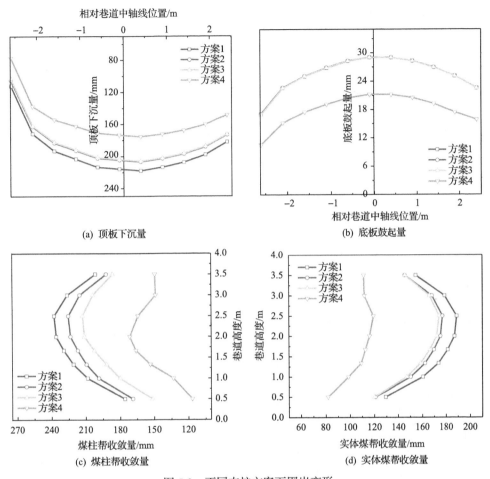

图 5-3　不同支护方案下围岩变形

方案 2 仅使得煤柱帮最大收敛量减小了 13mm，而顶底板与实体煤帮变形量无明显差异，说明煤柱帮布置每排单根锚索仅对煤柱帮变形发挥一定的控制作用，而对实体煤帮与顶底板变形未发挥有效控制。方案 4 通过增加煤柱帮和实体煤帮锚索支护密度、锚杆长度以及预紧力，使得顶底板、实体煤帮和煤柱帮最大变形量相比于方案 1 均大幅减小，分别减小 42mm、70mm、66mm 和 8mm，使得巷道围岩控制效果显著改善。

综上所述，只通过改变窄煤柱沿空掘巷帮部锚杆索支护构型、密度、预紧力、锚固深度等因素，不仅对帮部围岩起到显著的控制成效，同时对巷道顶板下沉与底板鼓起均有良好的控制效果，因而帮部锚杆索支护设计的合理性对巷道围岩整体稳定性有重要影响。

### 5.2.2 锚杆索耦合破碎煤帮支护结构理论研究

1. 支护体和煤体耦合流变本构关系

（1）如图 5-4 所示，仍将帮部煤体依据破碎程度和力学特性划分为三个区域，分别为破碎区、塑性区和弹性区。破碎区煤体［图 5-4(a)］在经历严重损伤后仅保留极小的残余强度，本节将其本构模型设定为一个摩擦片，煤体应变在应力作用下趋向无穷大，本构关系给出如下。

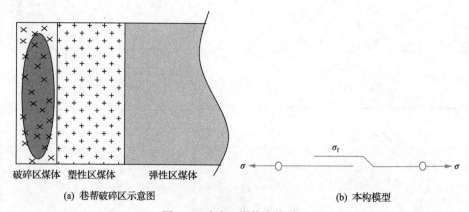

(a) 巷帮破碎区示意图　　　　　　　　　　(b) 本构模型

图 5-4　破碎区煤体本构模型

本构方程[3]如下。

当 $\sigma < \sigma_f$ 时，$\varepsilon = 0$；$\sigma \geqslant \sigma_f$ 时，$\varepsilon \to \infty$。其中，$\sigma_f$ 为破碎区煤体屈服应力极限，kPa。

破碎区煤体屈服应力极限相较于地应力很小，因此本次分析中仅考虑地应力大于破碎区煤体屈服应力极限，不考虑地应力小于破碎区煤体屈服应力极限的情况。

（2）巷道帮部煤体塑性区位于破碎区与弹性区之间，该区域煤体经历峰值强度之后发生塑性破坏，但煤体仍具有一定承载强度，因此选择开尔文体描述该区域本构关系，如图 5-5 所示。

塑性煤体本构：

$$\sigma_p = E_p \varepsilon_p^t + \eta_p \dot{\varepsilon}_p^h \tag{5-1}$$

$$\varepsilon_p = \varepsilon_p^t = \varepsilon_p^h \tag{5-2}$$

煤体塑性区蠕变方程：

$$\sigma_p = E_p \varepsilon_p + \eta_p \dot{\varepsilon}_p \tag{5-3}$$

式中，$E_p$ 为胡克元件弹性模量，MPa；$\sigma_p$ 为塑性区煤体所受应力，MPa；$\varepsilon_p$ 为塑性区煤体应变；$\varepsilon_p^t$ 为塑性区胡克元件应变；$\varepsilon_p^h$ 为塑性区黏性元件应变；$\eta_p$ 为塑性区黏性元件黏滞系数。

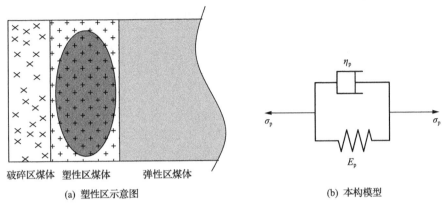

(a) 塑性区示意图　　　　　　　　　　(b) 本构模型

图 5-5　塑性区煤体本构模型

（3）帮部弹性区煤体可认为其未发生破坏，陶波等[4]通过对比 Burgers 模型和西原模型，得出西原模型可更加真实地实现对煤岩体本构关系的描述。因此，这里使用西原模型对弹性区煤体本构关系进行研究，如图 5-6(b) 所示。

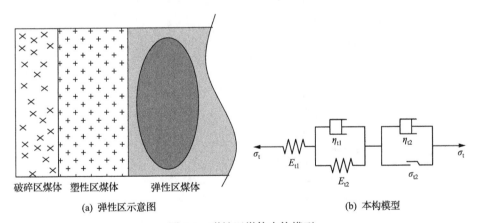

(a) 弹性区示意图　　　　　　　　　　(b) 本构模型

图 5-6　弹性区煤体本构模型

西原模型本构方程：

$$p_{a1}\dot{\sigma}_t + \sigma_t = q_{a1}\dot{\varepsilon}_t + q_{a0}\varepsilon_t \quad (\sigma_t < \sigma_{t2}) \tag{5-4}$$

$$p_{b0}(\sigma_t - \sigma_{t2}) + p_{b1}\dot{\sigma}_t + \ddot{\sigma}_t = q_{b1}\dot{\varepsilon}_t + q_{b2}\ddot{\varepsilon}_t \quad (\sigma_t \geqslant \sigma_{t2}) \tag{5-5}$$

式中，$p_{a1} = \dfrac{\eta_{t1}}{E_{t1} + E_{t2}}$ ；　$q_{a1} = \dfrac{\eta_{t1}E_{t1}}{E_{t1} + E_{t2}}$ ；　$q_{a0} = \dfrac{E_{t1}E_{t2}}{E_{t1} + E_{t2}}$ ；　$p_{b0} = \dfrac{E_{t1}E_{t2}}{\eta_{t1}\eta_{t2}}$ ；　$p_{b1} =$

$\dfrac{E_{t1}\eta_{t1} + E_{t1}\eta_{t2} + E_{t2}\eta_{t2}}{\eta_{t1}\eta_{t2}}$ ；　$q_{b1} = \dfrac{E_{t1}E_{t2}}{\eta_{t1}}$ ；　$q_{b2} = E_{t1}$ ；$\sigma_t$ 为弹性区煤体应力，MPa；

$\varepsilon_t$ 为弹性区煤体应变；$\sigma_{t2}$ 为弹性区煤体黏性元件的黏滞系数；$E_{t1}$、$E_{t2}$ 为弹性煤体区弹性模量，MPa。

弹性区蠕变方程：

$$\varepsilon_t = \begin{cases} \dfrac{\sigma_t}{E_{t1}} + \dfrac{\sigma_t}{E_{t2}}\left[1 - \mathrm{e}^{\left(-\frac{E_{t2}}{\eta_{t1}}t\right)}\right] & (\sigma < \sigma_{t2}) \\[4mm] \dfrac{\sigma_t}{E_{t1}} + \dfrac{\sigma_t}{E_{t2}}\left[1 - \mathrm{e}^{\left(-\frac{E_{t2}}{\eta_{t1}}t\right)}\right] + \dfrac{\sigma_t - \sigma_{t2}}{\eta_2}t & (\sigma \geqslant \sigma_{t2}) \end{cases} \tag{5-6}$$

特厚煤层综放沿空掘巷煤帮破坏范围常常大于锚杆锚固范围，当破碎区深度大于锚杆锚固长度时，锚杆端头锚固位置位于巷帮破碎区内，构建如图 5-7 所示锚杆耦合巷帮破碎区煤体本构模型。

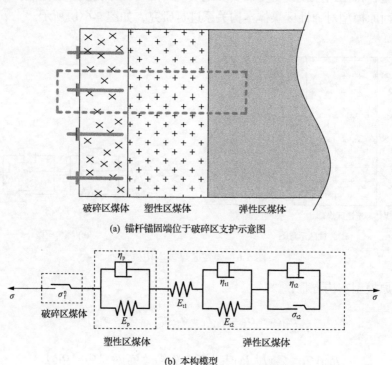

(a) 锚杆锚固端位于破碎区支护示意图

(b) 本构模型

图 5-7　锚杆耦合巷帮破碎区煤体本构模型

锚杆锚固破碎区煤体蠕变方程：

$$\varepsilon = \varepsilon_f t + \frac{\sigma}{E_p}\left(1 - e^{\left(-\frac{E_p}{\eta_p}t\right)}\right) + \frac{\sigma}{E_{t1}} + \frac{\sigma}{E_{t2}}\left[1 - e^{\left(-\frac{E_{t2}}{\eta_{t1}}t\right)}\right] \quad \left(\sigma < \sigma_{t2}\right) \tag{5-7}$$

$$\varepsilon = \varepsilon_f t + \frac{\sigma}{E_p}\left(1 - e^{\left(-\frac{E_p}{\eta_p}t\right)}\right) + \frac{\sigma}{E_{t1}} + \frac{\sigma}{E_{t2}}\left[1 - e^{\left(-\frac{E_{t2}}{\eta_{t1}}t\right)}\right] + \frac{\sigma - \sigma_{t2}}{\eta_2}t \quad \left(\sigma \geqslant \sigma_{t2}\right) \tag{5-8}$$

当锚杆锚固端头位于巷帮塑性区煤体中，构建如图 5-8 所示锚杆耦合巷帮破碎与塑性区煤体本构模型。锚杆支护破碎区煤体蠕变方程：

$$\varepsilon = \frac{\sigma - \sigma_f^n}{E_g} + \frac{\sigma}{E_p}\left(1 - e^{-\frac{E_p}{\eta_p}t}\right) + \frac{\sigma}{E_{t1}} + \frac{\sigma}{E_{t2}}\left[1 - e^{\left(-\frac{E_{t2}}{\eta_{t1}}t\right)}\right] \quad \left(\sigma < \sigma_{t2}\right) \tag{5-9}$$

$$\varepsilon = \frac{\sigma - \sigma_f^n}{E_g} + \frac{\sigma}{E_p}\left(1 - e^{-\frac{E_p}{\eta_p}t}\right) + \frac{\sigma}{E_{t1}} + \frac{\sigma}{E_{t2}}\left[1 - e^{\left(-\frac{E_{t2}}{\eta_{t1}}t\right)}\right] + \frac{\sigma - \sigma_{t2}}{\eta_2}t \quad \left(\sigma \geqslant \sigma_{t2}\right) \tag{5-10}$$

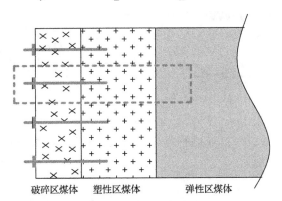

(a) 锚杆锚固端位于巷帮塑性区

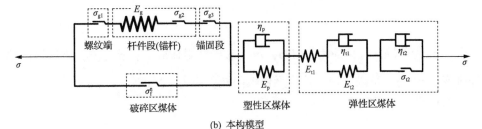

(b) 本构模型

图 5-8　锚杆耦合巷帮破碎与塑性区煤体本构模型

锚索端头锚固位置可深入弹性煤体，对破碎区与塑性区变形都可进行控制。由此结合前文锚杆支护本构模型，构建如图 5-9 所示锚杆索耦合破碎、塑性及弹性帮部煤体本构模型。

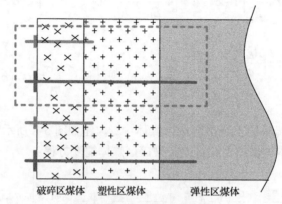

(a) 锚杆索锚固端分别位于塑弹性区

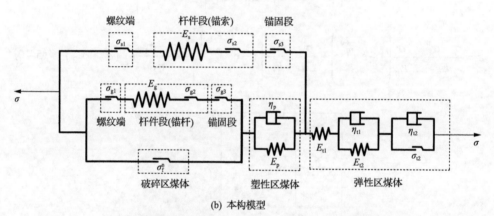

(b) 本构模型

图 5-9　锚杆索耦合破碎、塑性及弹性帮部煤体本构模型

(1) 锚杆加固破碎区煤体本构关系：

$$\sigma_f = E_g \varepsilon_g^t + \sigma_f^n \tag{5-11}$$

$$\varepsilon_f = \varepsilon_g^t \tag{5-12}$$

式中，$\sigma_f$ 为破碎区煤体应力，MPa；$\varepsilon_f$ 为破碎区煤体应变；$\varepsilon_g^t$ 为支护破碎区的锚杆应变；$\sigma_f^n$ 为帮部破碎区摩擦片元件极限屈服应力，MPa。

求得锚杆加固破碎区煤体本构方程：

$$\sigma_f = E_g \varepsilon_f + \sigma_f^n \tag{5-13}$$

(2)锚杆加固破碎区煤体且考虑塑性区煤体本构关系:

$$\sigma_{fp} = \sigma_f = \sigma_p \tag{5-14}$$

$$\varepsilon_{fp} = \varepsilon_p + \varepsilon_f \tag{5-15}$$

式中, $\sigma_{fp}$ 为锚杆支护破碎煤体所成结构应力; $\varepsilon_{fp}$ 为锚杆支护破碎煤体所成结构应变。

求得锚杆加固破碎煤体且考虑塑性区煤体本构:

$$\dot{\varepsilon}_{fp} = \frac{\dot{\sigma}_{fg}}{E_g} + \frac{\sigma_{fg} - E_p\left(\varepsilon_{fg} - \dfrac{\sigma_{fg} - \sigma_f^n}{E_g}\right)}{\eta_p} \tag{5-16}$$

(3)锚杆索锚固破碎煤体与塑性煤体区域本构:

$$\varepsilon_m = \varepsilon_{fp} = \varepsilon_s \tag{5-17}$$

$$\sigma_m = \sigma_{fp} + \sigma_s \tag{5-18}$$

式中, $\varepsilon_m$ 为锚杆索支护破碎区与塑性区所成结构应力, MPa; $\sigma_m$ 为锚杆索支护破碎区与塑性区所成结构应变。

求得锚索加固破碎煤体与塑性煤体区域本构:

$$\dot{\varepsilon}_m = \frac{\dot{\sigma}_m}{E_g} + \frac{(\sigma_m - \varepsilon_m E_s) - E_p\left(\varepsilon_m - \dfrac{\sigma_m - \varepsilon_m E_s - \sigma_f^n}{E_g}\right)}{\eta_p} \tag{5-19}$$

整理式(5-19)得

$$\dot{\varepsilon}_m + \frac{1}{\eta_p}\left(E_s + E_p + \frac{E_p E_s}{E_g}\right)\varepsilon_m = \frac{1}{E_g}\dot{\sigma}_m + \frac{1}{\eta_p}\left(\frac{E_p}{E_g} + 1\right)\sigma_m - \frac{E_p}{\eta_p E_g}\sigma_f^n \tag{5-20}$$

当 $\sigma_m$ 为常数时, $\dot{\sigma}_m = 0$, 则式(5-20)为

$$\dot{\varepsilon}_m + \frac{1}{\eta_p}\left(E_s + E_p + \frac{E_p E_s}{E_g}\right)\varepsilon_m = \frac{1}{\eta_p}\left(\frac{E_p}{E_g} + 1\right)\sigma_m - \frac{E_p}{\eta_p E_g}\sigma_f^n \tag{5-21}$$

使 $K = \dfrac{1}{\eta_p}\left(E_s + E_p + \dfrac{E_p E_s}{E_g}\right)$; $G = \dfrac{1}{\eta_p}\left(\dfrac{E_p}{E_g} + 1\right)\sigma_m - \dfrac{E_p}{\eta_p E_g}\sigma_f^n$, 则式(5-21)转化为

$$\dot{\varepsilon}_{\mathrm{m}} + K\varepsilon_{\mathrm{m}} = G \tag{5-22}$$

求解得其通解为

$$\varepsilon_{\mathrm{m}} = \frac{1}{K}(G - \mathrm{e}^{-Kt}) + C \tag{5-23}$$

当时间 $t = 0$ 时，$\varepsilon_{\mathrm{m}} = \dfrac{\sigma_{\mathrm{m}}}{E_{\mathrm{s}} + E_{\mathrm{g}}}$ ，求得蠕变方程为

$$\varepsilon_{\mathrm{m}} = \frac{1}{K}(G - \mathrm{e}^{-Kt}) + \frac{\sigma_{\mathrm{m}}}{E_{\mathrm{s}} + E_{\mathrm{g}}} + \frac{1-G}{K} \tag{5-24}$$

(4)整体力学模型本构方程：

$$\left(\frac{1}{E_{\mathrm{g}}} + \frac{p_{\mathrm{a1}}}{q_{\mathrm{a1}}}\right)\ddot{\sigma} + \left[M - \frac{K}{q_{\mathrm{a1}}}\left(p_{\mathrm{a1}} + \frac{q_{\mathrm{a0}}}{E_{\mathrm{g}}}\right) + \frac{1}{q_{\mathrm{a1}}}\right]\dot{\sigma} - \frac{K}{q_{\mathrm{a1}}}(q_{\mathrm{a0}}M + 1)\sigma$$
$$= \ddot{\varepsilon} + \left(K - \frac{q_{\mathrm{a0}}}{q_{\mathrm{a1}}}\right)\dot{\varepsilon} - \frac{Kq_{\mathrm{a0}}}{q_{\mathrm{a1}}}\varepsilon - \frac{q_{\mathrm{a0}}LK}{q_{\mathrm{a1}}} \quad (\sigma_{\mathrm{t}} < \sigma_{\mathrm{t2}}) \tag{5-25}$$

$$(1-H)\ddot{\sigma} + \left[p_{\mathrm{b1}}(1-H) - q_2 M(1+H)\right]\dot{\sigma} + p_{\mathrm{b0}}(1-H)(\sigma - \sigma_{\mathrm{t2}})$$
$$+ q_{\mathrm{b2}}(H+1)L = -Hq_{\mathrm{b2}}\ddot{\varepsilon} - q_{\mathrm{b2}}(H+1)L \quad (\sigma_{\mathrm{t}} \geqslant \sigma_{\mathrm{t2}}) \tag{5-26}$$

式中，$M = \dfrac{1}{\eta_{\mathrm{p}}}\left(\dfrac{E_{\mathrm{p}}}{E_{\mathrm{g}}} + 1\right)$；$L = \dfrac{E_{\mathrm{p}}}{\eta_{\mathrm{p}}E_{\mathrm{g}}}\sigma_{\mathrm{f}}^{\mathrm{n}}$；$H = \dfrac{q_{\mathrm{b1}} + q_{\mathrm{b2}}K}{q_{\mathrm{b1}} - q_{\mathrm{b2}}K}$。

(5)锚杆索支护帮部煤体整体力学模型蠕变方程如下：

$$\varepsilon(t) = \frac{\sigma}{E_{\mathrm{t1}}} + \frac{\sigma}{E_{\mathrm{t2}}}\left[1 - \mathrm{e}^{\left(-\frac{E_{\mathrm{t2}}}{\eta_{\mathrm{t2}}}t\right)}\right] + \frac{1}{K}(G - \mathrm{e}^{-Kt}) + \frac{\sigma}{E_{\mathrm{s}} + E_{\mathrm{g}}} + \frac{1-G}{K} \quad (\sigma_{\mathrm{t}} < \sigma_{\mathrm{t2}}) \tag{5-27}$$

$$\varepsilon(t) = \frac{\sigma}{E_{\mathrm{t1}}} + \frac{\sigma}{E_{\mathrm{t2}}}\left[1 - \mathrm{e}^{\left(-\frac{E_{\mathrm{t2}}}{\eta_{\mathrm{t1}}}t\right)}\right] + \frac{\sigma - \sigma_{\mathrm{t2}}}{\eta_{\mathrm{t2}}}t + \frac{1}{K}(G - \mathrm{e}^{-Kt}) + \frac{\sigma}{E_{\mathrm{s}} + E_{\mathrm{g}}} + \frac{1-G}{K} \quad (\sigma \geqslant \sigma_{\mathrm{t2}})$$

$$\tag{5-28}$$

2. 支护效果分析

基于上述本构关系与蠕变方程，设定三组支护方案，对比分析不同型式锚杆

(索)条件下的巷帮变形规律,在数值模拟研究基础上进一步明晰帮部合理支护结构与锚固深度。支护方案分别为:方案 1,锚杆端头锚固至巷帮塑性区,锚索端头锚固至巷帮弹性区内;方案 2,仅锚杆支护巷帮,锚杆锚固至巷帮塑性区内;方案 3,仅锚杆支护巷帮,锚杆锚固至巷帮破碎区内。

弹性区煤体弹性模量由煤岩体力学参数取值确定,弹性区煤体破坏强度取实验室煤块抗压强度修正后的煤体抗压强度;塑性区煤体损伤弹性模量由巷帮围岩稳定性和顶帮联动力学模型确定,应力 $\sigma$ 取大于 $\sigma_{t2}$ 和小于 $\sigma_{t2}$ 两种情况,数值分别为 10MPa 和 8MPa,其他参数取值见表 5-1。

表 5-1　计算参数

| 参数 | 数值 | 参数 | 数值 |
|---|---|---|---|
| 锚索弹性模量 $E_s$/GPa | 195 | 弹性区煤体破坏强度 $\sigma_{t2}$/MPa | 7.0 |
| 锚杆弹性模量 $E_g$/GPa | 170 | 破碎区煤体残余强度 $\sigma_{fm}$/MPa | 1.0 |
| 弹性区煤体弹性模量 $E_{t2}$、$E_{t1}$/GPa | 1.22 | 塑性区黏壶黏滞模量 $\eta_p$/GPa | 0.5 |
| 弹性区黏壶黏滞模量 $\eta_{t1}$、$\eta_{t2}$/GPa | 1.0 | 破碎区煤体单位时间应变 $\varepsilon_f$/d$^{-1}$ | 3×10$^{-3}$ |
| 塑性区煤体弹性模量 $E_p$/GPa | 0.23 | | |

分别绘制应力 $\sigma$ 大于和小于弹性区煤体破坏强度 $\sigma_{t2}$ 时,煤帮不同支护方案下支护体与煤体耦合结构蠕变曲线,如图 5-10 所示。

当应力 $\sigma$ 大于弹性区煤体破坏强度 $\sigma_{t2}$ 时,由图 5-10(a)可知巷帮煤体持续发生蠕变,初期变形速率较大而后呈现匀速增长态势。对比三种支护方案发现,方案 1 中锚索锚固至弹性区且锚杆锚固至塑性区的支护效果最佳,支护 15 天时巷帮应变为 0.042;方案 2 中仅锚杆锚固至塑性区,15 天时的巷帮煤体应变为 0.082;方案 3 中仅锚杆锚固至破碎区内对巷帮煤体支护效果最差,15 天时巷帮煤体应变达到 0.127。

当应力 $\sigma$ 小于弹性区煤体破坏强度 $\sigma_{t2}$ 时,由图 5-10(b)可知方案 1 与方案 2 在支护初期巷帮煤体应变呈增长趋势,在变形持续一周后巷帮煤体基本达到稳定。方案 1 与方案 2 最终应变稳定在 0.157 与 0.048,而方案 3 仍呈现支护初期变形速率较大而后保持匀速增大的特征,15 天时巷帮煤体应变达到 0.093。

由上述分析可知,方案 1(锚索锚固至弹性区锚杆锚固至塑性区)的巷帮煤体变形控制效果最佳,方案 2 仅采用锚杆锚固至塑性区次之,方案 3 仅采用锚杆锚固至破碎区最差。上述方案的对比结果说明,锚杆索锚固深度与支护构型对巷帮围岩稳定性控制起关键作用。锚杆锚固至仍具有一定承载力的塑性区煤体内,可对锚固范围内的破碎区煤体进行有效控制,降低巷帮煤体变形速率与变形量,加

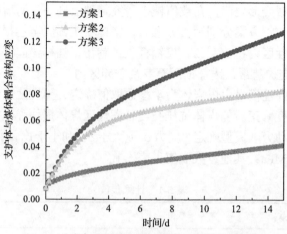

(a) 应力σ大于弹性区煤体摩擦元件极限屈服应力$\sigma_{t2}$

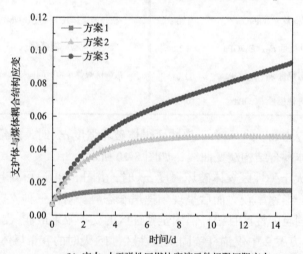

(b) 应力σ小于弹性区煤体摩擦元件极限屈服应力$\sigma_{t2}$

图 5-10　支护体与巷帮煤体耦合结构应变

之锚固至具有高承载力的弹性区的锚索支护，巷帮变形速率与变形量将进一步降低。针对特厚煤层综放开采窄煤柱沿空掘巷巷帮煤体大纵深破坏特征并考虑矿井常用锚杆索长度，合理的巷帮支护深度与构型应为锚杆锚固长度大于巷道帮部破碎区范围，锚索锚固长度大于破碎区与塑性区范围至弹性区煤体，采用锚杆与锚索联合支护对窄煤柱沿空掘巷巷帮大纵深破坏煤体进行控制。

### 5.2.3　锚杆索多层次固帮技术与控制机理

如图 5-11 所示，锚杆索多层次固帮技术既包括强护表结构对破坏煤帮表面所发挥的"护"的作用，还包括锚杆与锚索对中、深部煤体所发挥的"支"的作用。

同时，锚杆索多层次固帮技术中所采用的锚杆与锚索应具有科学合理支护强度与锚固深度，能够充分调动和利用巷帮不同区域煤体强度，实现支护体与巷帮煤体的强度耦合；锚杆索应具有合理支护刚度，控制巷帮煤体变形的同时允许巷帮煤体与支护结构发生一定程度变形，使得支护体与巷帮煤体实现刚度耦合。详细巷帮锚杆索固帮技术与机理阐述如下。

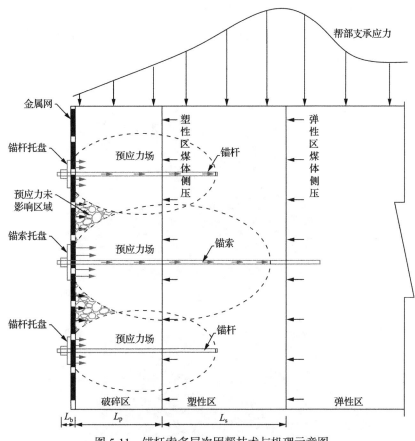

图 5-11　锚杆索多层次固帮技术与机理示意图

## 1. 强护表结构耦合巷帮表面与浅部碎裂煤体形成表层结构

特厚煤层综放窄煤柱区段间隔沿空掘巷帮部煤体破坏程度较大，由 8211 区段沿空掘巷现场观测结果可知碎裂巷帮煤体于锚杆索支护结构之间大幅度挤出，造成大量的鼓包、金属网撕破、钢筋梯断裂，甚至煤体片落的发生。针对上述变形破坏特征，使用双层金属网、大面积锚索托盘、施加足够预紧力并适度增大支护密度，减小特厚煤层综放沿空掘巷碎裂煤帮表面煤体的变形跨度，提高护表结构抵抗变形刚度，并向巷帮表面与浅部煤体施加压应力，改善帮部表面与浅部煤体应力环境,阻止浅部围岩应力环境恶化与煤体力学性质劣化向巷帮煤体深部传递。

如图 5-12 所示,在巷帮表面通过锚杆(索)与托盘向煤帮施加两处预应力,采用弹性力学半平面体受均布荷载公式,用 MATLAB 软件绘制巷帮煤体径向预应力分布云图。由图 5-12 可知,锚杆(索)作用区域会形成椭球形预应力场,该预应力场内表面及浅部煤体受力由两向转为三向或由较小径向力 $\sigma_{y1}$ 转为较大径向力 $\sigma_{y2}$。合理的锚杆索间距使得巷帮煤体无预应力场真空区[图 5-12(a)],并能够形成预应力场相互叠加区域[图 5-12(b)],处于预应力场作用区域煤体受径向压应力而保持相对稳定,煤体抵御变形破坏能力增强。

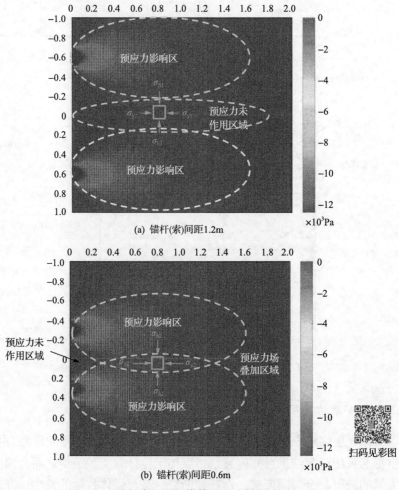

(a) 锚杆(索)间距1.2m

(b) 锚杆(索)间距0.6m

图 5-12　锚杆索间距对煤体预应力场影响

较大的锚索托盘面积会增大对巷帮煤体控制范围,但在预紧力不变前提下,托盘增大必然导致煤体单位面积上的预应力降低,因而在配合大托盘时需要适度增大锚索预紧力，从而消减托盘增大对预应力的负面影响。

金属网抵抗变形能力虽较低，但金属网可将锚杆索点荷载扩散至面，可对预应力未作用区域[图 5-12(b)]和锚杆索锚固力未影响区域碎裂煤体松动荷载进行控制，在合理锚杆索布置间距下该区域煤体体积及松动荷载均较小，可配合双层金属网强化控制表面碎裂煤块的臌垮片落，从而避免巷帮表面煤体破坏导致的支护结构整体失效。

### 2. 锚杆耦合帮部碎裂与塑性煤体形成中层承载结构

针对巷帮浅部破碎区与中部塑性区煤体裂隙发育强烈，破碎程度严重，自稳与自承能力弱的特征，采用具有合理长度的高强锚杆耦合破碎塑性煤体形成中层承载体结构，并提高结构力学强度，提高抵抗变形破坏能力。

(1)锚杆耦合帮部破碎区煤体，充分利用塑性区煤体残余强度。

基于煤体变形破坏力学特征，处于塑性区煤体虽已发生破坏，但仍保留一定强度，且塑性区煤体相较破碎区更深入巷帮，其煤体处于三向受力状态，因此塑性区煤体仍具有较强抵抗变形破坏能力，而破碎区煤体自承力与自稳力基本丧失。采用锚固范围大于破碎区的锚杆并施加预紧力将破碎区与塑性区煤体耦合，组合为共同承载结构，充分利用塑性区煤体残余强度，锚固破碎区煤体松动荷载并限制其进一步的变形破坏。同时依据理论研究，锚杆合理锚固深度应大于破碎区达至塑性区内，针对特厚煤层综放开采窄煤柱沿空掘巷帮部煤体破碎区深度较大的特征，首先应通过现场实测、理论分析等手段明确巷帮煤体破碎区深度，进而确定巷帮锚杆合理的支护长度，$L_g > L_b + L_p$，如图 5-11 所示。

(2)提高锚固体抗剪、抗拉能力与整体力学强度。

破碎区碎裂煤体抗剪、抗拉能力基本丧失，而锚杆杆体具有抗剪与抗拉性能，在帮部破碎区煤体中锚杆穿透裂隙和节理等结构面形成的锚固体，可有效阻止锚固体在裂隙结构面之间错动、剪切和分离。当锚杆向含有大量纵横交错结构面的煤体施加一定预应力后，破碎煤块相互之间紧密贴合挤压，依据摩擦力公式 $\tau_n = \mu_n F_n$，裂隙结构面在摩擦系数 $\mu_n$ 不变前提下，增大 $F_n$ 作用力，结构面上的摩擦力 $\tau_n$ 将增大，进而提高了破碎区煤体抵抗错动与剪切变形的能力，如图 5-13 所示。

文献[5]基于试验和理论研究，指出锚杆支护使得浅部围岩由两向受力向三向受力转变，且锚杆支护对锚固体摩擦角有显著影响，而对内聚力影响较小，并给出了锚杆支护条件下锚固体强度计算公式[式(5-29)和式(5-30)]。由此可知当锚杆支护力和摩擦角增加时，锚固体峰值强度和残余强度都将增加，而残余强度增加更加显著。国外学者 Bobet[6,7]同样给出了锚杆支护围岩后锚固体的弹性模量计算公式(5-31)。由式(5-31)可知，提高锚杆支护强度($E_b$、$d_b$)和密度($S_\theta$、$S_z$)，锚杆支护后锚固承载体可有效提高围岩力学强度。

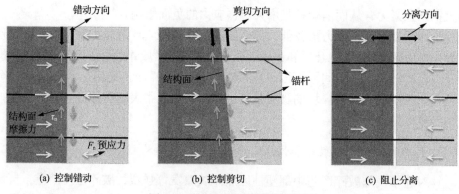

图 5-13　锚杆支护破裂围岩机理

$$\sigma_1 = 0.4 + 15.89\sigma_3^{\mathrm{m}} + 2c\tan\left(\frac{\pi}{4} + \frac{\varphi}{2}\right) \tag{5-29}$$

$$\sigma_1^* = 0.4 + 26.4\sigma_3^{\mathrm{m}} + 2c^*\tan\left(\frac{\pi}{4} + \frac{\varphi^*}{2}\right) \tag{5-30}$$

式中，$\sigma_1$ 和 $\sigma_1^*$ 分别为锚固体峰值强度与残余强度，MPa；$\sigma_3^{\mathrm{m}}$ 为锚杆提供的支护力强度，MPa；$c$ 为锚固体破坏前内聚力，MPa；$\varphi$ 为锚固体破坏前内摩擦角，(°)；$c^*$ 为锚固体残余内聚力，MPa；$\varphi^*$ 为锚固体残余摩擦角，(°)。

$$E_{\mathrm{r}} = E + \frac{\pi d_{\mathrm{b}}{}^2 E_{\mathrm{b}}}{4S_\theta S_z} \tag{5-31}$$

式中，$E_{\mathrm{r}}$、$E$、$E_{\mathrm{b}}$ 分别锚固煤岩体、初始煤岩体和锚杆的弹性模量，MPa；$d_{\mathrm{b}}$ 锚杆直径；$S_\theta$ 和 $S_z$ 为锚杆横纵向间距，m。

**3. 锚索耦合破碎、塑性及弹性煤体形成深层承载结构**

如图 5-11 所示，巷帮弹性区煤体未发生破坏，且其赋存深度大于破碎区与塑性区煤体，煤体变形所受侧压限制更大，因而弹性区具有更强抵抗变形破坏的能力。采用高强度预紧锚索充分调动与利用弹性区煤体的抗变形力与承载力，并施加足够的预应力将由锚杆与破碎区、塑性区煤体构成的中层承载结构耦合至弹性区煤体，适度让压于破碎区与塑性区变形，并发挥锚索自身高抗拉能力与弹性区煤体、中层承载结构一同构成深层承载结构。锚索锚固深度应大于破碎区和塑性区范围达至弹性区，即锚索合理长度 $L_{\mathrm{m}} > L_{\mathrm{b}} + L_{\mathrm{p}} + L_{\mathrm{s}}$。

**4. 整体破坏煤柱锚索双向拉控结构**

特厚煤层综放窄煤柱沿空掘巷煤柱发生整体破坏时，煤柱丧失承载力较强的弹性区煤体，但煤柱中部塑性区仍保留承载能力。利用前述控制机理由强护表结构支护煤柱帮表面与浅部煤体，锚杆与煤柱帮破碎区与塑性区耦合为中层支护结构，深层则使用锚索耦合煤柱破碎区与深部塑性区形成双向拉控结构如图 5-14 所示。该结构需重视以下控制要点：一是锚索锚固深度需超越煤柱中性面；二是锚索锚固端不位于煤柱采空区侧破碎区中；三是靠近顶底板的锚索应该具有一定倾角使得结构与顶底板形成沟通。

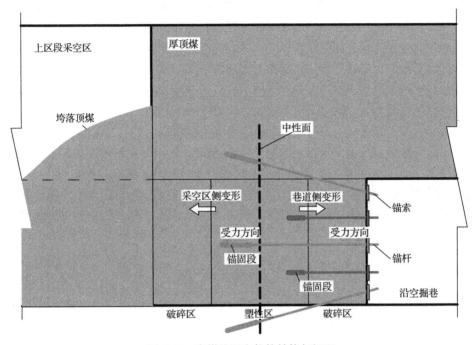

图 5-14　窄煤柱双向拉控结构与机理

　　基于中性面[8]原理，煤柱分别向采空侧与巷道侧运移产生双向变形破坏，因此在煤柱中必然存在一个位移为 0 的结构面，称该结构面为中性面，通常中性面位于靠近煤柱中轴线。本次所提出的整体破坏煤柱锚索双向拉控结构，利用煤柱中性面两侧煤体向两个相反方向运移特性，将锚索锚固端置于中性面采空区侧煤体，在煤柱中性面巷道侧煤体向巷道内收敛时，锚索拉控煤柱中性面采空区侧煤体，而煤体中性面采空区侧煤体向采空区侧外敛时，锚索拉控煤柱中性面巷道侧煤体，从而形成双向拉紧、相互牵制的控制结构。但锚索长度并非越长越好，当锚索锚固端位于采空侧破碎区煤体中，锚索通过锚固剂与破碎煤体形成的黏结耦合性差，锚固力不能达到设计要求，难以发挥锚索双向拉控能力，反而适得其反，因此在采用锚索双向拉控技术与结构时需首先明确窄煤柱破碎区与塑性区范围。

## 5.3　特厚煤层综放窄煤柱沿空掘巷围岩控制案例

### 5.3.1　沿空掘巷围岩控制方案

#### 1. 锚杆索固帮护巷支护方案

巷道帮部采用锚杆索联合支护，两帮锚杆对称布置，锚杆使用左旋无纵筋螺纹钢，长度 3100mm，直径 20mm。锚杆间排距为 1000mm×900mm，配合 130mm×130mm×10mm 预应力托盘和 85mm×3500mm 钢筋托梁。每根锚杆使用 MSK2335 和 MSZ2360 各 1 支锚固剂，锚杆锚固力不低于 140kN，预紧力不低于 250N·m。靠近顶底板侧锚杆分别向顶底板倾斜 15°布置，其余锚杆均垂直煤帮。

煤柱帮每排布置三根锚索，间排距为 1050mm×900mm，锚索长度 5250mm，直径 21.8mm，锚索材质为 1×7 高强度预应力钢绞线，配合 300mm×300mm×16mm 预应力蝶形托盘，每根锚索使用 1 支 MSK2335 和 2 支 MSZ2360 锚固剂，锚索预紧力不低于 200kN，靠近顶底板锚索分别向顶底板倾斜 15°布置。实体煤帮每排布置两根锚索，锚索材质为 1×19 高强度预应力钢绞线，间排距为 2100mm×900mm，其余参数与煤柱帮相同。具体巷帮支护方案及参数如图 5-15 和表 5-2 所示。

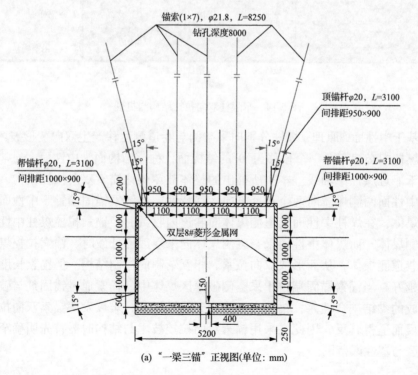

(a) "一梁三锚" 正视图(单位: mm)

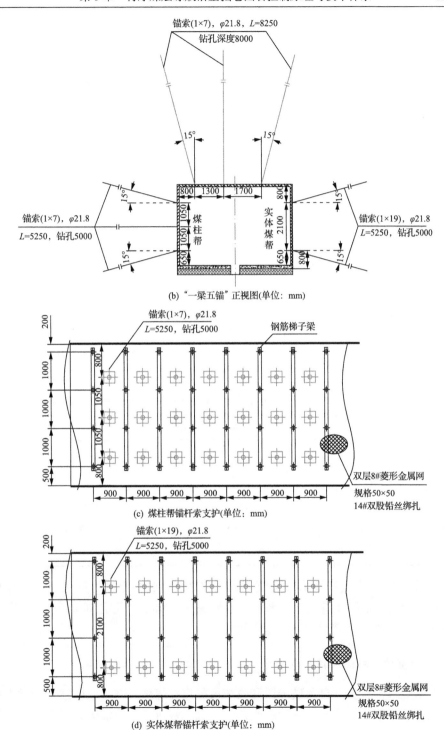

(b) "一梁五锚"正视图(单位：mm)

(c) 煤柱帮锚杆索支护(单位：mm)

(d) 实体煤帮锚杆索支护(单位：mm)

图 5-15　锚杆索支护方案

**表 5-2　巷帮支护设计参数**

| 支护构件 | 参数 | 煤柱帮 | 实体煤帮 |
|---|---|---|---|
| 锚杆 | 材质 | 左旋无纵筋螺纹钢 | 左旋无纵筋螺纹钢 |
| | 直径/mm | 20 | 20 |
| | 长度/mm | 3100 | 3100 |
| | 间排距/mm | 1000×900 | 1000×900 |
| | 锚固力/kN | ≥140 | ≥140 |
| | 预紧力矩/(N·m) | ≥250 | ≥250 |
| | 锚固剂 | MSK2335、MSZ2360 各 1 支 | MSK2335 和 MSZ2360 各 1 支 |
| | 托盘/mm | 130×130×10 | 130×130×10 |
| 锚索 | 材质 | 1×7 高强度钢绞线 | 1×19 高强度钢绞线 |
| | 直径/mm | 21.8 | 21.8 |
| | 长度/mm | 5250 | 5250 |
| | 间排距/mm | 1050×900 | 2100×900 |
| | 预紧力/kN | ≥200 | ≥200 |
| | 锚固剂 | 1 支 MSK2335；2 支 MSZ2360 | 1 支 MSK2335；2 支 MSZ2360 |
| | 托盘/mm | 300×300×16；Q235 蝶形 | 300×300×16；Q235 蝶形 |
| 钢筋托梁 | 规格 | 85×3500 | 85×3500 |
| | 直径/mm | 12 | 12 |
| 金属网 | 材质 | 8#菱形金属网 | 8#菱形金属网 |
| | 规格 | 50×50 | 50×50 |
| | 数量 | 双层 | 双层 |

　　除此之外，巷道底板采用浇筑强度为 C30 的混凝土进行铺底，铺底厚度150mm。未铺设混凝土前底板中部向下开挖深度 100mm，宽度 400mm 的卸压槽，并充填砂石，为底板鼓起留设卸压空间。

2. 严重破碎段煤柱注浆加固方案

　　对窄煤柱沿空掘巷严重破碎段和收窄段的煤柱煤体，在采取前述锚杆索支护基础上，进一步采用高分子聚亚胺脂浆液(马丽散)进行注浆加固，现场注浆材料如图 5-16 所示。确定注浆方案及其参数如下。

图 5-16　马丽散注浆材料

　　8m 煤柱段注浆钻孔由水平及倾斜钻孔组成，如图 5-17 所示。水平注浆钻孔深度 6000mm，孔径 42mm，与巷道走向夹角为 45°，水平孔开孔位置距离未铺设混凝土巷道底板距离 1200mm；倾斜钻孔仰角 60°，与巷道走向夹角 45°，钻孔深度 6000mm，仰孔开孔位置距离未铺设混凝土巷道底板距离 2700mm。上述注浆钻孔于煤壁开孔位置每排间距为 3000mm。

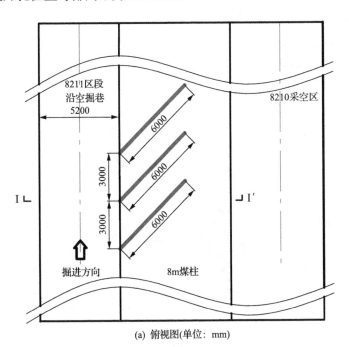

(a) 俯视图(单位：mm)

I—I′

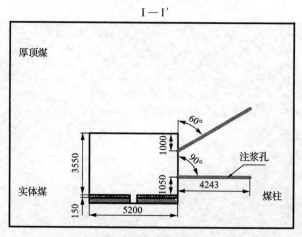

(b) 正视图(单位: mm)

图 5-17　8m 煤柱严重破坏段注浆方案

　　8m 煤柱严重破坏段注浆参数相同，见表 5-3。3m 煤柱收窄段注浆钻孔由水平及倾斜钻孔组成，如图 5-18 所示。3m 段水平注浆钻孔和倾斜注浆钻孔深度均为 3000mm，其他参数与 8m 段注浆钻孔相同。

表 5-3　注浆参数表

| 注浆参数 | 浆液 AB 料比值 | 注浆压力 | 封孔器直径 |
| --- | --- | --- | --- |
| 数值 | 1∶1 | 2MPa | 38mm |

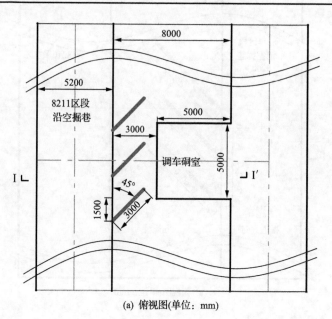

(a) 俯视图(单位: mm)

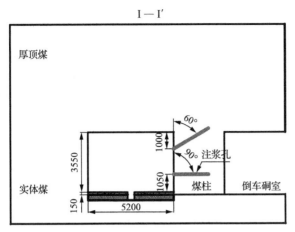

(b) 正视图(单位：mm)

图 5-18　3m 煤柱收窄段注浆方案

### 3. 煤柱收窄段混凝土人工墙体加固方案

针对布置有调车硐室与水仓的 8211 区段收窄段煤柱，进一步使用混凝土人工墙强化控制煤柱稳定性。混凝土墙体参数：混凝土墙体尺寸长×宽×高分别为 10000mm×500mm×4200mm；墙体地基开挖深度 500mm，墙顶紧贴巷道顶板；本次使用所有锚杆长度 2000mm，直径 20mm；煤柱帮锚杆间排距为 1000mm×1000mm；顶底板锚杆间排距 250mm×1000mm；横纵筋直径均为 16mm。收窄段煤柱帮锚杆安装深入煤体深度 1500mm；浇筑混凝土强度等级 C30，煤柱收窄段混凝土人工墙体加固具体方案及参数如图 5-19 所示。

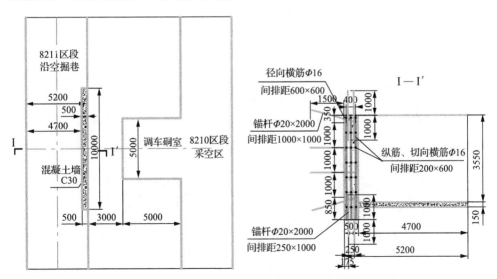

图 5-19　煤柱收窄段混凝土人工墙体加固方案(单位：mm)

### 5.3.2　掘巷阶段矿压观测

于工程实践段巷道布置三个测站，分别编号为 S-1#、S-2#和 S-3#，测站间隔距离 40m，其中 S-3#测站布置于煤柱收窄段。分别对每个测站进行巷道围岩变形量、顶板离层值以及帮部锚杆索受力监测，其中 S-3#测站因煤柱帮无锚索支护且锚杆未外露，因此不进行锚杆索受力监测。

**1. 围岩收敛监测**

图 5-20 为掘巷阶段三个测站中巷道围岩变形量及其变形速率。

（1）巷道开掘初期，围岩变形速率较大，尤其是煤柱帮与实体煤帮，在巷道开掘约 28 天围岩变形稳定。上述规律表明，固帮护巷围岩控制技术实现了对初期开掘巷道围岩让压而后期强力控制的目的。

（2）测站 S-1#中煤柱帮、实体煤帮以及顶底板稳定后变形量分别为 155mm、140mm、105mm 和 53mm，测站 S-2#则分别为 145mm、135mm、99mm 和 60mm，由此可知掘巷阶段煤柱帮变形量最大，其次为实体煤帮，而后是顶板，底板的变形量最小。上述数据表明，固帮护巷技术使得掘巷阶段围岩稳定性整体可控。

（3）3m 煤柱收窄段测站 S-3#中，围岩变形大小为实体煤帮>顶板>底板>煤柱帮，且煤柱帮稳定后变形量仅 9mm。同时对比测站 S-1#和测站 S-2#围岩变形可知，3m 煤柱收窄段巷道实煤帮与顶底板变形量均小于 8m 煤柱段巷道围岩变形，说明"锚杆支护+注浆加固+混凝土人工墙体"联合控制技术加固收窄段煤柱使得该区段巷道围岩得到很好的控制。

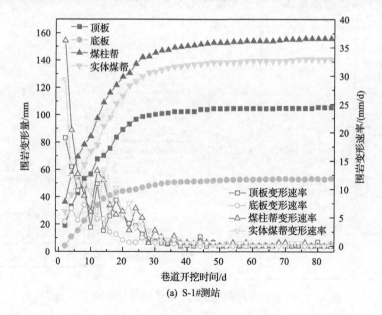

(a) S-1#测站

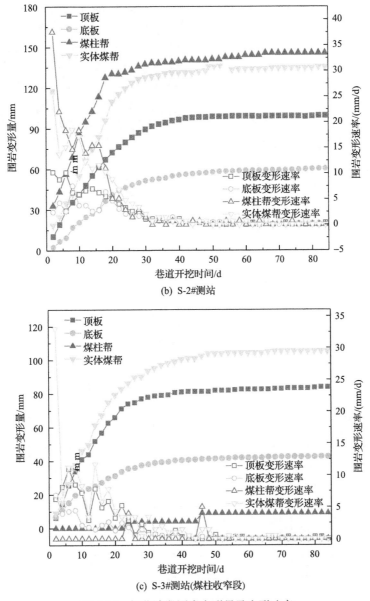

(b) S-2#测站

(c) S-3#测站(煤柱收窄段)

图 5-20　掘巷阶段围岩变形量及变形速率

## 2. 顶板离层监测

顶板离层仪(图 5-21)布置于沿空掘巷顶板中线，浅基点深度 2.6m，深基点深度 8.3m。

掘巷阶段三个测站顶板离层情况如图 5-22 所示，呈现如下规律。

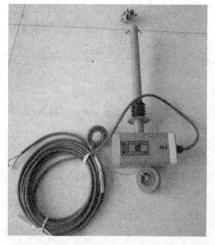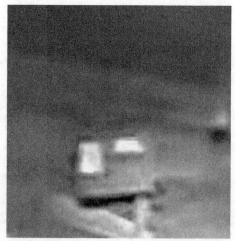

图 5-21　顶板离层仪

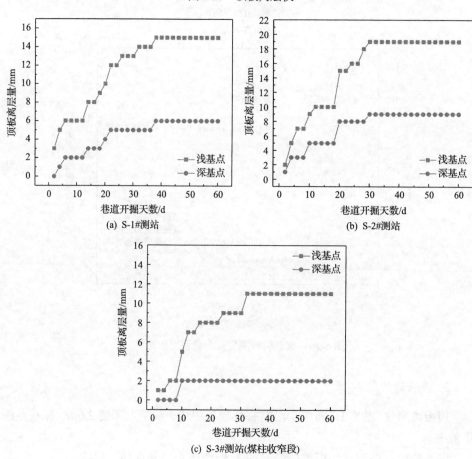

(a) S-1#测站　　　　　　　　　　　　　　(b) S-2#测站

(c) S-3#测站(煤柱收窄段)

图 5-22　掘巷阶段顶板离层量

(1)深浅基点顶板离层规律相似,均呈现台阶状增长。开掘初期顶板深部基点离层值与浅部基点相差较小,随巷道开掘时间增加深浅基点离层值不断增大,约30天达到稳定。上述规律表明,顶板厚顶煤浅部更易发生离层破坏,而深部煤体相对稳定。

(2)三个测站浅部基点稳定后的平均离层量为15mm,仅为初始支护下顶板浅基点40天内平均离层量(31.5mm)的47%,说明在未改变顶板支护的条件下科学控制巷帮围岩稳定性,可使得顶板浅部离层量得到显著减小。

3. 帮部锚杆索受力监测

图 5-23 为掘巷阶段帮部锚杆索受力,由图可知:

(1)掘进面距测站 30m 范围内,帮部锚杆索受力不断增大,而后保持稳定,表明巷帮锚杆索可快速承载进而控制帮部煤体变形。

(2)实体煤帮锚杆与锚索受力均大于煤柱帮,表明实体煤帮所承担荷载大于煤柱帮,上述规律与第4章中煤体侧向应力研究结果一致。

(3)两个测站中,实体煤帮与煤柱帮稳定后的锚索最大受力分别为 205kN、147kN,而锚杆最大受力分别为 111kN、78kN,均未超过锚杆索锚固力以及构件屈服强度。

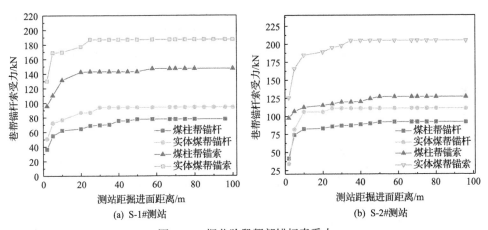

(a) S-1#测站　　　　　　　(b) S-2#测站

图 5-23　掘巷阶段帮部锚杆索受力

### 5.3.3　回采阶段矿压观测

1. 围岩收敛量

沿空煤巷布置的主要目的是为工作面回采时的生产、通风、运输和行人服务,因此对沿空煤巷回采阶段围岩变形考察尤为重要,图 5-24 为三个测站回采阶段巷道围岩变形,由图可知:

（1）回采面距测站 67m 时，工作面采动开始影响测站位置的巷道围岩。随着回采面逐渐接近，工作面超前支承应力和采动动压对围岩影响增大，继而围岩变形量逐渐变大。回采面距测站 0～15m 时，底板鼓起量急剧加大，表明特厚煤层综放强采动应力作用于煤柱与实体煤并向底板传递，导致底板鼓起量较大。

（2）回采期间，S-3#测站煤柱帮最大变形量为 58mm，且实体煤帮、顶板和底板变形量相较 S-1#和 S-2#测站变形均较小，表明新的围岩控制措施有效保障了回采阶段煤柱收窄段巷道围岩变形。

（3）回采期间，三个测站中，煤柱帮、实体煤帮以及顶底板最大变形量分别为 350mm、324mm、270mm 和 249mm，可满足巷道回采期间正常使用，表明固帮护巷技术可保障沿空煤巷回采期间围岩整体稳定。

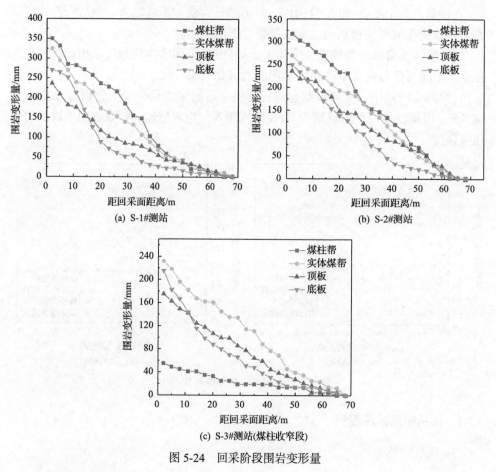

图 5-24　回采阶段围岩变形量

## 2. 顶板离层监测

回采阶段顶板离层量如图 5-25 所示，由图可知：

(1)顶板深、浅基点厚顶煤离层规律相近，随着远离回采面，均表现台阶式减小。工作面推进距测站 60m 时，顶板离层量开始受采动影响，与围岩表面变形规律相似，离工作面越近，顶板离层量越大。

(2)三个测站距回采面 2m 时，深、浅基点平均顶板离层量分别为 29mm 和 11mm，分别较掘巷阶段增长 14mm 和 5.3mm，表明回采阶段工作面采动影响对巷道顶板浅层厚顶煤影响更大。

(3)三个测站中，顶板浅基点顶板离层量最大值为 37mm，深基点最大值为 14mm，以上数据均表明回采阶段顶板离层量在可控范围内，说明固帮护巷技术有效保障了回采期间顶板稳定性。

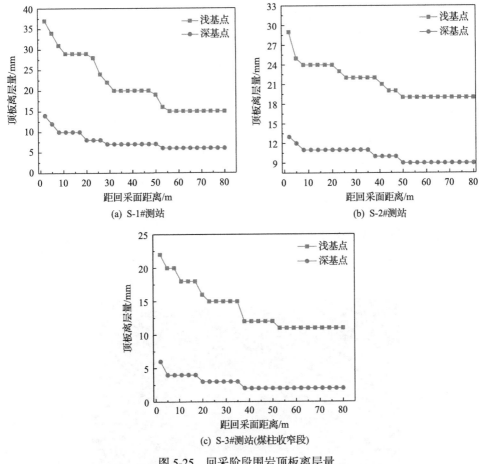

图 5-25　回采阶段围岩顶板离层量

**3. 帮部锚杆索受力监测**

图 5-26 为回采阶段沿空掘巷帮部锚杆索受力，由图可知：

(1)测站距回采面0~20m时锚杆索受力显著下降，表明距回采面较近时，锚杆索支护煤体受采动影响发生损伤，使得锚杆索与破碎煤体之间耦合性减弱，所受力降低。

(2)回采期间，实体煤帮锚杆与锚索受力大于煤柱帮锚杆与锚索，表明回采时实体煤帮仍承载较大作用力。

(3)测站距回采面20~40m时锚杆索受力显著升高，并在30m左右形成峰值，表明该区域煤体受到超前支承应力影响，锚杆索承载较大作用力，但仍在锚杆索屈服范围内，而在回采面距离测站大于70m时锚杆索受力与掘巷时期趋于一致。

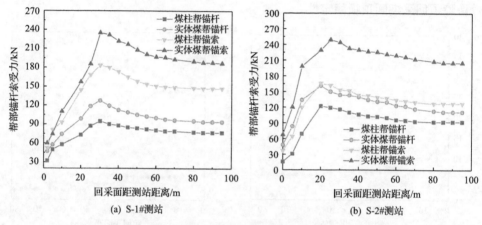

图 5-26   回采阶段帮部锚杆索受力

综合上述特厚煤层综放开采窄煤柱沿空掘巷矿压观测结果可知，采取固帮护巷技术控制沿空掘巷围岩后，掘进与回采阶段的巷道状况良好，围岩变形与稳定性整体可控，如图 5-27 所示，可满足通风、行人、生产和安全要求。

图 5-27   围岩控制效果

# 参 考 文 献

[1] Jiang L S, Zhang P P, Chen L J. Numerical approach for goaf-side entry layout and yield pillar design in fractured ground conditions[J]. Rock Mechanics and Rock Engineering, 2017, 50(11): 3049-3071.

[2] 蒋力帅. 工程岩体劣化与大采高沿空巷道围岩控制原理研究[D]. 北京: 中国矿业大学(北京), 2016: 101-118.

[3] 蔡美峰, 何满潮, 刘东燕. 岩石力学与工程[M]. 北京: 科技出版社, 2002.

[4] 陶波, 伍法权, 郭改梅, 等. 西原模型对岩石流变特性的适应性及其参数确定[J]. 岩石力学与工程学报, 2005, 24(17): 3165-3171.

[5] 侯朝炯, 勾攀峰. 巷道锚杆支护围岩强度强化机制研究[J]. 岩石力学与工程学报, 2000, 19(3): 342-345.

[6] Bobet A. Elastic solution for deep tunnels: application to excavation damage zone and rock-bolt support[J]. Rock Mechanics and Rock Engineering, 2009, 42(2): 147-174.

[7] Bobet A, Einstein H H. Tunnel reinforcement with rock-bolts[J]. Tunnelling and Underground Space Technology, 2011, 26(1): 100-123.

[8] 许兴亮, 李俊生, 田素川, 等. 沿空掘巷小煤柱变形分析与中性面稳定性控制技术[J]. 采矿与安全工程学报, 2016, 33(3): 481-485.

# 第6章 石炭系坚硬顶板切顶留巷矿压显现与围岩特性

在石炭系坚硬顶板条件下进行煤炭资源开采时，会发生动载矿压、切顶巷道严重变形，致使坚硬顶板切顶留巷的围岩控制环境显著恶化，甚至造成大量支护结构失效损毁乃至冒顶等强烈矿压显现，对资源安全高效开发形成了严峻挑战。因此，系统研究石炭系坚硬顶板条件下的切顶留巷围岩破坏机理及控制关键技术，具有重要的理论指导与现实意义。本章根据现场勘测结果，得出8201工作面切顶留巷围岩与支护结构的破坏形态、严重程度及矿压显现，明晰矿压显现的"双不对称"特征；介绍石炭系坚硬顶板切顶留巷工作面和巷道矿压显现特征，分析石炭系坚硬顶板切顶留巷围岩破坏的影响因素。

## 6.1 坚硬顶板切顶留巷工作面矿压显现特征

### 6.1.1 切顶留巷工作面矿压监测

#### 1. 大斗沟煤矿地质生产条件

大斗沟煤矿采用综合机械化走向长壁后退式采煤法，留巷方式为切顶预裂爆破沿空留巷，采高为2.4m。研究重点是8201工作面(大斗沟煤矿8201首采工作面)、8206工作面(第二个回采工作面)，研究对象为8201区段运输平巷(8206区段回风平巷)，工作面及巷道布置方式如图6-1所示。其中，8201工作面北东部为山2#煤层盘区巷，北西部为8202工作面(实体煤)，南东部为8206工作面，南西部为山2#煤层可采边界，工作面埋深为450～510m。8201工作面走向长度为1238m，倾向长度为180m，采用切顶卸压自动成巷技术，机采高度为2～3m，采空区采用全部垮落法处理。

8206工作面埋深为423～521m。8206工作面走向长度为1726m，倾向长度为180m，采用切顶卸压自动成巷技术，机采高度为2～3m，采空区采用全部垮落法处理。8201工作面和8206工作面切顶成巷采用定向聚能爆破切顶技术。沿8201工作面回风巷走向长度889～1017m、运输巷走向长度560～629m处，分别揭露了煌斑岩，煌斑岩侵入8201工作面的形态近似为树枝状。山2#煤层顶底板概况，如图6-2所示。

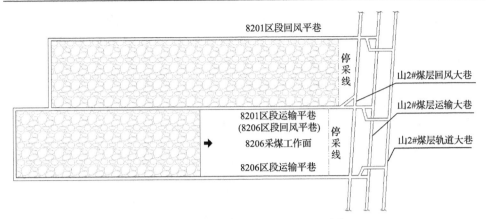

图 6-1　8201 工作面和 8206 工作面巷道布置

| 岩性 | 厚度/m | 性状 | 岩性描述 |
|---|---|---|---|
| 泥岩 | 5.40 | | 黑灰色泥质结构、层状构造 |
| 细砂岩 | 4.60 | | 灰色粉细砂岩、局部夹中粗砂岩、泥岩，层状构造，主要矿物有石英、长石、次棱角状，分选中等，岩心完整 |
| 中粗砂岩 | 13.60 | | 灰白色中粗砂岩、局部夹泥质结构、主要矿物有石英长石、次棱角状、分选中等，胶结物为钙质，岩心较完整 |
| 泥岩、粉砂质泥岩、局部煌斑岩 | 2.00 | | 黑灰色、泥质结构 |
| 山2#煤层 | 2.40 | | 黑色、沥青光泽、层状构造 |
| 细砂岩 | 0.87 | | 深灰色细砂岩、细粒状结构 |
| 泥岩 | 5.8 | | 黑灰色泥质结构、层状构造 |

图 6-2　山 2#煤层顶底板概况

顶板物理力学参数是评价围岩稳定性的重要指标，对明晰顶板破断失稳特征、评估围岩变形特性具有重要指导[1-3]。根据岩样力学参数试验，结合相关工程岩体分级标准[4,5]，计算得出粉砂质泥岩、煌斑岩、细砂岩、粗粒砂岩的岩体基本质量指标为 349.87、621.5、392.72、603.77，基本质量级别分别为Ⅳ、Ⅰ、Ⅲ、Ⅰ类，岩石基本质量特征分别为较坚硬岩(岩体较破碎)、坚硬岩(岩体完整)、较坚硬岩(岩体较完整)、坚硬岩(岩体完整)，可见山 2#煤层顶板属于坚硬顶板。

2. 工作面矿压监测方案

矿压监测是分析工作面上覆顶板运动规律的重要依据，对优化工作面矿压管理具有重要指导意义。8201工作面采用无煤柱开采矿山压力监测系统。矿压监测包括：①顶板压力与液压支架下缩量监测，分别安装监测仪在工作面上部、中部、下部编号为3#、11#、19#、27#、35#、43#、51#、59#、67#、75#、83#、91#、99#、107#、115#的液压支架上，收集支架受载数据，分析液压支架受载特征；②安装矿用数字压力表，对液压支架压力表进行实时监测。在调度台终端调度监测数据，为分析工作面矿压显现特征奠定工作基础。具体监测系统仪器布置信息，如图6-3所示。

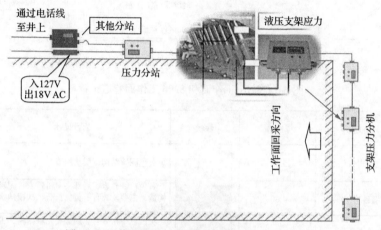

图6-3　工作面顶板动态监测系统仪器布置示意图

### 6.1.2　切顶留巷工作面矿压显现分析

通过矿压监测系统，统计分析液压支架最大工作阻力、循环末阻力监测数据，获得液压支架最大工作阻力变化规律、循环末阻力变化规律。

1. 支架最大工作阻力变化规律

统计分析3#、11#、19#、27#、35#、43#、51#、59#、67#、75#、83#、91#、99#、107#、115#液压支架最大工作阻力，其中3#、11#、19#、27#、35#液压支架位于8201工作面回风平巷侧（未切顶侧），83#、91#、99#、107#、115#液压支架位于8201工作面运输平巷侧（切顶侧）。

由图6-4可知，未切顶侧的液压支架最大工作阻力分布在24～32MPa，多数最大工作阻力大于28MPa，峰值为34.21MPa，平均值为25.7MPa。切顶侧的液压支架最大工作阻力分布在18～26MPa，多数最大工作阻力大于26MPa，峰值为27.4MPa，平均值为23.5MPa。对于来压频次和最大工作阻力变化，相比未切顶侧支架最大工作阻力，切顶侧支架最大工作阻力变化幅度更平缓，来压频次相对更频繁、来压间隔时间相对较短。这充分说明了切顶有效切断了应力传递，充分释放了顶板内积聚的弹性能，有效降低了工作面液压支架荷载。

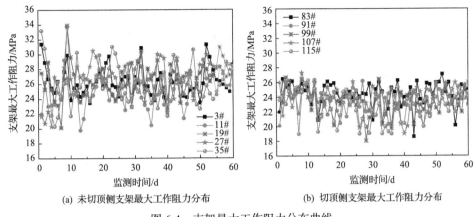

(a) 未切顶侧支架最大工作阻力分布　　　　(b) 切顶侧支架最大工作阻力分布

图 6-4　支架最大工作阻力分布曲线

## 2. 循环末阻力变化规律

工作面推进 180m 范围内的支架循环末阻力分布，如图 6-5 所示。未切顶侧和工作面中部的液压支架循环末阻力多数大于 28MPa，顶板来压明显且来压步距较长。切顶侧的液压支架循环末阻力较小，多小于 26MPa。结果表明切顶侧液压支架受载小于未切顶侧液压支架。与支架最大工作阻力相比，液压支架循环末阻力同样表明了工作面矿压显现具有不对称性特征，即切顶侧矿压显现较弱，而工作面中部和未切顶侧矿压显现较严重。

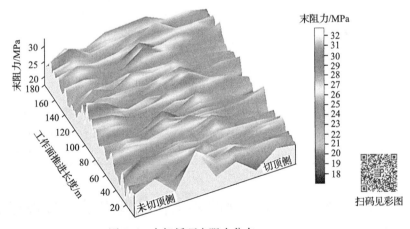

扫码见彩图

图 6-5　支架循环末阻力分布

根据工作面液压支架最大工作阻力、循环末阻力变化曲线，结合顶板来压步距及动载系数分析，可知 8201 工作面矿压显现具有以下规律。

(1)工作面矿压显现表现为工作面上部(未切顶侧)和中部来压明显且来压强度较大，工作面下部(切顶侧)来压强度较小。在工作面上部，基本顶周期来压步距平均值为 40.6m；在工作面中部，基本顶周期来压步距平均值为 33.8m；在工作面下部，基本顶周期来压步距平均值为 29.7m。基本顶周期来压步距大小呈现工作面上部＞工作面中部＞工作面下部的特点。

（2）来压强度呈现工作面中部最大，其次为工作面上部，工作面下部最小的特点。综上分析，切顶卸压无煤柱开采工作面矿压显现规律具有显著的不对称特征，即切顶侧矿压显现明显小于工作面中部和未切顶侧。究其原因，8201 工作面运输平巷为切顶留巷，切顶预裂爆破对工作面上方顶板进行了卸压，顶板在工作面来压前已形成了切顶卸压结构，因而切顶侧工作面矿压显现并不强烈。工作面顶板来压分析结果见表 6-1。

**表 6-1　工作面顶板来压分析结果**

| 分区 | 分站编号 | 工作阻力平均值/MPa | 均方差/MPa | 最大判据/MPa | 周期来压步距/m | | | | 非来压期间末阻力/MPa | 来压期间末阻力/MPa |
|---|---|---|---|---|---|---|---|---|---|---|
| | | | | | 第 1 次 | 第 2 次 | 第 3 次 | 第 4 次 | | |
| 上部 | 1# | 23.68 | 3.01 | 26.69 | 27 | 30 | 27 | — | 23.71 | 28.54 |
| | 2# | 23.89 | 3.27 | 27.16 | 45 | 42 | 69 | — | 23.88 | 28.65 |
| | 3# | 25.98 | 2.74 | 28.72 | 54 | 54 | — | — | 26.08 | 30.08 |
| | 4# | 25.84 | 3.15 | 28.99 | 21 | 42 | 24 | — | 26.21 | 30.22 |
| | 5# | 25.23 | 2.31 | 27.54 | 30 | 60 | — | — | 24.72 | 28.76 |
| 中部 | 6# | 24.63 | 4.26 | 28.89 | 27 | 30 | 51 | 45 | 25.23 | 30.63 |
| | 7# | 25.43 | 2.72 | 28.15 | 33 | 27 | 57 | — | 25.59 | 29.93 |
| | 8# | 24.97 | 2.56 | 27.62 | 30 | 24 | 42 | — | 24.46 | 29.2 |
| | 9# | 25.76 | 2.61 | 28.37 | 42 | 36 | 45 | — | 25.4 | 30.22 |
| | 10# | 25.7 | 2.77 | 28.47 | 36 | 33 | 30 | — | 25.94 | 30.13 |
| 下部 | 11# | 24.29 | 2.25 | 26.54 | 27 | 27 | 21 | 30 | 24.33 | 27.55 |
| | 12# | 23.49 | 2.01 | 25.5 | 21 | 42 | 12 | 54 | 23.27 | 26.3 |
| | 13# | 22.94 | 2.16 | 25.1 | 21 | 30 | 15 | 45 | 22.84 | 26.17 |
| | 14# | 24.2 | 2.13 | 26.33 | 30 | 27 | 42 | 36 | 23.96 | 27.61 |
| | 15# | 22.42 | 2.63 | 25.05 | 27 | 42 | 36 | — | 21.92 | 25.98 |

## 6.2　坚硬顶板切顶留巷工作面巷道矿压显现特征

### 6.2.1　切顶留巷工作面巷道矿压监测方案

为明晰石炭系坚硬顶板切顶留巷工作面巷道矿压显现规律，以 8201 区段运输平巷为研究背景，对巷道围岩变形、超前支承应力、顶板裂隙发育、锚杆(索)受力进行现场监测。巷道矿压监测方案如下。

### 1. 巷道围岩变形

至 8201 区段运输平巷里程 620m 处(即距工作面开切眼 618m 处)起，往工作面推进方向共布置 4 个测站，测站间距 50m。巷道围岩变形监测断面与工具，如图 6-6 所示。测点布置和监测数据收集过程如下：①分别在巷道顶板、底板安装铁钉，顶底板上的木钉安装在距切顶侧帮部 1m 处和距未切顶侧帮部 2m 处；②监测过程中，顶底板采用激光测距仪、钢卷尺测绳监测；③研究人员和矿方专业技术人员共同完成监测数据的采集和统计分析工作，每 2 天监测 1 次。监测过程直至 8201 工作面推过测站。

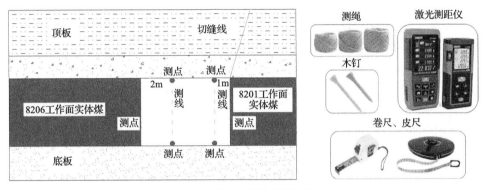

图 6-6　测点布置与监测工具

### 2. 超前支承应力

监测采用 GYW 型围岩应力传感器，明确超前支承应力峰值位置和影响范围。超前支承压力测站布置详情见表 6-2。至 8201 区段运输平巷里程 800m 处(即距工作面开切眼 798m 处)起，往工作面推进方向布置 2 个测站，测站间距 50m。测点布置和监测数据收集过程如下：①巷道底板 1m 处布置测站，每个测站布置 3 个测点，测点间距 5m，测点深度分别为 6m、10m、13m，测点角度平行于巷道底板且

表 6-2　超前支承压力测站布置

| 测站 | 位置 | 钻孔编号 | 倾角/(°) | 深度/m | 距离底板高度/m | 钻孔直径/mm |
|---|---|---|---|---|---|---|
| 1#测站 | 里程800m处 | 1-1 | 0 | 6 | 1.0 | 42 |
| | | 1-2 | 0 | 10 | 1.0 | 42 |
| | | 1-3 | 0 | 13 | 1.0 | 42 |
| 2#测站 | 里程850m处 | 2-1 | 0 | 6 | 1.0 | 42 |
| | | 2-2 | 0 | 10 | 1.0 | 42 |
| | | 2-3 | 0 | 13 | 1.0 | 42 |

垂直于实体煤侧；②钻孔应力传感器采用直径为 42mm 的水平钻孔探入安装，仪器安装过程中首先将钻孔打出，使用压水清洗，传感器受力面保持朝上，使用推杆缓慢将传感器推至测量位置；③利用在线监测系统共同完成数据采集与统计分析工作。

3. 顶板裂隙发育

为掌握巷道顶板的裂隙离层发育情况，采用钻孔窥视仪进行观测。当 8206 工作面推进位置与 8201 工作面开切眼位置对齐时，超前于 8206 工作面推进位置25m、37m、45m 处，在 8201 工作面区段运输平巷(8206 工作面区段回风平巷)分别布置 3 个观测钻孔。其中 1#钻孔超前于 8206 工作面推进位置25m，2#钻孔超前于 8206 工作面推进位置 37m，3#钻孔超前于 8206 工作面推进位置 45m。测点布置和监测数据收集过程如下：①如图 6-7 所示，1#钻孔距实体煤帮的距离为 2m，2#钻孔位于巷道顶板中轴线位置，3#钻孔距切顶帮的距离为 1m；②1#、2#、3#钻孔深度分别为 12m、13m、14m，其中 1#、3#钻孔角度分别向实体煤侧、切顶侧偏移 15°，钻孔直径为 42mm，窥视钻孔完成后、待钻孔水洗完毕后 24 小时内观测。

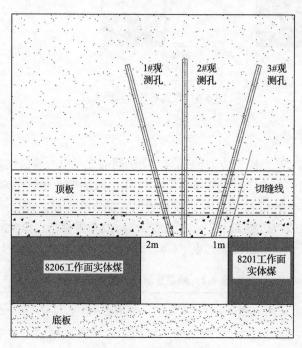

图 6-7　窥视钻孔侧视图

4. 锚杆(索)受力

为分析锚杆(索)在工作面回采期间的受载情况，分别安装锚杆索测力计、顶板离层仪进行监测，以期为巷道围岩支护提供理论依据。如图 6-8 所示，显示具体监测方案(图中 A 为顶板离层仪，B 为锚索测力计，C 为锚杆测力计)。监测方案如下：①分别在 8201 区段运输平巷里程 510m、560m、620m 处(即距工作面开切眼 518m、568m、618m 处)布置 1 个测站，共布置 3 个测站。每个测站布置 1 个锚索测力计、1 个锚杆测力计和 1 个顶板离层仪，沿工作面推进方向，依次为顶板离层仪、锚索测力计、锚杆测力计，测点间距为 5m。②顶板离层仪，钻孔长度为 8.5m，深基点 8m，浅基点 3m，钻孔直径为 32mm；锚索测力计，钻孔长度为 7.5m，钻孔直径 28mm；锚杆测力计，钻孔长度 2.5m，钻孔直径 28mm；顶板离层监测采用 GUW240W 型矿用本安型移动传感器，锚杆(索)受力监测采用 GMY30W 型矿用本安型锚杆索应力传感器。③研究人员与矿方专业技术人员采用红外线监测采集仪每 7 天采集 1 次数据，共同完成数据分析工作。

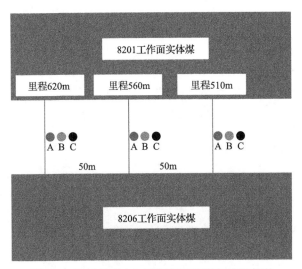

图 6-8　锚杆索受力与顶板离层监测布置示意图

## 6.2.2　切顶留巷工作面巷道矿压显现分析

通过实施石炭系坚硬顶板切顶留巷工作面巷道矿压显现监测方案，获得了巷道围岩变形、超前支承应力分布、顶板裂隙发育、锚杆(索)受力、顶板离层等观测数据。经数据分析，巷道矿压显现规律总结如下。

### 1. 巷道围岩变形

巷道顶板位移量监测曲线，如图 6-9 所示。可知，1#测站的实体煤侧顶板、顶板中部、切顶侧顶板的位移量分别为 162mm、420mm、460mm；2#测站的实体煤侧顶板、顶板中部、切顶侧顶板的位移量分别为 660mm、805mm、950mm；3#测站的实体煤侧顶板、顶板中部、切顶侧顶板的位移量分别为 400mm、595mm、

760mm；4#测站的实体煤侧顶板、顶板中部、切顶侧顶板的位移量分别为335mm、460mm、560mm。总结得出以下规律：①切顶侧顶板位移量＞顶板中部位移量＞实体煤侧顶板位移量，巷道顶底板位移量以巷道中轴线为基准，呈现显著的不对称特征。切顶侧顶板位移量最大，这是由于切顶作用使得顶板结构形成切顶短臂梁结构。由于切顶短臂梁结构回转下沉，间接导致切缝侧顶板位移量较大。②从监测时间来看，巷道掘进初期特别是监测15天内，顶板位移量呈逐步持续增长态势。1#、2#、3#、4#测站的巷道顶板位移量迅速增长期分别为17天、19天、32天、22天。顶板位移量具有初期阶段快速持续增加、中后期趋于稳定的特点。

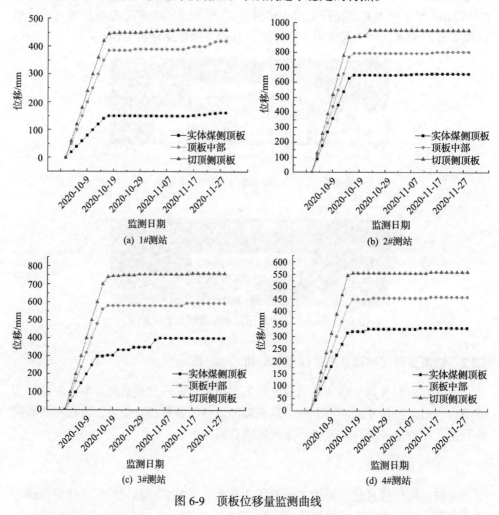

图 6-9 顶板位移量监测曲线

## 2. 超前支承应力分布

超前支承应力分布实测曲线，如图6-10所示。随着工作面推进位置不断靠近测站，1#和 2#测站中 6m 钻孔的实测曲线缓慢增加，超前支承应力变化并不明显，应力分别保持在 14MPa、12MPa 左右。直至工作面推进位置距离钻孔约 25m 时，超前支承应力突然下降。当工作面推进位置距测站约 37m 时，应力开始快速上升，此时应力增加至约 26.3MPa。13m 钻孔的实测曲线变化介于两者之间，变化趋势与 10m 钻孔基本相同。通过分析可知，超前支承应力影响范围在 0～50m，峰值影响范围位于工作面前方约 37m 处，为确定巷道超前支护长度提供了理论依据。

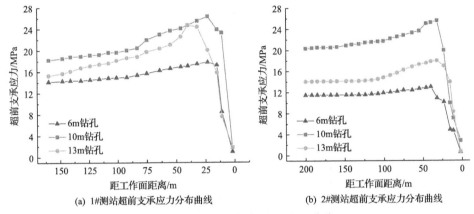

(a) 1#测站超前支承应力分布曲线　　　　(b) 2#测站超前支承应力分布曲线

图 6-10　超前支承应力分布实测曲线

### 3. 顶板裂隙发育

为探明 8201 区段运输平巷(8206 区段回风平巷)在二次复用期间的顶板裂隙发育情况，定量判断巷道顶板稳定性。依据钻孔窥视方案对巷道顶板裂隙发育情况进行观测。通过分析钻孔窥视观测结果，二次复用期间的顶板裂隙发育形式主要为纵向裂隙、横向裂隙及环向破碎带、离层，如图 6-11 所示。

(1)通过对 1# 观测钻孔进行窥视，发现顶板以上 0.1m、0.3m、0.7m、0.9m、1.0m、2.0m、2.5m 处离层明显，2.7m、3.1m 处纵向裂隙发育，3.5m、3.8m 处离层明显，3.8～6.9m 范围内围岩较为完整，6.9m 处纵向裂隙发育，7.1m 处围岩破碎，7.5m、8.0m、8.3m、9.0m、10.8m 处纵向裂隙发育。整体来看，围岩以浅部离层为主，发育范围为 3.8m 以下。6.9m 以上多发育纵向裂隙。通过窥视 2# 观测钻孔，发现顶板以上 0.4m、0.8m、1.3m 处离层明显，1.5m、1.8m 处纵向裂隙发育，2.2m 处离层明显，2.5m、3.0m、3.3m 处围岩破碎，3.6m、4.2m、5.2m 处纵向裂隙发育，5.5m、5.9m 处离层明显，6.2m 处纵向裂隙发育，6.4m 处围岩破碎，7.1m 处纵向裂隙发育，7.6m 以上围岩较完整。通过窥视 3# 观测钻孔，发现顶板以上 0.2m、0.3m、0.7m 处离层明显，1.0m 处纵向裂隙发育，1.3m、1.5m、1.8m、2.0m、2.7m、3.0m、3.6m、4.0m、4.3m、4.8m、5.0m、5.8m 处离层明显，7.5m、8.9m、10.7m 处纵向裂隙发育，11.5m 处以上围岩完整。

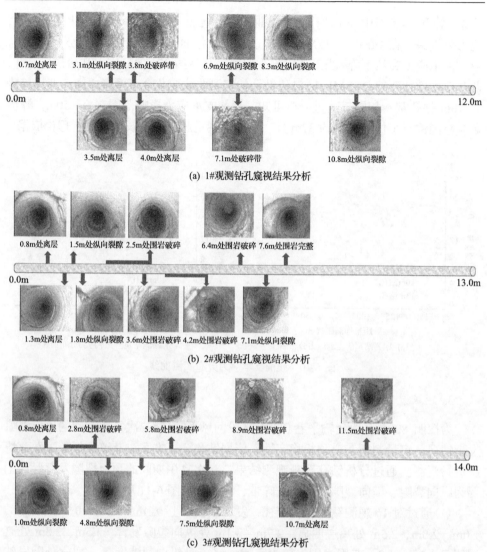

(a) 1#观测钻孔窥视结果分析

(b) 2#观测钻孔窥视结果分析

(c) 3#观测钻孔窥视结果分析

图 6-11　观测钻孔窥视结果分析

(2)通过分析 3 个观测钻孔的窥视图像，发现目前顶板浅部破坏形式以离层、纵向裂隙和破碎带为主，主要分布在顶板 6m 以下范围内。顶板深部以纵向裂隙为主，部分钻孔存在破碎带。8～11m 范围内的顶板围岩相对较完整，但发育有竖向裂隙、破碎带。

4. 顶板离层

为明晰锚杆(索)受力与顶板离层情况，在 8201 区段运输平巷(8206 区段回风平巷)二次复用期间，安装了锚杆索测力计、顶板离层仪。监测时间从 2020 年 12

月 23 日至 2021 年 3 月 2 日，用于收集监测数据便于分析，评价原始支护方案的适应性，分析如下。

如图 6-12 所示，1# 顶板离层仪监测得到的深部离层曲线具有跳跃式特点，最大值为 17mm，最后趋于稳定值 9mm。浅部没有发生离层，顶板浅部相对完整。说明 8201 区段运输平巷(8206 工作面区段回风平巷)在二次复用期间，受 8206 工作面二次采掘扰动影响，顶板活动处于活跃阶段。2# 顶板离层仪监测得到的深部离层值最大值为 5mm，浅部离层量最大值为 3mm。3# 顶板离层仪监测得到的深部离层值由最初的 3mm 逐步增大至 27mm，呈现不断增长的特点，说明此处顶板在 8206 工作面二次采掘扰动影响下，深部离层不断增加，影响了顶板稳定性。浅部离层量稳定值为 7mm。通过上述分析，可知顶板深部离层量在 2~27mm，最大值为 27mm；浅部离层量在 0~8mm，最大值为 8mm。总体来看，8201 区段运输平巷(8206 区段回风平巷)在二次复用期间，8206 工作面采掘扰动一定程度影响了顶板稳定性。

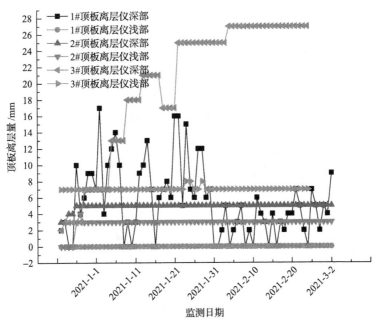

图 6-12 顶板离层监测曲线

5. 锚杆(索)受载

1)锚索受载情况

如图 6-13(a)所示，通过对 8201 区段运输平巷(8206 区段回风平巷)的锚索受力进行实时监测，监测得出 1#、2#、3#锚索受力计的锚索受力值。其中 1# 锚索和 2# 锚索的受力监测曲线变化较为平稳，呈缓慢增长。1# 锚索和 2# 锚索的受力稳定值分别为 19kN 和 49kN。3# 锚索监测曲线变化分为两个阶段，第一阶段为缓慢增长阶段（2020 年 12 月 23 日至 2021 年 1 月 30 日），第二阶段为快速增长阶段（2021 年 1 月 31 日至 2021 年 2 月 24 日）。3# 锚索的受力最终值为 98kN。

依据有关矿用锚索标准[6,7]，钢绞线直径为 $\Phi$17.8mm 时的锚索设计承载能力为 320kN；钢绞线直径为 $\Phi$17.8mm 时的锚索设计破断力为 355kN。8201 区段运输平巷（8206 区段回风平巷）支护使用的锚索规格型号为 $\Phi$17.8mm×9300mm，破断力为 355kN。监测得到的锚索受力值为 98kN，说明锚索在当前采掘环境下并未破断。

2）锚杆受载情况

如图 6-13（b）所示，通过分析锚杆受载监测数据，1# 锚杆测力计监测得到的锚杆受力值为 15kN，2# 锚杆测力计监测得到的锚杆受力值为 13kN，3# 锚杆测力计监测得到的锚杆受力值为 60kN。根据经验取值，一般选取锚杆破断力的 60%～70% 作为锚杆破断的预警值，如果锚杆受载高于破断力，则锚杆将在达到材料屈服强度后发生破断。

8201 区段运输平巷（8206 区段回风平巷）支护使用的锚杆规格型号为 $\Phi$22mm×2500mm 的锚杆。根据国家标准，锚杆破断力取值一般为设计锚固力的 60%～70%，因此取值为 48～56kN。通过分析可知，1#、2# 锚杆受载均小于破断力，锚杆仍能起到良好的支护作用。而 3# 锚杆的受力值达到了 60kN，说明 3# 锚杆支护性能显著降低，可知 8206 工作面采掘扰动对锚杆影响较大。

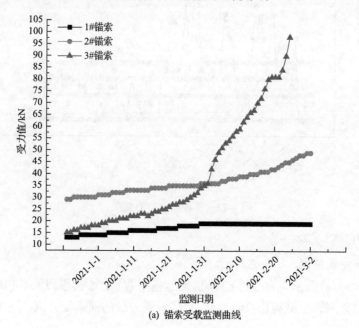

(a) 锚索受载监测曲线

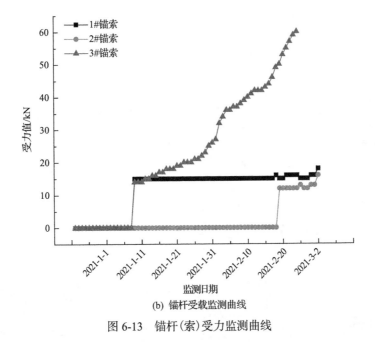

(b) 锚杆受载监测曲线

图 6-13　锚杆(索)受力监测曲线

## 6.3　坚硬顶板切顶留巷工作面及巷道围岩特性

工作面矿压显现和巷道矿压显现具有"双不对称"特征,具体表现为:工作面上部(未切顶侧)和中部来压明显且来压强度较大,工作面下部(切顶侧)来压强度较小,来压强度为工作面中部＞工作面未切顶侧＞工作面切顶侧。靠近实体煤侧的顶板下沉量小,而靠近切顶侧和顶板中部的顶板下沉量大,顶板下沉量为巷道切顶侧＞巷道顶板中部＞巷道实体煤侧。

### 6.3.1　切顶留巷超前支护段矿压显现情况

受超前支承压力及二次采掘扰动的综合影响,8201 区段运输平巷(8206 区段回风平巷)超前支护段出现了不同程度的顶板下沉、支护结构损毁、巷道底鼓等现象。研究人员在 2020 年 8 月 11 日至 20 日期间对 8201 工作面切顶留巷进行了现场勘察,详细情况如下。

8201 区段运输平巷(8206 区段回风平巷)超前支护段 43m 范围内的围岩变形具有非对称破坏特征,即靠近切顶侧和实体煤侧的顶板下沉量分别约为 1.0m 和0.58m,底板鼓起量分别为 0.28m 和 0.05m。可见与靠近实体煤侧顶底板移近量相比,靠近切顶侧顶底板移近量更大。

1. 围岩破坏较严重

图 6-14 是巷道超前支护段围岩破坏情况，巷道顶板局部破碎，底鼓变形严重，单体支柱出现穿底现象。

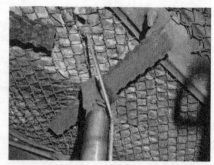

(a) 巷道顶板破坏实景

(b) 巷道底鼓实景

图 6-14　超前支护段围岩破坏实景

2. 支护结构损毁严重

支护结构损毁具体表现为：钢带断裂弯折、锚杆索脱落失效、顶板出现明显断裂线、U29 型钢折弯。部分钢带断裂弯折，失去了实质护顶作用。部分锚杆（索）丧失了锚固悬吊作用。部分 U29 型钢断裂折弯失去了挡矸作用。

8201 区段运输平巷（8206 区段回风平巷）超前支护段顶板浅部破坏形式以离层、纵向裂隙和破碎带为主，主要分布在顶板 6m 以下范围。顶板深部以纵向裂隙为主，存在部分破碎带。8～11m 范围内的顶板相对较完整，但发育有纵向裂隙、破碎带。超前支承应力峰值影响范围位于工作面前方约 37m 处。矿压显现表现形式为钢带断裂弯折、锚杆（索）脱落失效、顶板出现明显断裂线、U29 型钢折弯等（图 6-15）。

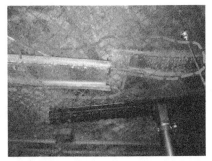

(a) 钢带断裂弯折

(b) 锚杆(索)脱落失效

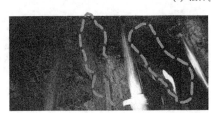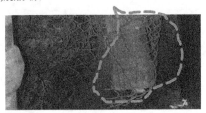

(c) U29型钢弯折

图 6-15　超前支护段支护结构破坏实景

### 6.3.2　切顶留巷工作面采空区悬顶情况

通过分析原始切顶预裂爆破工艺的坚硬顶板切顶情况,对 8201 区段运输平巷 (8206 区段回风平巷)沿工作面走向 0～700m 的悬顶位置、悬顶面积进行现场勘测,见表 6-3 和图 6-16。悬顶长度最大为 25m,悬顶进深(悬顶在碎石帮一侧到悬顶在采空区另一侧的长度)最大为 10m,悬顶面积最大可达 250m$^2$。

表 6-3　8201 工作面采空区内坚硬顶板悬顶统计

| 序号 | 距开切眼距离/m | 距离段/m | 悬顶长度/m | 悬顶进深/m | 悬顶面积/m$^2$ |
|---|---|---|---|---|---|
| 1 | 129 | 135～123 | 12 | 6 | 72 |
| 2 | 178 | 180～177 | 3 | 3 | 9 |

| 序号 | 距开切眼距离/m | 距离段/m | 悬顶长度/m | 悬顶进深/m | 悬顶面积/m² |
|---|---|---|---|---|---|
| 3 | 199 | 203~195 | 8 | 3 | 24 |
| 4 | 222 | 225~219 | 7 | 3 | 21 |
| 5 | 251 | 259~237 | 22 | 2.5 | 55 |
| 6 | 290 | 298~285 | 14 | 2~4 | 28~64 |
| 7 | 300 | 321~311 | 10 | 4~5 | 40~50 |
| 8 | 330 | 339~321 | 18 | 8 | 144 |
| 9 | 415 | 428~403 | 25 | 10 | 250 |
| 10 | 443 | 447~439 | 8 | 5~6 | 40~48 |
| 11 | 454 | 458~450 | 8 | 5~6 | 40~48 |
| 12 | 465 | 473~463 | 10 | 2~3 | 20~30 |
| 13 | 495 | 498~489 | 9 | 3 | 27 |
| 14 | 510 | 517~509 | 8 | 3~4 | 24~32 |
| 15 | 540 | 548~538 | 10 | 3 | 30 |
| 16 | 667 | 674~661 | 13 | 5~6 | 65~78 |

图 6-16　采空区内坚硬顶板悬顶实景

### 6.3.3　切顶留巷预裂爆破情况

8201 工作面巷道切顶预裂爆破原始参数为：切顶角度为 15°，切顶长度为 8.1m，切顶孔间距为 0.5m。采用双向聚能管，聚能管外径为 42mm，内径为 36.5mm，长度为 1500mm。采用煤矿许用三级乳化炸药，规格为 $\Phi$35mm×300mm/卷。采用瞬发电雷管，水炮泥封孔，装炮泥的炮袋为 $\Phi$38mm×500mm 塑料或纸质炮袋（表 6-4）。通过调研切顶预裂爆破现状，发现切顶预裂爆破效果并不充分，存在预裂爆破未成缝、预裂爆破未破岩、炸帮冲孔严重等现象（图 6-17）。

**表 6-4　8201 工作面切顶预裂爆破原始参数**

| 炮孔间距/mm | 爆破方式 | 聚能管/m | 装药量/卷 | 封泥长度/m |
| --- | --- | --- | --- | --- |
| 500 | 多孔连续爆破 | 1.5+1.5+1.5+1.5 | 2+2+2+1 | 2.1 |
| 500 | 多孔连续爆破 | 1.5+1.5+1.5+1.5 | 3+3+3+3 | 2.9 |
| 500 | 多孔连续爆破 | 1.5+1.5+1.5+1.5+1.5 | 3+3+3+3+3 | 2.8 |

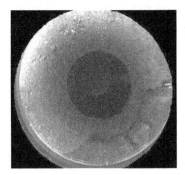 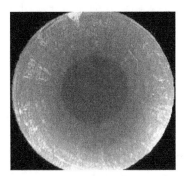

(a) 预裂爆破未成缝　　　　　　　　　　　　(b) 预裂爆破未破岩

图 6-17　原始切顶预裂爆破效果

# 参 考 文 献

[1] 吴顺川, 李利平, 张晓平. 岩石力学[M]. 北京: 高等教育出版社, 2021.

[2] 郑颖人, 刘兴华. 近代非线性科学与岩石力学问题[J]. 岩土工程学报, 1996, (1): 98-100.

[3] 林英松, 葛洪魁, 王顺昌. 岩石动静力学参数的试验研究[J]. 岩石力学与工程学报, 1998, (2): 106-112.

[4] 杜时贵, 许四法, 杨树峰, 等. 岩石质量指标 RQD 与工程岩体分类[J]. 工程地质学报, 2000, (3): 351-356.

[5] Zhang W , Chen J , Cao Z , et al. Size effect of RQD and generalized representative volume elements: A case study on an underground excavation in Baihetan dam, Southwest China[J]. Tunnelling and Underground Space Technology Incorporating Trenchless Technology Research, 2013, 35: 89-98.

[6] 中华人民共和国国家质量监督检验检疫总局, 中国国家标准化管理委员会. 预应力混凝土用钢绞线: GB/T5224-2014 [S]. 北京: 中国标准出版社, 2015: 4.

[7] 北京中煤矿山工程公司, 煤炭工业北京锚杆产品质量监督检验中心. 矿用锚索: MT/T942 2005 [S]. 北京: 中国标准出版社, 2005: 2.

# 第7章　石炭系坚硬顶板切顶留巷围岩态势演变规律

切顶卸压导致切顶留巷顶板发生不对称变形。本章通过物理相似模拟和数值模拟，研究石炭系坚硬顶板巷道切顶时的覆岩破断规律。以偏应力第二不变量和偏应力第三不变量为评价指标，探究石炭系坚硬顶板切顶一次成巷阶段与二次复用阶段时的巷道围岩破坏演化规律，为石炭系坚硬顶板切顶留巷围岩控制提供理论依据。

## 7.1　坚硬顶板切顶留巷围岩态势物理相似模拟

物理相似模拟试验能够直观反映覆岩垮落失稳过程[1]。本节通过物理相似模拟试验，研究切顶时的覆岩破断失稳规律，分析切顶时的覆岩垮落形态与围岩变形特征，以期为切顶留巷围岩控制提供理论依据。

### 7.1.1　物理相似模型建立及监测

#### 1. 物理相似模型构建

物理相似模拟试验以大斗沟煤矿 8201 工作面为研究背景，采用平面应力模拟试验台进行试验。根据山 2#煤层综合柱状图，对照岩层的相应层位与岩性，从下往上搭建模型。在切顶位置处预先放置薄铁片，待开挖时，将薄铁片拔出，进而形成切缝。如图 7-1 所示，模型长×宽×高分别为 240cm×16cm×55cm，模型试验几何相似比为 100，容重相似比为 1.5，应力相似比为 150。

几何相似比 $C_J$ 为

$$C_J = L_0 / L_M = 100 \tag{7-1}$$

容重相似比 $C_\gamma$ 为

$$C_\gamma = \gamma_0 / \gamma_M = 1.5 \tag{7-2}$$

故应力相似比 $C_\sigma$ 为

$$C_\sigma = C_J C_r = 150 \tag{7-3}$$

式中，$L_0$ 为模型几何参数，m；$L_M$ 为原型几何参数，m；$\gamma_0$ 为原型容重参数，kN/m³；$\gamma_M$ 为模型容重参数，kN/m³。

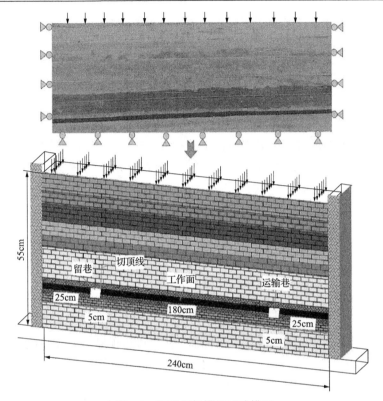

图 7-1　物理相似模拟试验模型

　　巷道高×宽为 5cm×3.6cm，工作面长度为 180cm，回采巷道宽度各 5cm，边界煤柱尺寸为 25cm。岩层厚度及配比，见表 7-1。根据原岩应力大小，对模型上

表 7-1　物理相似模拟材料参数

| 岩性 | 厚度/cm | 质量配比(沙子：水泥：石膏) |
| --- | --- | --- |
| 砂质泥岩 | 7.0 | 16：1：1 |
| 泥质粉砂岩 | 5.0 | 14：1：1 |
| 粗砂岩 | 6.6 | 16：1：1 |
| 泥岩 | 5.4 | 16：1：1 |
| 细砂岩 | 4.6 | 14：1：1 |
| 中粗砂岩 | 13.6 | 12：1：1 |
| 砂质泥岩 | 2.0 | 16：1：1 |
| 细砂岩 | 0.87 | 14：1：1 |
| 泥岩 | 5.8 | 14：1：1 |
| 中粗砂岩 | 4.0 | 12：1：1 |

表面进行应力加载, 计算得出模型表面需要施加的竖直方向荷载为 21.24kN。在试验时, 先开挖运输巷, 再开挖回风巷, 然后进行工作面正常开挖。为观测开挖过程中巷道围岩应力变化, 在铺设模型时埋设应变片, 对开挖过程中的应力进行动态监测。

2. 模型构建与监测点布置

为分析巷道上覆岩层变形规律, 沿铅垂方向在巷道上覆岩层不同层位分别布设位移监测线, 测线 1 距巷道顶板 1cm(巷道上方 1.0m, 直接顶), 测线 2 距巷道顶板 6cm(巷道上方 6m), 测线 3 距巷道顶板 11cm(巷道上方 11m), 测线 4 距巷道顶板 16cm(巷道上方 16m, 基本顶), 测线 5 距巷道顶板 25cm(巷道上方 25m)。通过分析位移监测数据, 探究巷道上方顶板不同层位在工作面开采时的覆岩运动特征。

### 7.1.2　坚硬顶板切顶留巷覆岩运动特征分析

1. 切顶时覆岩运动过程

巷道开挖后, 靠切顶侧进行预裂切缝。从靠近切顶侧帮部开始模拟开挖山 2# 煤层, 当工作面回采 5.7m 时, 直接顶还未完全垮落失稳, 工作面范围内的顶底板有互相移近的趋势, 如图 7-2(b)所示; 当工作面回采 10.8m 时, 靠近切缝的部分直接顶发生初次破断, 垮落至采空区, 直接顶与基本顶发育有较大离层, 远离切顶侧的直接顶呈悬顶状态, 如图 7-2(c)所示; 当工作面回采 15.3m 时, 直接顶再次垮落失稳, 其中工作面顶板在煤壁支撑下形成回转失稳结构, 与煤壁侧直接顶铰接, 直接顶与基本顶之间的离层继续增大, 如图 7-2(d)所示; 当工作面回采 21m 时, 切缝范围内的直接顶继续垮落, 直接顶在采空区内继续垮落压实, 直接顶与基本顶之间的离层持续增大, 靠近切顶侧顶板发生下沉, 巷道顶板呈现 “不对称” 变形, 如图 7-2(e)所示。

随着工作面继续回采, 离层持续向上位岩层发育, 直接顶垮落在采空区内持

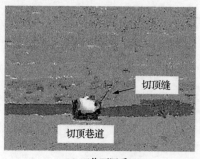
(a) 工作面回采0m

(b) 工作面回采5.7m

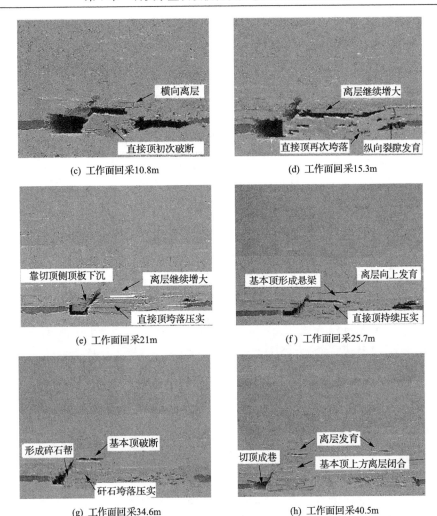

(c) 工作面回采10.8m　　　　　　　　(d) 工作面回采15.3m

(e) 工作面回采21m　　　　　　　　(f) 工作面回采25.7m

(g) 工作面回采34.6m　　　　　　　　(h) 工作面回采40.5m

图 7-2　切顶时覆岩运动过程

续压实，基本顶形成悬臂梁，如图 7-2(f) 所示；当工作面回采 34.6m 时，基本顶发生初次破断，以荷载形式作用在已经垮落的直接顶上，此时巷道靠近切顶侧形成碎石帮，形成切顶成巷，如图 7-2(g) 所示；当工作面回采 40.5m 时，离层继续向上位岩层发育，切顶巷道基本保持稳定，如图 7-2(h) 所示。

2. 切顶时覆岩变形特征

为明晰切顶巷道覆岩变形特征，采集了顶板上方 1m、6m、11m、16m、25m 的顶板下沉监测数据。

当工作面回采 5.7m 时，顶板上方 1m 和 6m 范围内的下沉量分别为 1cm、1.5cm，此时受采掘扰动影响较小，如图 7-3(a) 所示；当工作面回采 10.8m 时，切

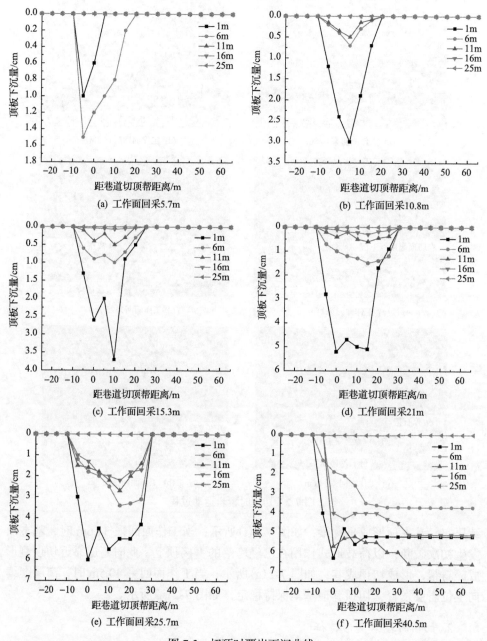

图 7-3  切顶时覆岩下沉曲线

顶侧直接顶初次破断，顶板上方 1m 处的直接顶下沉量突然增大至 3cm，巷道上方 6m 处的顶板下沉量增大至 0.7cm，此时巷道上方 11m 处的岩层开始变形，下沉量为 0.5cm，如图 7-3(b) 所示；随着工作面继续回采至 15.3m 时，直接顶再次垮落导致顶板下沉范围增大，巷道上方 6m 和 11m 处的顶板下沉量分别增大至 1.0cm 和 0.7cm，巷道上方 16m 处（即基本顶层位）开始下沉，如图 7-3（c）所示；当工作面回采 21m 时，采空区内矸石逐渐压实，巷道上方 1m 处的顶板下沉量继续增大至 5cm，采空区上方 6m 和 11m 处的岩层下沉显著，巷道上方 16m 处的顶板下沉量增大至 0.3cm，如图 7-3（d）所示；当工作面回采 25.7m 时，离层持续向上发育，基本顶形成悬梁结构，开始回转下沉，巷道上方 11m 处顶板下沉量增大至 2.7cm，如图 7-3（e）所示；当工作面回采 34.6m 时，顶板离层量进一步增大，基本顶发生初次破断，巷道上方 11m 处和 16m 处顶板下沉量分别增大至 4.6cm 和 2.3cm。当工作面回采 40.5m 时，距煤壁 20m 处的巷道上方 11m 处和 16m 处的顶板下沉强烈，下沉量增大至 6.6cm 和 5.1cm，工作面后方 5m 范围内巷道上方 6~16m 的顶板下沉趋于稳定，此时切顶留巷围岩基本稳定。

　　通过对切顶时的覆岩活动过程和变形分析，可知切顶使得切顶侧顶板有效卸压，这有助于巷道在留巷期间的围岩稳定，同时也降低了基本顶回转下沉对巷道围岩的影响。

## 7.2　坚硬顶板切顶留巷围岩态势数值模拟

　　采用数值模拟手段，以偏应力第二不变量和偏应力第三不变量为评价指标，探究石炭系坚硬顶板切顶一次成巷阶段与二次复用阶段的巷道围岩破坏演化规律。

### 7.2.1　数值模型建立及监测

#### 1. 数值模型建立

　　为明晰石炭系坚硬顶板切顶留巷围岩态势演变规律，根据 8201 工作面和 8206 工作面生产地质条件，采用 FLAC$^{3D}$ 有限元软件建立了数值模拟计算模型，模型包括 8201 工作面、8206 工作面、8201 区段运输平巷（8206 区段回风平巷）。如图 7-4 所示，模型长×宽×高分别为 470m×160m×50m。根据巷道埋深，施加荷载 10MPa。模型 $X$、$Y$ 方向施加水平应力，侧压系数设定为 1.2。采用莫尔-库仑破坏准则。数值模拟计算过程为：开挖 8201 区段运输平巷（8201 区段回风平巷）→开挖 8201 工作面→开挖 8206 区段运输平巷→开挖 8206 工作面。监测点布置：沿铅垂方向，巷道直接顶上方每隔 1m 布置 1 条监测线，共布置 10 条监测线，监测范围为巷道直接顶上方 10m、巷道两帮各 10m。同时，为研究切顶对巷道围岩破坏的影响规律，分别在直接顶上方 0m、5m、10m、15m、20m、25m、30m 布置监测线，监测范围为直接顶上方 30m、巷道两帮各 20m。

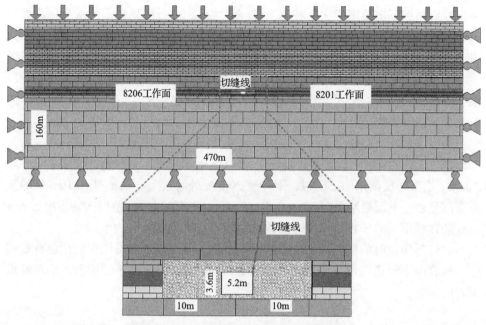

图 7-4　8201 工作面切顶巷道数值计算模型

2. 煤岩体物理力学参数

　　科学合理确定物理力学参数是获得可靠数值模拟结果的前提[2-4]。王永秀通过制定正交试验设计方案，对抗拉强度、弹性模量、内聚力和泊松比进行了试验设计，确定了用于数值模拟的优选值[5]。蔡美峰院士认为弹性模量、内聚力和抗拉强度在数值模拟计算中的取值，可以定为测定值的 0.1~0.25 倍，泊松比可以定为实验室测定值的 1.2~1.4 倍[6]。陈晓详基于实践经验、现场实测和理论分析结果，建议煤岩体物理力学参数如抗拉强度、内聚力、弹性模量定为实验室测定值的 0.2~0.33 倍[7]。根据以上研究成果，本次数值模拟确定体积模量、剪切模量用于数值模拟的取值定为测定值的 0.25 倍，泊松比定为测定值的 1.25 倍。基于物理力学参数测定结果，确定本次数值模拟煤岩体物理力学参数，见表 7-2。

表 7-2　煤岩体物理力学参数

| 岩性 | 密度/(kg/m³) | 体积模量/GPa | 剪切模量/GPa | 抗拉强度/MPa | 内聚力/MPa | 内摩擦角/(°) |
|---|---|---|---|---|---|---|
| 砂质泥岩 | 2500 | 2.2 | 1.8 | 2.9 | 2.0 | 30 |
| 泥质粉砂岩 | 2550 | 2.4 | 2.3 | 3.2 | 2.3 | 32 |
| 粗砂岩 | 2750 | 6.5 | 5.3 | 5.0 | 7.0 | 38 |
| 泥岩 | 2400 | 4.0 | 1.5 | 2.5 | 2.0 | 28 |

| 岩性 | 密度/(kg/m³) | 体积模量/GPa | 剪切模量/GPa | 抗拉强度/MPa | 内聚力/MPa | 内摩擦角/(°) |
|---|---|---|---|---|---|---|
| 细砂岩 | 2600 | 6.5 | 4.9 | 4.4 | 5.5 | 30 |
| 中粗粒砂岩 | 2750 | 6.5 | 5.3 | 5.0 | 7.0 | 38 |
| 砂质泥岩 | 2500 | 2.2 | 1.8 | 2.9 | 2.0 | 32 |
| 山 2#煤层 | 1400 | 1.7 | 1.1 | 1.4 | 1.7 | 22 |
| 细砂岩 | 2600 | 6.5 | 4.9 | 4.4 | 5.5 | 30 |
| 泥岩 | 2400 | 4.0 | 1.5 | 2.5 | 2.0 | 28 |
| 粉砂岩 | 2550 | 2.4 | 2.3 | 3.2 | 2.3 | 32 |
| 底板 | 2500 | 2.2 | 1.8 | 2.9 | 2.0 | 32 |

### 3. 岩体破坏评价指标

地下围岩破坏经历了循环加卸载，加之岩体自组织结构在重复采掘扰动影响下变化较大，破坏过程复杂多变，因此仅通过应力或应变并不能全面反映煤岩体破坏态势。已有研究成果表明，围岩破坏与岩体内部能量的蓄积与释放紧密相关，能量蓄积与释放是由围岩体内部单元体的畸变能密度变化引起的[8-10]。因此，在借鉴已有研究成果基础上，提出采用偏应力不变量评价围岩稳定性。根据已有研究成果可得畸变能表达式，可采用偏应力第二不变量表达式(7-4)。偏应力第二不变量能够反映煤岩体内畸变能蓄积与释放变化。然而仅以畸变能变化并不能实质反映围岩破坏类型，而偏应力第三不变量可以表征围岩破坏类型的变化[11-13]。偏应力第三不变量表达式，见式(7-5)。

$$J_2 = \frac{1}{6}\left[(\sigma_1 - \sigma_2)^2 + (\sigma_2 - \sigma_3)^2 + (\sigma_3 - \sigma_1)^2\right] \tag{7-4}$$

$$J_3 = \left(\frac{2\sigma_1 - \sigma_2 - \sigma_3}{3}\right)\left(\frac{2\sigma_2 - \sigma_3 - \sigma_1}{3}\right)\left(\frac{2\sigma_3 - \sigma_1 - \sigma_2}{3}\right) \tag{7-5}$$

式中，$J_2$ 为偏应力第二不变量；$J_3$ 为偏应力第三不变量；$\sigma_1$ 为最大主应力，MPa；$\sigma_2$ 为中间主应力，MPa；$\sigma_3$ 为最小主应力，MPa。

由此可知，偏应力第二不变量可以反映煤岩体内部畸变能大小及分布情况，其值越大，说明煤岩体内部积蓄的畸变能越多。偏应力第三不变量可以表征煤岩体应变类型，当其值小于 0 时，煤岩体处于压应变状态；当其值大于 0 时，煤岩体处于拉应变状态；当其值等于 0 时，煤岩体处于平面应变状态。

### 7.2.2　一次成巷阶段围岩态势演变

1. 一次成巷阶段切顶留巷顶板围岩态势演变规律

1) 偏应力第二不变量分布特征

一次成巷阶段顶板偏应力第二不变量分布形态如图 7-5 所示。图中 $Z=0\sim10$，代表煤层上方顶板 $0\sim10\mathrm{m}$ 的范围。顶板水平距离为 $0\sim10\mathrm{m}$ 范围为实体煤上方顶板；$10\sim15\mathrm{m}$ 范围为巷道上方顶板；$15\sim18\mathrm{m}$ 范围为碎石帮上方顶板。

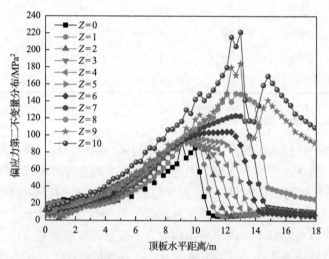

图 7-5　一次成巷阶段切顶留巷顶板的偏应力第二不变量分布

（1）从水平方向看，从实体煤帮上方顶板过渡至碎石帮上方顶板，偏应力第二不变量分布总体为逐渐增大→突降→趋于稳定的态势。实体煤帮上方顶板 $10\mathrm{m}$ 范围内，偏应力第二不变量由实体煤帮以里 $10\mathrm{m}$ 至实体煤帮部持续增加，其值增加至约 $150\mathrm{MPa}^2$。这是由于实体煤上方顶板岩体相对较完整，可以积蓄更多的畸变能。巷道上方顶板 $8\mathrm{m}$ 范围内（即切顶高度范围内）的偏应力第二不变量由实体煤帮部的 $110\mathrm{MPa}^2$ 下降至约 $10\mathrm{MPa}^2$，可见切顶导致浅部顶板畸变能释放。而巷道上方顶板 $9\sim10\mathrm{m}$ 范围内（即切顶高度范围外）的偏应力第二不变量呈逐渐下降态势，由巷道上方顶板的最大值 $223\mathrm{MPa}^2$ 逐渐下降至碎石帮上方顶板的 $110\mathrm{MPa}^2$。可见未切顶范围的顶板仍能积蓄畸变能，也表明未切顶范围的顶板完整性要好于切顶范围的顶板。

（2）从垂直方向看，偏应力第二不变量分布具有分区性，可分为持续增长区（实体煤帮以里 $10\mathrm{m}$ 至实体煤帮部）、快速下降区（巷道范围内）。偏应力第二不变量在实体煤帮部的上方顶板 $6\mathrm{m}$ 处达到峰值，当处于煤层上方顶板 $9\mathrm{m}$ 处时，偏应力第二不变量峰值转移至巷道上方顶板。这充分说明了浅部顶板因受巷道开挖卸荷影响，并不能积蓄太多的畸变能，因而导致偏应力第二不变量向深部顶板转移。对于碎石帮上方顶板来说，因受切顶卸压与预裂爆破的共同作用，顶板垮落失稳以碎石形式充填采空区，此范围的偏应力第二不变量很小。但是由于切顶高度有限，切顶层位以上的顶板完整性较好，可以积蓄较多的畸变能。因此可以预测随着顶板层位越高，积蓄的畸变能将越多，偏应力第二不变量也会相应地增大。综上所述，切顶对煤层上方顶板的能量蓄积与释放有重要影响，切顶作用一定程度上破坏了岩体完整性，为畸变能释放提供了有利条件。

2) 偏应力第三不变量分布特征

一次成巷阶段顶板偏应力第三不变量分布形态如图 7-6 所示。图中 $Z=0\sim10$，代表煤层上方顶板 $0\sim10$m 的范围。顶板水平距离 $0\sim10$m 范围为实体煤上方顶板；$10\sim15$m 范围为巷道上方顶板；$15\sim18$m 范围为碎石帮上方顶板。

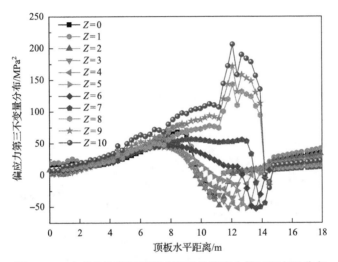

图 7-6  一次成巷阶段切顶留巷顶板的偏应力第三不变量分布

(1) 8201 工作面回采和巷道开挖必然引起围岩破坏，导致岩体内畸变能的转移、释放，具体表现为应变类型的变化。整体来看，从实体煤帮上方顶板过渡到碎石帮上方顶板，偏应力第三不变量分布呈现逐渐增大→减小→缓慢增大的态势，煤岩体应变类型依次为拉伸破坏(实体煤帮上方顶板)、拉伸破坏与压缩破坏交互存在(巷道上方顶板)、压缩破坏(碎石帮上方顶板)。实体煤帮上方顶板范围内的偏应力第三不变量最大值约 110MPa$^2$，位于实体煤帮部上方顶板处，说明实体煤帮上方顶板受开挖卸荷影响，主要表征为拉伸破坏。

(2) 在巷道上方顶板 7m 范围内，偏应力第三不变量分布呈现先减小→后增大的态势。巷道上方 $0\sim6$m 处的偏应力第三不变量多小于 0，因此浅部顶板多以压缩变形为主。巷道上方 $7\sim10$m 处的偏应力大于 0，峰值位于巷道上方 10m 偏向

8201 工作面采空区一侧,因此可以推断巷道上方 7~10m 处顶板以拉伸破坏为主。随着巷道上方顶板层位越高,偏应力第三不变量峰值愈有向切顶侧转移的态势。这也印证了切顶巷道围岩"不对称变形"结论,因而在现场支护工程实践中,可重点关注切顶侧顶板。

2. 一次成巷阶段切顶留巷帮部围岩态势演变规律

1) 偏应力第二不变量分布特征

一次成巷阶段帮部偏应力第二不变量分布形态如图 7-7 所示。图中 $Z=0~4$,代表帮部高度为 4m。顶板水平距离 0~10m 范围为实体煤上方顶板;10~15m 范围为巷道上方顶板;15~18m 范围为碎石帮上方顶板。由图 7-7 可知帮部偏应力第二不变量分布具有如下特征。

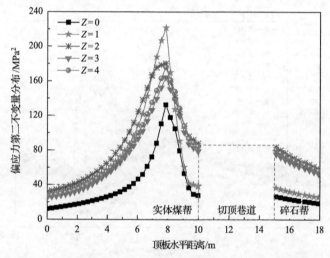

图 7-7 一次成巷阶段切顶留巷帮部的偏应力第二不变量分布

(1) 由实体煤以里 10m 至实体煤帮部,偏应力第二不变量分布总体呈逐渐增加→峰值→然后减小的态势。从水平方向看,实体煤以里 4~10m 范围内,偏应力第二不变量基本处于快速增长状态,最大值约 60MPa$^2$,说明此范围内的实体煤蓄积的畸变能总量较为稳定。实体煤帮部至实体煤以里 4m 范围内,偏应力第二不变量呈迅速增加→达到峰值→逐渐下降的态势,峰值主要分布在实体煤以里 2m 处。究其原因,因巷道开挖卸荷影响,支承应力向实体煤内部转移,因上覆顶板荷载作用于实体煤壁,导致畸变能积蓄。对于碎石帮而言,偏应力第二不变量呈逐渐下降态势,偏应力第二不变量在碎石帮下部处于低值状态,最大值仅为 35MPa$^2$,而碎石帮上部的偏应力第二不变量大于碎石帮下部,最大值约为 90MPa$^2$。这说明碎石帮上部在采空区顶板荷载作用下,碎石完整性较好,积蓄的畸变能较多。

(2) 从垂直方向看，煤层水平层位距底板越远，实体煤帮部偏应力第二不变量下降越快，差值也越大。由于巷道开挖卸荷影响，巷道顶板因锚杆索支护，一定程度保持了围岩完整性，因而更利于距底板越远的煤层保持相对完整，从而利于积蓄畸变能。而煤层因开挖卸荷影响，通常易发生煤壁片帮等，反而不利于畸变能的积蓄，这也是实体煤帮下部偏应力第二不变量小于实体煤帮上部的原因。印证了在现场调研过程中，实体煤片帮多发生在靠近底板的帮部。

2) 偏应力第三不变量分布特征

一次成巷阶段帮部偏应力第三不变量分布形态如图 7-8 所示。图中 $Z=0\sim4$，代表帮部高度为 4m。顶板水平距离 $0\sim10m$ 范围为实体煤上方顶板；$10\sim15m$ 范围为巷道上方顶板；$15\sim18m$ 范围为碎石帮上方顶板。由图 7-8 可知帮部偏应力第三不变量分布具有如下特征。

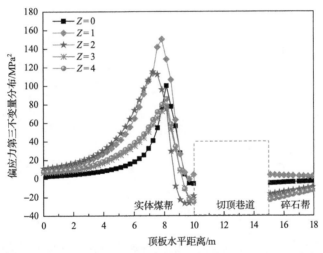

图 7-8　一次成巷阶段切顶留巷帮部的偏应力第三不变量分布

沿实体煤帮水平方向看，由实体煤以里 10m 处向实体煤帮部，偏应力第三不变量分布呈缓慢增大→达到峰值→快速减小的态势。应变类型多为拉应变，但在实体煤帮边缘处转变为压应变。偏应力第三不变量峰值位于实体煤以里 2m 处，这与偏应力第二不变量峰值分布一致。实体煤以里 10m 至 3m 处，偏应力第三不变量缓慢增加，稳定值约 20MPa$^2$，说明此范围内的煤体基本处于拉应变稳定状态。实体煤以里 $1\sim4m$ 处，偏应力第三不变量快速突变，拉伸破坏尤为显著，说明此范围内煤体已经破裂。实体煤帮部至实体煤以里 1m 处，实体煤下层位煤体的偏应力第三不变量小于 0，而靠近顶板的实体煤上层位煤体偏应力第三不变量大于 0，呈上层位煤体受压而下层位煤体受拉的态势。说明实体煤帮由于顶底板夹持作用,实体煤上层位在 8201 工作面采掘扰动影响下更易破裂,因此在支护过程中需重点关注实体煤帮上肩角位置。对于碎石帮来说,偏应力第三不变量小于 0,最小值约为−26MPa²,说明碎石帮变形为压缩变形,这与现场观测结果一致。

### 7.2.3　二次复用阶段围岩态势演变

**1. 二次复用阶段切顶留巷顶板围岩态势演变规律**

1)偏应力第二不变量分布特征

二次复用阶段顶板偏应力第二不变量分布形态如图 7-9 所示。图中 $Z=0\sim10$,代表煤层上方顶板 $0\sim10$m 的范围。顶板水平距离 $0\sim10$m 范围为实体煤上方顶板;$10\sim15$m 范围为巷道上方顶板;$15\sim18$m 范围为碎石帮上方顶板。

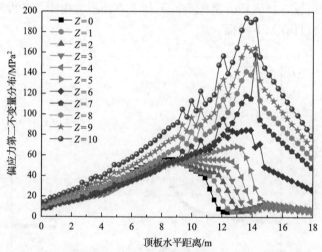

图 7-9　二次复用阶段切顶留巷顶板的偏应力第二不变量分布

(1)在巷道上方顶板 6m 范围内,偏应力第二不变量分布呈明显的"分区"特征,分为持续增长区(实体煤帮上方顶板)、快速下降区(巷道上方顶板)、稳定区(碎石帮上方顶板)。在巷道顶板上方 $7\sim10$m 范围内,偏应力第二不变量分区可分为持续增长区(实体煤帮上方顶板、巷道上方顶板)、快速下降区(碎石帮上方顶板)。从水平方向看,偏应力第二不变量在实体煤帮上方顶板持续增加,在实体煤帮部趋于稳定,其值约 118MPa²,小于一次成巷阶段。说明 8206 工作面采动对巷道煤岩体进行了再次卸压,实体煤内部畸变能得到释放。在巷道上方顶板 6m 范围内,偏应力第二不变量分布在巷道上方顶板和碎石帮上方顶板表现为快速下降的态势。偏应力第二不变量下降至约 50MPa²,说明切顶卸压促进了顶板岩体内部畸变能释放。而在巷道顶板上方 $7\sim10$m 范围内,偏应力第二不变量在巷道顶板上方达到峰值,最大值接近 200MPa²。碎石帮上方顶板的偏应力第二不变量快速下降,

说明切顶对顶板 7～10m 范围也起到了卸压作用，但卸压效果劣于巷道上方顶板
6m 范围。

(2)从垂直方向看，在巷道顶板上方范围内，偏应力第二不变量在顶板上方
6m 范围内表现为快速下降态势，而在顶板上方 7～10m 范围内，下降态势放缓。
尤其是在煤层上方顶板 7m 处，偏应力第二不变量由峰值 148MPa$^2$ 下降至 50MPa$^2$，
说明深部顶板蓄积畸变能的能力明显大于浅部顶板。由于切顶卸压作用，畸变能
向顶板深部转移。从峰值看，顶板上方 0～10m 处的偏应力第二不变量峰值位置
依次距碎石帮 5.8m、5.76m、5.74m、5.0m、2.2m、1.0m、1.0m、1.0m、0.95m、
0.92m。从浅部顶板至深部顶板，偏应力第二不变量峰值逐渐向碎石帮上方顶板迁
移，尤其是从顶板上方 6m 处开始，峰值由靠近实体煤帮上方顶板快速迁移至碎
石帮上方顶板，间接说明了煤层上方顶板 6m 以下范围内的围岩得到充分卸压，
而煤层上方顶板 6m 以上的围岩卸压效果较弱。

(3)整体来看，二次复用阶段的偏应力第二不变量小于一次成巷阶段，实体煤
帮上方顶板、巷道上方顶板和碎石帮上方顶板蓄积畸变能的能力下降，也说明了
巷道围岩承载能力降低。

2)偏应力第三不变量分布特征

二次复用阶段顶板偏应力第三不变量分布形态如图 7-10 所示。图中 Z=0～10，
代表煤层上方顶板 0～10m 的范围。顶板水平距离 0～10m 为实体煤上方顶板；10～
15m 范围为巷道上方顶板；15～18m 范围为碎石帮上方顶板。

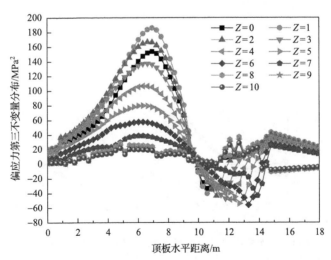

图 7-10　二次复用阶段切顶留巷顶板的偏应力第三不变量分布

(1)偏应力第三不变量分布具有明显的"分区"特征，分为拉应变区(实体煤
帮上方顶板范围内)、拉应变与压应变共同存在区(巷道上方顶板范围内、碎石帮

上方顶板范围内)。从水平方向看，实体煤帮上方顶板范围内，偏应力第三不变量分布呈现缓慢增加→峰值→逐渐降低的态势。实体煤帮以里约 3m 处，偏应力第三不变量达到峰值 189MPa²。峰值总体态势为随着实体煤帮上方顶板层位越高，峰值越小，说明了层位越高的顶板因远离工作面采掘扰动影响，完整性越好。巷道上方顶板范围内，偏应力第三不变量态势表征浅部顶板为压应变，深部顶板为拉应变。具体表现为巷道上方顶板 6m 范围内，偏应力第三不变量小于 0，最小值为–58MPa²；且以巷道中轴线为对称轴，呈"不对称"分布态势，即越靠近碎石帮，偏应力第三不变量越大。对于巷道上方顶板 7～10m 范围内，偏应力第三不变量大于 0，最大值为 40MPa²。

(2)对于碎石帮上方顶板来说，偏应力第三不变量较小，偏应力第三不变量多大于 0，以拉伸破坏为主。因而在碎石帮支护时，要重点注意碎石帮挤压破坏。

**2. 二次复用阶段切顶留巷帮部围岩态势演变规律**

1)偏应力第二不变量分布特征

二次复用阶段帮部偏应力第二不变量分布形态如图 7-11 所示。图中 $Z=0～4$，代表帮部高度为 4m。顶板水平距离 0～10m 范围为实体煤上方顶板；10～15m 范围为巷道上方顶板；15～18m 范围为碎石帮上方顶板。由图 7-11 可知帮部偏应力第二不变量分布具有如下特征。

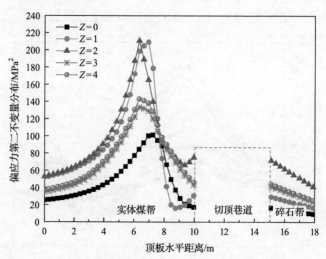

图 7-11　二次复用阶段切顶留巷帮部的偏应力第二不变量分布

(1)与一次成巷阶段相比，二次复用阶段的偏应力第二不变量分布依然呈现逐步增加→达到峰值→逐渐下降的发展态势。从水平方向看，实体煤以里 4～10m 范围内，偏应力第二不变量呈缓慢增长态势，最大值约 100MPa²。与一次成巷阶段相比，实体煤帮部至实体煤以里 4m 范围内的偏应力第二不变量峰值分布在实体煤以里 2.6m 处。对于碎石帮来说，偏应力第二不变量分布呈逐渐下降态势，最大值和最小值分别为 70MPa²、5MPa²，说明碎石帮积蓄畸变能的能力降低。

(2)从垂直方向看，偏应力第二不变量在距离底板 1～2m 处的峰值最大，达到约 210MPa²。其次是距离底板 3～4m 处的峰值，约为 150MPa²。这是由于实体煤受顶板和底板的夹持作用，靠近顶底板的实体煤遭受了一定程度的损伤，承载能力下降，蓄积畸变能的能力减弱。而实体煤中部层位煤体，完整性相对较好，蓄积畸变能的能力较强。

2)偏应力第三不变量分布特征

二次复用阶段帮部偏应力第三不变量分布形态如图 7-12 所示。图中 $Z=0$～4，代表帮部高度为 4m。顶板水平距离 0～10m 范围为实体煤上方顶板；10～15m 范围为巷道上方顶板；15～18m 范围为碎石帮上方顶板。由图 7-12 可知帮部偏应力第二不变量分布具有如下特征。

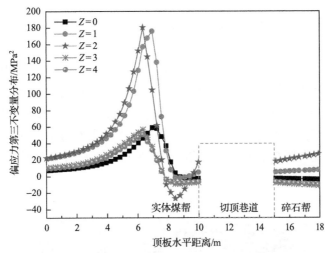

图 7-12　二次复用阶段切顶留巷帮部的偏应力第三不变量分布曲线

与一次成巷阶段相比，二次复用阶段的偏应力第三不变量分布依然呈逐渐增加→迅速突增→快速突降的发展态势。沿水平方向，偏应力第三不变量分布具有明显的"分区"特征。实体煤帮以里 4～10m 范围内，偏应力第三不变量呈缓慢增加的态势，其值大于 0，说明此范围内的煤体处于拉应变状态。实体煤以里 1.8～4m 范围内，偏应力第三不变量快速突增并达到峰值，说明此范围内的实体煤已经被拉伸破坏。实体煤帮至实体煤以里 1.8m 处，偏应力第三不变量由正变为负，说明此范围内的煤体应变类型由拉应变转变为压应变。偏应力第三不变量在碎石帮侧多小于 0，以压应变为主。

通过上述详细分析，得出了以下结论。

(1)实体煤帮以里 2m 范围内的上覆顶板因受巷道开挖卸荷影响，围岩破坏类型主要为拉伸破坏。碎石帮以里 1.4m 处，偏应力第三不变量多大于 0，也以拉伸破坏为主。巷道上方 6～8m 处顶板也以拉伸破坏为主，随着巷道上方顶板层位越高，偏应力第三不变量峰值有向切顶侧转移的趋势，印证了切顶巷道围岩"不对称破坏"变形的研究结果。

(2)靠近顶板实体煤上层位煤体的偏应力第三不变量大于 0，下层位煤体的偏应力第三不变量小于 0，表现出上层位煤体受拉而下层位煤体受压的态势。这说明实体煤帮由于顶底板夹持作用，实体煤上层位煤体在采掘扰动影响下更易破坏，因此在支护过程中应重点关注实体煤帮上肩角位置。

(3)偏应力第二不变量分布在巷道上方顶板、碎石帮上方顶板表现为快速下降态势。煤层上方顶板 1～5m($Z$=26～31)处，偏应力第二不变量下降至约 15MPa$^2$，说明切顶卸压促进了顶板岩体内部畸变能的释放。

## 7.3　坚硬顶板切顶对巷道围岩态势的影响

通过 7.2.2 节、7.2.3 节的分析，明晰了一次成巷阶段和二次复用阶段切顶留巷围岩态势的演化规律。为充分明晰切顶对巷道上方顶板围岩态势的影响规律，对巷道上方 25m 范围内的顶板应力和位移进行监测分析。沿水平方向，每隔 4.5m 布置一个监测点，每条测线布置 11 个监测点。沿垂直方向，每隔 5m 布置一个监测点，每条测线布置 7 个监测点。监测范围为巷道上方 25m 范围，两侧各 22.5m 范围，共计 77 个监测点，如图 7-13 所示。

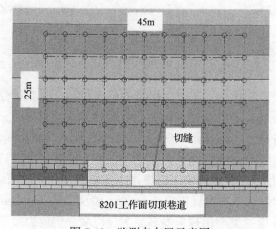

图 7-13　监测点布置示意图

### 7.3.1　切顶对巷道围岩位移场的影响

巷道顶板上方 25m 范围内的垂直位移与水平位移，如图 7-14 所示。由图 7-14(a) 可知，巷道顶板水平距离 0～45m 范围内，巷道上方 0～10m 的顶板垂直位移呈初期缓慢增加→中期快速突增→后期下降的态势，具有明显的"分区"特征。

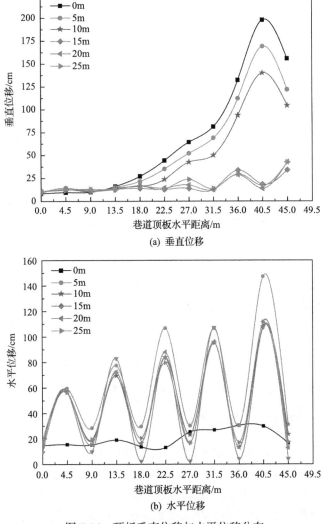

(a) 垂直位移

(b) 水平位移

图 7-14　顶板垂直位移与水平位移分布

(1) 根据垂直位移分布，可分为三个区：缓慢增加区(巷道水平距离 0～22.5m)、快速突增区(巷道水平距离 22.5～40.5m)、下降区(巷道水平距离 40.5～45.0m)。缓慢增加区内的垂直位移分布在 8.32～27.14cm，随着靠近巷道，垂直位移逐渐增加。快速突增区内的垂直位移分布具有快速增加的特点，垂直位移由最小值 13.92cm 快速增加至最大值 197.9cm。下降区内的垂直位移由最大值下降至13.83cm。

(2)从水平方向看，以巷道中轴线 $x$ =22.5m 为中心线，垂直位移具有明显的"不对称分布"特征，即巷道切缝侧顶板的垂直位移明显大于巷道未切缝侧顶板。从垂直方向看，巷道顶板上方范围内的垂直位移具有"两极分化"的特点，即巷道上方 0～15m 范围内的顶板垂直位移在巷道未切缝侧缓慢增加，但在巷道切缝侧快速突增，切缝侧顶板垂直位移最大值是未切缝侧顶板垂直位移最大值的 7.3倍，说明切缝对巷道上方顶板显著下沉起到了重要作用。对于巷道上方 15～25m范围内的顶板，垂直位移呈缓慢增加趋势，巷道未切缝侧顶板与切缝侧的垂直位移差别并不大，切缝侧顶板垂直位移最大值是未切缝侧垂直位移最大值的 2.56 倍。说明切缝的集中影响范围在巷道上方顶板 0～15m 范围内，而对巷道上方顶板15～25m 的影响较小。切缝对基本顶下层位影响显著，而对基本顶上层位影响较弱。

由图 7-14(b)可知：

(1)从水平方向看，随着越靠近巷道切顶侧围岩，水平位移分布的波动幅度越大，水平位移相应地随之增加。水平位移在巷道水平距离 4.5m 处(距巷道 18m)的最大值是 59.45cm，在巷道水平距离 40.5m 处(距巷道 18m)的最大值是 147.2cm。可见切缝侧水平位移总体要大于未切缝侧水平位移，水平位移同样具有显著的"不对称分布"特征。越靠近巷道切顶侧围岩，顶板水平移动程度就越大。

(2)从垂直方向看，巷道上方 0m 处的顶板水平位移一直处于低值态势，水平位移最大值是 18.39cm，远小于巷道上方顶板 5～25m 范围内的水平位移。这主要是因为此范围内的顶板为直接顶，随工作面开采直接垮落于采空区，是垮落后碎石的水平位移。但是，巷道上方 0m 处的顶板水平位移依然具有"不对称分布"特征，即巷道切缝侧顶板水平位移大于巷道未切缝侧。

### 7.3.2　切顶对巷道围岩应力场的影响

巷道顶板上方 0～25m 范围的垂直应力，如图 7-15(a)所示。由图可知，巷道顶板上方 0～25m 范围内的垂直应力总体呈逐步下降的变化态势。

(1)从水平方向看，以巷道中轴线为对称轴，巷道左侧上方顶板的垂直应力总体较大，最大值和最小值分别为-28.2MPa、-6.79MPa。巷道右侧上方顶板的垂直应力明显小于巷道左侧上方顶板，最大值和最小值分别为-22.4MPa、-0.5259MPa。从中看出巷道切顶促使巷道切缝侧 22.5～45.0m 的岩体应力得到释放，因而垂直应力也相应下降。可见切顶切断了顶板应力传递，对巷道卸压起到了重要作用。

(2)从垂直方向看，沿巷道水平距离 22.5～40.5m 的上方顶板(即切缝侧巷道

上方顶板），巷道上方 0m、5m、10m、15m、20m、25m 处的顶板垂直应力最大
值分别为–13.3MPa、–14.43MPa、–14.72MPa、–16MPa、–14.5MPa、–16.79MPa，
最小值分别为–3.79MPa、–0.5259MPa、–3.611MPa、–3.893MPa、–8.394MPa、
–8.16MPa。可见切顶促使顶板应力释放区域主要集中于基本顶下层位，即巷道顶
板上方 15m 范围内，而对巷道上方 15m 以上岩层的应力释放效果有限。

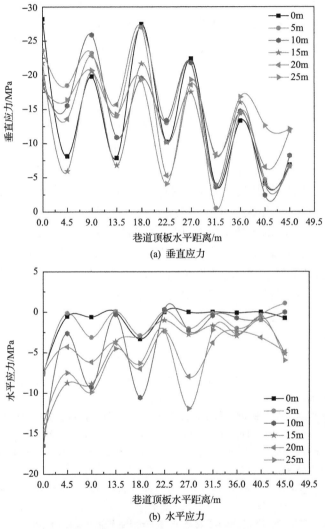

图 7-15　顶板垂直应力与水平应力分布

　　巷道顶板上方 0～25m 范围的水平应力，如图 7-15(b)所示。由图可知，巷道
上方顶板 0m 处的水平应力分布平缓。

　　(1)从水平方向看，以巷道中轴线为对称轴，沿巷道水平距离 0～22.5m 的上

方顶板水平应力总体要大于沿巷道水平距离 22.5~45m 的上方顶板水平应力。尤其是巷道水平距离 22.5~45m 的上方顶板水平应力大多分布在-2.6~0MPa，而巷道水平距离 0~22.5m 的上方顶板水平应力大多分布在-10~0MPa。可见水平应力同样呈现"不对称分布"特征。

(2) 从垂直方向看，巷道水平距离 0~22.5m 的上方顶板水平应力波动幅度要明显大于巷道水平距离 22.5~45m 的上方顶板水平应力。越往巷道顶板上方，顶板水平应力波动幅度越大。巷道顶板上方 0m 处的水平应力曲线分布平缓，基本保持在 0MPa，说明巷道顶板上方直接顶已经完全垮落，应力得到完全释放。巷道上方 5~25m 处水平应力波动幅度较大，相对来说，切顶侧顶板水平应力相较小。

切顶卸压显著加快了靠近切顶侧一定范围内顶板的垮落速度，但也增强了靠近切缝一定范围的岩体对切顶侧碎石帮的侧向冲击强度。切顶卸压导致了切顶留巷顶板的不对称变形。石炭系坚硬顶板切顶留巷在一次成巷阶段和二次复用阶段时的偏应力第二不变量分布、第三不变量分布均具有明显的"分区特征"，分为持续增长区（实体煤帮以里 10m 至实体煤帮部）、快速下降区（巷道范围内、碎石帮部），总体为逐渐增大→突降→趋于稳定的趋势。二次复用阶段，偏应力第二不变量减小，巷道围岩畸变能蓄积能力减弱。切顶促使偏应力第二不变量和第三不变量峰值向围岩深部转移，巷道上方顶板 6m 范围内卸压效果显著。切顶导致围岩位移和应力分布均呈现显著的"不对称分布"，对巷道切缝侧围岩的应力释放起到了重要促进作用。基本顶下部分岩层切顶卸压效果优于基本顶上部分岩层。

## 参 考 文 献

[1] 刘长武, 郭永峰, 姚精明. 采矿相似模拟试验技术的发展与问题——论发展三维采矿物理模拟试验的意义[J]. 中国矿业, 2003, (8): 8-10.

[2] 尤明庆. 岩石强度准则的数学形式和参数确定的研究[J]. 岩石力学与工程学报, 2010, 29(11): 2172-2184.

[3] Sonmez H, Gokceoglu C, Nefeslioglu H A, et al. Estimation of rock modulus: for intact rocks with an artificial neural network and for rock masses with a new empirical equation[J]. International Journal of Rock Mechanics and Mining Sciences, 2006, 43(2): 224-235.

[4] Hoek E, Brown E T. Practical estimates of rock mass strength[J]. International Journal of Rock Mechanics & Mining Sciences, 1997, 34(8): 1165-1186.

[5] 王永秀, 毛德兵, 齐庆新. 数值模拟中煤岩层物理力学参数确定的研究[J]. 煤炭学报, 2003, (6): 593-597.

[6] 蔡美峰, 何满潮, 刘东燕. 岩石力学与工程[M]. 北京: 科学出版社, 2013: 44-57.

[7] 陈晓祥, 谢文兵, 荆升国, 等. 数值模拟研究中采动岩体力学参数的确定[J]. 采矿与安全工程学报, 2006, (3): 341-345.

[8] 郭奇峰, 武旭, 蔡美峰, 等. 预制裂隙花岗岩的裂纹起裂机理试验研究[J]. 煤炭学报, 2019, 44(S2): 476-483.

[9] Cai M , Kaiser P K , Tasaka Y , et al. Generalized crack initiation and crack damage stress thresholds of brittle rock masses near underground excavations[J]. International Journal of Rock Mechanics & Mining Sciences, 2004, 41(5): 833-847.

[10] 陈明祥. 弹塑性力学[M]. 北京: 科学出版社, 2007.

[11] 王仲仁, 张琦. 偏应力张量第二及第三不变量在塑性加工中的作用[J]. 塑性工程学报, 2006,(3): 1-5.

[12] 郑雨天. 岩石力学的弹塑粘性理论基础[M]. 北京: 煤炭工业出版社, 1988.

[13] 许磊. 近距离煤柱群底板偏应力不变量分布特征及应用[D]. 北京: 中国矿业大学(北京), 2014.

# 第8章 坚硬顶板切顶留巷围岩
# 结构稳定性与失稳机理

本章基于切顶留巷帮部煤岩体破坏特征，建立考虑切顶留巷实体煤帮煤体峰前、峰后及残余变形阶段的稳定性分析力学模型，以及考虑切顶留巷碎石帮形成前后的稳定性分析力学模型。明晰基本顶结构断裂位置分别位于切顶巷道上方、切顶侧采空区上方、实体煤帮上方的围岩力学环境及其对切顶留巷围岩破坏的影响特征。探究石炭系坚硬顶板切顶留巷"顶—帮"互馈过程，建立切顶留巷围岩系统稳定性理论计算模型。阐明石炭系坚硬顶板切顶留巷围岩破坏失稳机理，为围岩科学控制指明方向。

## 8.1 坚硬顶板切顶留巷围岩稳定性分析

### 8.1.1 切顶留巷帮部稳定性分析

石炭系坚硬顶板切顶留巷帮部在围岩结构中发挥着"承上启下"的重要作用，向上承载巷道上覆顶板荷载，向下作为传播路径将应力传递至下覆底板，是切顶留巷围岩稳定性的重要组成部分。因此在无煤柱开采切顶留巷工程实践中，维持碎石帮和实体煤帮围岩稳定性对保持巷道围岩结构整体稳定性具有重要的现实意义。

根据切顶留巷碎石帮和实体煤帮的力学环境，在全面考虑巷帮煤岩体变形特征的同时，分析了切顶留巷碎石帮和实体煤帮在全应力应变路径下的帮部煤岩体变形特征。在已有研究成果基础上[1,2]，充分考虑煤岩体"峰前弹性"、"峰后软化"和"残余变形"三个阶段，构建了切顶留巷碎石帮和实体煤帮的力学模型，巷道帮部划分更加符合工程实际。基于石炭系坚硬顶板切顶留巷帮部破坏特征，建立了反映煤岩体峰前、峰后及残余变形全阶段的帮部稳定性分析模型，求解获得了实体煤帮塑性区、破碎区的应力、位移表达式，帮部外鼓位移表达式，碎石帮水平位移、水平应力和界面剪切应力表达式。

1. 切顶留巷实体煤帮围岩稳定性分析

切顶留巷在采掘期间，受开挖卸荷影响，应力转移释放并导致巷帮围岩表面发生塑性破坏。巷帮煤岩体在向巷道空间内外鼓出过程中，界面条件为"煤—岩"界面。煤层相对顶底板鼓出过程属于典型的界面压剪滑移破坏。巷帮煤岩体依次划分为破碎区、塑性区、弹塑性过渡区、弹性区。已有研究成果表明,煤岩体剪切应力变化与煤岩体变形程度紧密相关,弹性阶段的剪切应力随煤岩体变形增加而持续增大,峰后软化阶段随变形增加而减小,最后进入剪应力恒定阶段[3-6]。基于切顶留巷实体煤帮煤体剪切破坏特征,并假设煤体与顶底板交界面处的抗剪强度随煤体外鼓位移量增大而不断降低,则破碎区与塑性区的剪切应力表达式 $\tau_s(x)$ 和 $\tau_p(x)$ 为

$$\tau_s(x) = \tau_e + \xi(u_s(x) - u_e) \quad (u_e \leqslant x \leqslant u_r) \tag{8-1}$$

$$\tau_p(x) = \tau_r \tag{8-2}$$

式中, $u_r$ 为煤体初始参与位移量,m; $u_e$ 为煤体处于极限剪切破坏时的位移量,m; $\tau_e$ 为巷帮煤体极限剪切强度,MPa; $\tau_r$ 为巷帮煤体残余剪切强度,MPa; $\xi$ 为煤体与顶底板界面软化系数。$\tau_e$、$\tau_r$、$\xi$ 可以通过室内力学试验测定获得。

根据已有研究成果[2],假设煤岩体与顶底板界面切向刚度为 $K_e$,界面剪应力随巷帮鼓出位移增加而线性增大,则巷帮鼓出位移 $u_e$ 可表示为

$$u_e = -\frac{1}{K_e}(\tau_{zm}\tan\varphi_0 + C_0) \tag{8-3}$$

式中, $\varphi_0$ 为煤体与顶底板交界面的内摩擦角,(°); $C_0$ 为界面内聚力,MPa。

令 $\alpha = \sqrt{\dfrac{2\xi}{Eh}}$,塑性区内煤岩体任意一点水平位移 $u_s(x)$、水平应力 $\sigma_s(x)$ 和界面剪切应力 $\tau_s(x)$ 为

$$u_s(x) = \frac{e^{a(x-x_2)}}{2}\left(\frac{\lambda\tau_{zm}}{E\alpha} + \frac{\tau_e}{\xi}\right) + \frac{e^{a(x_2-x)}}{2}\left(-\frac{\lambda\tau_{zm}}{E\alpha} + \frac{\tau_e}{\xi}\right) + u_e - \frac{\tau_e}{\xi} \tag{8-4}$$

$$\sigma_s(x) = \frac{e^{a(x-x_2)}}{2}\left(\lambda\tau_{zm} + \frac{\tau_e}{E\alpha\xi}\right) - \frac{e^{a(x_2-x)}}{2}\left(-\lambda\tau_{zm} + \frac{\tau_e}{E\alpha\xi}\right) \tag{8-5}$$

$$\tau_s(x) = \frac{e^{a(x-x_2)}}{2}\left(\frac{\lambda\tau_{zm}\xi}{E\alpha} + \tau_e\right) + \frac{e^{a(x_2-x)}}{2}\left(-\frac{\lambda\tau_{zm}\xi}{E\alpha} + \tau_e\right) \tag{8-6}$$

式中, $\tau_{zm}$ 为实体煤帮内部上方应力峰值,MPa; $\lambda$ 为侧压系数; $\xi$ 为煤体与顶底板界面软化系数; $u_e$ 为煤体极限剪切破坏时的位移量,m; $\tau_e$ 为巷帮煤体极限剪切强度,MPa; $E$ 为弹性模量。

进一步求得包括破碎区、塑性区等极限平衡区宽度 $x_2$ 的函数方程为

$$w_{(x_2)} = \frac{1}{2e^{ax_2}}\left(\frac{\lambda\tau_{zm}}{E\alpha} + \frac{\tau_e}{\xi}\right) - \frac{1}{2e^{-ax_2}}\left(-\frac{\lambda\tau_{zm}}{E\alpha} + \frac{\tau_e}{\xi}\right) - \frac{F_i}{\xi} \tag{8-7}$$

根据莫尔-库仑强度理论，可得极限平衡区的垂直应力为

$$\sigma_y(x) = \frac{e^{a(x-x_2)}}{2\tan\varphi_0}\left(\frac{\lambda\tau_{zm}\xi}{E\alpha} + \tau_e\right) + \frac{e^{a(x_2-x)}}{2\tan\varphi_0}\left(-\frac{\lambda\tau_{zm}\xi}{E\alpha} + \tau_e\right) - C_0 \tag{8-8}$$

结合图 8-1 切顶留巷实体煤帮力学计算模型，取宽度为 $dx$ 的煤岩体微元，高度为 $h$，顶底部界面受竖向正应力与剪切应力作用，两侧受水平正应力作用。根据应力平衡，可得

$$h(F_i + dF_i) = 2\tau_p x(dx) + hF_i \tag{8-9}$$

式中，$F_i$ 为巷帮支护阻力。

整理可得

$$\frac{dF_i}{dx} = \frac{2\tau_p dx}{h} \tag{8-10}$$

由式(8-10)得出破碎区煤体微元平衡方程：

$$h\frac{d\sigma_p dx}{dx} = 2\tau_p dx \tag{8-11}$$

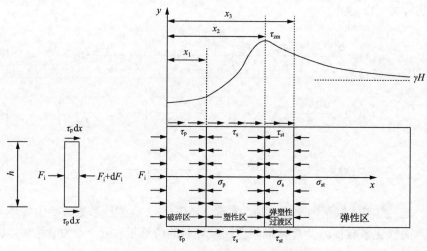

图 8-1　切顶留巷实体煤帮力学模型

$\sigma_{st}$ 为交界面处正应力；$\tau_{st}$ 为煤层与巷道顶底板交界面处的剪切应力

由图 8-1 可知,破碎区内煤体剪切应力为残余剪切应力 $\sigma_p \mathrm{d}x = \tau_r$。即式(8-11)可表示为

$$h\frac{\mathrm{d}\sigma_p \mathrm{d}x}{\mathrm{d}x} = 2\tau_r \tag{8-12}$$

则破碎区水平应力通解可表示为

$$\sigma_p(x) = \frac{2\tau_r}{h}x + C_p \tag{8-13}$$

破碎区边界条件为

$$U_p(x = x_1) = U_s(x = x_1) \tag{8-14}$$

$$\sigma_p(x = 0) = F_i \tag{8-15}$$

根据式(8-14)与式(8-15)求得破碎区内煤体位移、水平应力解析解为

$$U_p(x) = \frac{\tau_r}{h}x^2 + F_i + U_s(x_1) - \frac{\tau_r}{h}x_1^2 - Fx_1 \tag{8-16}$$

$$\sigma_p(x) = \frac{2\tau_r}{h}x + F_i \tag{8-17}$$

### 2. 切顶留巷碎石帮围岩稳定性分析

切顶留巷碎石帮围岩稳定性对无煤柱开采工作面巷道围岩结构的整体稳定性起着关键性作用。切顶留巷靠近本工作面一侧帮部在采掘期间经历两个阶段。第一阶段:切顶留巷本巷道掘进阶段,此阶段内巷道帮部围岩破坏与实体煤侧帮部破坏趋势一致,深入工作面内部依次可分为破碎区、塑性区、弹塑性过渡区、弹性区。第二阶段:切顶留巷本巷道在本区段工作面回采阶段,此阶段靠近工作面一侧的实体煤帮因切顶预裂爆破和工作面回采后,实体煤帮被碎石帮取而代之。该阶段内,切顶留巷碎石帮深入工作面内部可分为破碎区、塑性区、弹塑性过渡区(悬顶区)、弹性区。区别于原有实体煤帮,碎石帮深入工作面内部的破碎区、塑性区、弹塑性过渡区(悬顶区)、弹性区的范围发生了改变,破碎区、塑性区的范围显著增加。因切顶卸压作用,实体煤帮内部上方应力峰值 $\tau_{qm}$ 向工作面内部转移,相应的破碎区、塑性区处于卸压区,塑性区以里的悬顶区为应力升高区。

切顶留巷碎石帮侧向压力与靠近碎石帮侧的采空区矸石垮落过程紧密相关,依次经历矸石初期垮落阶段、矸石中期压实阶段、矸石后期垮落稳定阶段。矸石

帮支护结构体损毁往往与矸石垮落对帮部侧向冲击有关，即与侧向支护阻力 $P_i$ 有关。基于图 8-2 切顶留巷碎石帮力学模型参考已有文献[7]、[8]进一步推导，作用于碎石帮支护结构面上的总侧向压力为

$$P_i = \int_0^{H_z} \sigma_h \mathrm{d}z \qquad (8\text{-}18)$$

式中，$P_i$ 为作用于碎石帮支护结构面上的总侧向压力，MPa；$\sigma_h$ 为碎石帮支护结构面任意位置的侧向压力，MPa；$H_z$ 为侧向压力作用总高度，m。

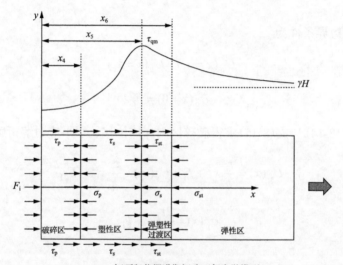

(a) 切顶留巷掘进期间碎石帮力学模型

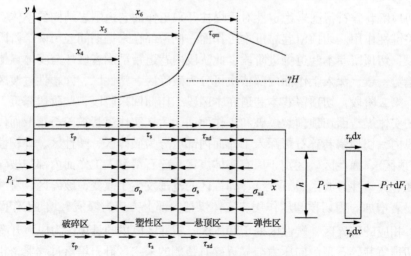

(b) 切顶留巷回采期间碎石帮力学模型

图 8-2　切顶留巷碎石帮力学模型

$$\sigma_{\mathrm{h}} = \eta \left( \left\{ q' - \frac{\gamma h \left[ \cos\theta \cos\alpha \sin(\theta-\varphi) \right]}{\sin\theta \cos(\theta-\varphi-\alpha) - 2\cos\theta \cos\alpha \sin(\theta-\varphi)} \right\} \left( \frac{h-z}{h} \right)^{\frac{\eta \sin\theta \cos(\theta-\varphi-\alpha)}{\cos\theta \cos\alpha \sin(\theta-\varphi)} - 1} \right.$$
$$\left. + \frac{\gamma(h-z) \left[ \cos\theta \cos\alpha \sin(\theta-\varphi) \right]}{\sin\theta \cos(\theta-\varphi-\alpha) - 2\cos\theta \cos\alpha \sin(\theta-\varphi)} \right)$$

$$(8\text{-}19)$$

针对碎石帮，碎石帮碎石与顶底板相对滑移剪切破坏发生于矸石初期垮落阶段，此时碎石帮碎石与顶底板界面的剪应力关系可由下式表达：

$$\tau_{\mathrm{s}}(x) = \tau_{s0} + \xi(u_{\mathrm{s}}(x) - u_{s0}) \quad (u_{s0} \leqslant x \leqslant u_{r_0}) \tag{8-20}$$

$$\tau_{\mathrm{p}}(x) = \tau_{\mathrm{r}} \tag{8-21}$$

式中，$u_{r_0}$ 为碎石垮落稳定后位移量；$u_{s0}$ 为碎石初始垮落后位移量；$\tau_{s0}$ 为巷帮碎石初始垮落时的剪切强度；$\tau_{r_0}$ 为碎石垮落稳定后残余剪切强度；$\xi_0$ 为碎石体与顶底板界面软化系数。

切顶留巷靠近工作面一侧顶板经切顶预裂爆破后，由巷道碎石帮向工作面内部一定距离内的覆岩体得到卸压，煤体内部的应力峰值向深处转移，位置转移至悬顶区，此时应力峰值大小为 $\tau_{\mathrm{qm}}$，可得碎石帮侧水平位移、水平应力和界面剪切应力为

$$u_{\mathrm{s}}(x) = \frac{\mathrm{e}^{a(x-x_5)}}{2} \left( \frac{\lambda \tau_{\mathrm{qm}}}{E\alpha} + \frac{\tau_{s0}}{\xi} \right) + \frac{\mathrm{e}^{a(x_5-x)}}{2} \left( -\frac{\lambda \tau_{\mathrm{qm}}}{E\alpha} + \frac{\tau_{s0}}{\xi} \right) + u_{s0} - \frac{\tau_{s0}}{\xi} \tag{8-22}$$

$$\sigma_{\mathrm{s}}(x) = \frac{\mathrm{e}^{a(x-x_5)}}{2} \left( \lambda \tau_{\mathrm{qm}} + \frac{\tau_{s0}}{E\alpha\xi} \right) - \frac{\mathrm{e}^{a(x_5-x)}}{2} \left( -\lambda \tau_{\mathrm{qm}} + \frac{\tau_{s0}}{E\alpha\xi} \right) \tag{8-23}$$

$$\tau_{\mathrm{s}}(x) = \frac{\mathrm{e}^{a(x-x_5)}}{2} \left( \frac{\lambda \tau_{\mathrm{qm}}\xi}{E\alpha} + \tau_{s0} \right) + \frac{\mathrm{e}^{a(x_5-x)}}{2} \left( -\frac{\lambda \tau_{\mathrm{qm}}\xi}{E\alpha} + \tau_{s0} \right) \tag{8-24}$$

式中，$\tau_{\mathrm{qm}}$ 为碎石帮向工作面内部的上方应力峰值；$\lambda$ 为侧压系数；$\xi$ 为碎石帮与顶底板界面软化系数；$u_{s0}$ 为碎石初始垮落后位移量；$\tau_{s0}$ 为巷帮碎石初始垮落时的剪切强度。

进一步求得包括破碎区、塑性区等极限平衡区宽度 $x_5$ 的函数方程为

$$w_{(x_5)} = \frac{1}{2\mathrm{e}^{ax_0}} \left( \frac{\lambda \tau_{\mathrm{qm}}}{E\alpha} + \frac{\tau_{s0}}{\xi} \right) - \frac{1}{2\mathrm{e}^{-ax_5}} \left( -\frac{\lambda \tau_{\mathrm{qm}}}{E\alpha} + \frac{\tau_{s0}}{\xi} \right) - \frac{P_{\mathrm{i}}}{\xi} \tag{8-25}$$

根据莫尔-库仑强度理论，可得极限平衡区的垂直应力为

$$\sigma_y(x) = \frac{e^{a(x-x_5)}}{2\tan\varphi_0}\left(\frac{\lambda\tau_{qm}\xi}{E\alpha}+\tau_{s0}\right) + \frac{e^{a(x_5-x)}}{2\tan\varphi_0}\left(-\frac{\lambda\tau_{qm}\xi}{E\alpha}+\tau_{s0}\right) - C_0 \qquad (8\text{-}26)$$

### 8.1.2　切顶留巷顶板围岩应力环境

工程实践中发现石炭系坚硬顶板切顶留巷围岩整体破坏特征表征为：靠近切顶侧的顶板下沉和巷道底鼓相较于实体煤侧更为严重，即沿空留巷围岩破坏呈不对称破坏趋势[9,10]。因而，切顶侧顶板和碎石帮对巷道围岩结构系统的稳定性发挥着关键作用。分析切顶侧顶板和碎石帮在采掘期间的稳定性，以及研究上覆岩层结构影响下的切顶留巷围岩失稳机理尤为重要。

本节通过对比分析基本顶结构关键块体与切顶留巷相对位置时的围岩应力环境，为阐明切顶留巷围岩失稳破坏机理奠定理论基础。依据基本顶破断结构与切顶留巷的相对位置，归纳为基本顶结构破断位置位于切顶留巷巷道上方、基本顶结构破断位置位于实体煤帮上方、基本顶结构破断位置位于切顶侧采空区上方。下面就三种情形的切顶留巷围岩破坏特征进行探究。

**1. 基本顶结构破断位置位于切顶留巷巷道上方**

基本顶结构破断位置位于切顶留巷巷道上方，如图 8-3 所示。

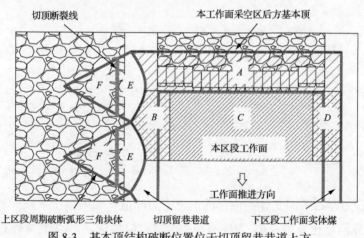

图 8-3　基本顶结构破断位置位于切顶留巷巷道上方

此类情形下的切顶留巷巷道切顶侧的碎石帮处于上区段工作面基本顶周期破断的弧形三角块体下方，切顶留巷实体煤帮处于本区段工作面基本顶未破断结构下方。当本工作面回采时，本工作面基本顶发生周期破断，从而再次扰动上区段工作面基本顶周期破断时弧形三角块体的稳定性，进一步加剧了弧形三角块体破

坏。多边弧形关键块体 $E$ 及其上覆岩层荷载以给定荷载形式作用于切顶留巷巷道，对碎石帮产生侧向挤压作用力，造成碎石帮外鼓，形成挡矸支护结构损毁。实体煤帮一侧的侧向支承应力与 $B$ 区域超前支承应力叠加作用于实体煤帮，造成实体煤侧片帮、底板鼓起等现象。本工作面基本顶周期破断形成的结构块体与弧形三角块体之间仅靠块体间铰接保持稳定，当满足临界失稳条件时，本工作面基本顶周期破断结构块体与上区段弧形三角块体共同作用，以给定荷载形式作用于巷道顶板，造成顶板严重下沉。因此，此种情形下的围岩控制重点难以把握，对巷道围岩控制极为不利，需全面统筹顶板、实体煤帮、碎石帮的围岩控制。

### 2. 基本顶结构破断位置位于实体煤帮上方

基本顶结构破断位置位于切顶留巷实体煤帮上方，如图 8-4 所示。此种情形下，切顶留巷巷道处于上区段工作面基本顶周期破断弧形三角块体下方，具体是处于多边弧形关键块体 $E$ 下方。本区段工作面回采时，基本顶周期破断前形成的悬顶 $A$ 所受作用力，以弹性能形式破坏本工作面基本顶周期破断结构与多边弧形关键块体 $E$ 之间的铰接关系，悬顶区域 $A$ 范围内的基本顶结构破断时，将联动采空区范围内的多边弧形关键块体 $E$ 回转下沉，导致部分 $E$ 破断失稳，但无法扰动整个多边弧形关键块体 $E$。因此也就无法将悬顶区域 $A$ 的覆岩荷载及其上覆荷载传递至切顶留巷围岩。同时，区域 $B$ 形成的侧向支承应力与悬顶区域 $A$ 形成的超前支承应力共同叠加形成支承应力，其作用区域主要位于区域 $A$ 与 $B$ 的交界处，可能造成推采面切割煤壁片帮。因叠加荷载距切顶留巷实体煤帮有一定距离，因此对实体煤帮围岩作用并不显著。

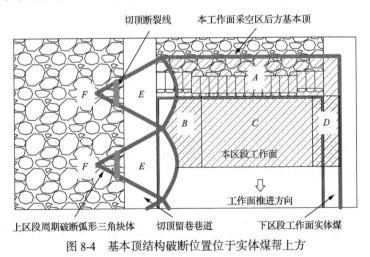

图 8-4　基本顶结构破断位置位于实体煤帮上方

切顶留巷顶板处于多边弧形关键块体 $E$ 下方，$E$ 以悬板形式与给定荷载形式作用于切顶留巷顶板，顶板会出现一定程度的下沉，但顶板上方围岩较为完整，利于巷道顶板支护。对于碎石帮而言，弧形三角块体经过切顶预裂后，可分为多边弧形关键块体 $E$ 和三角块体 $F$。三角块体 $F$ 经过切顶预裂后，在采空区内以给定荷载形式作用于矸石，随矸石垮落压实，对矸石帮作用较小。此类情形下，巷道围岩控制重点在于碎石帮，需要重点考虑如何防止碎石帮挤压外鼓。

3. 基本顶结构破断位置位于切顶侧采空区上方

基本顶结构破断位置位于切顶侧采空区上方，如图 8-5 所示。

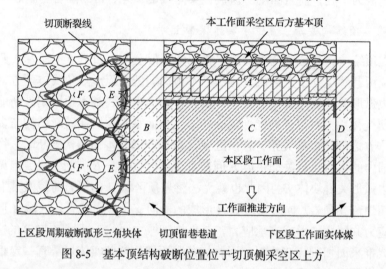

图 8-5　基本顶结构破断位置位于切顶侧采空区上方

当本区段工作面回采时，切顶留巷巷道整体处于悬顶区域 $A$ 覆岩的给定荷载及其上覆岩层荷载传递至煤体的超高侧向支承应力作用下，同时还受到区域 $B$ 的超前支承应力影响。表征最为明显的区域为工作面靠近切顶留巷端头处，此处液压支架受载明显大于其他区域。此时，在支承应力叠加影响下，切顶留巷实体煤帮将可能发生整体失稳，同时还可能伴有严重底鼓等现象。对于碎石帮而言，上区段基本顶周期破断的弧形三角块体依然被分为多边弧形关键块体 $E$ 和三角块体 $F$。切顶后，弧形三角块体整体处于采空区内部，随矸石以给定荷载形式在采空区内垮落，压缩下覆矸石，相比上述两种情况更为显著。矸石帮在三角块体 $F$ 给定荷载以及区域 $B$ 侧向支承应力作用下，挤压外鼓变形更严重。

4. 结果分析

由上述分析可知，弧形三角块体运动对切顶留巷围岩破坏起着至关重要的作用，因此明确弧形三角块体的几何特征尤为重要。弧形三角块体几何尺寸包括厚度、长度及其在侧向煤体内的破断位置。其长度可根据式(8-27)确定[11]:

$$L = L_0 \left[ \sqrt{(L_0 / S)^2 + 3/2} - L_0 / S \right] \tag{8-27}$$

式中，$L_0$ 为相邻区段工作面的周期来压步距，m；$S$ 为相邻区段工作面长度，m。

由 8206 工作面矿压规律实测结果可知，$L_0$=18.7m，$S$=180m，代入式(8-27)计算得 $L$=26.3m。基本顶在岩体内部的破断位置可由式(8-28)求得[12-14]

$$x = \frac{\lambda m}{2 \tan \varphi} \ln \left( \frac{k \gamma H + \dfrac{c}{\tan \varphi}}{\dfrac{c}{\tan \varphi} + \dfrac{P}{\lambda}} \right) \tag{8-28}$$

式中，$x$ 为基本顶断裂线与采空一侧煤壁的距离，m；$c$ 为内聚力，MPa；$\varphi$ 为内摩擦角，(°)；$P$ 为支护阻力，MPa；$m$ 为煤层厚度，m；$\lambda$ 为侧压系数；$k$ 为应力集中系数；$\gamma$ 为覆岩平均容重，$kN/m^3$；$H$ 为巷道埋深，m。

相关参数取值如下：侧压系数 $\lambda$ 取 1.2；煤层厚度 $m$ 取 2.4m；内摩擦角 $\varphi$ 取 24°；内聚力 $c$ 取 2.31MPa；应力集中系数 $k$ 取 2.17；覆岩平均容重 $\gamma$ 取 $25kN/m^3$；巷道埋深 $H$ 取 510m；支护阻力 $P$ 取 0.6MPa。将以上取值代入式(8-28)，可以得出 $x$ =12.3m。也就是说，基本顶在采空区内距巷道碎石侧 12.3m 处发生破断，可知基本顶在采空区内发生了破断。

基于基本顶破断位置与切顶留巷相对空间位置，探析了基本顶结构破断位置分别位于切顶留巷巷道上方、切顶侧采空区上方、实体煤帮上方的切顶留巷围岩破坏机理。具体如下：①当基本顶结构破断位置位于切顶留巷巷道上方时，本工作面基本顶周期破断会联动上区段工作面周期破断时的弧形三角块体以给定荷载方式作用于切顶留巷围岩，造成碎石帮挤压外鼓、挡矸支护结构损毁。侧向支承应力与超前支承应力叠加作用于实体煤帮，造成实体煤帮片帮。此种情形下的围岩控制需全盘考虑。②当基本顶结构破断位置位于实体煤帮上方时，切顶留巷处于多边弧形三角块下方，基本顶周期破断联动多边弧形三角块体，但无法将上覆岩层荷载传递至切顶留巷围岩，此种情形对实体煤帮、巷道顶板影响较小。巷道围岩控制应重点考虑碎石帮。③当基本顶结构破断位置位于切顶侧采空区时，切顶留巷处于悬顶区域覆岩给定荷载下，靠近切顶留巷端头处的液压支架受载明显。实体煤帮可能发生整体失稳，并伴有底鼓现象。切顶侧三角块体以给定荷载作用于矸石，加之超前支承压力作用，矸石帮挤压外鼓变形会较严重。

由此可知，大斗沟煤矿 8201 工作面与相邻 8206 工作面基本顶结构属于图 8-5 的情形，即基本顶结构破断位置位于切顶侧采空区上方。此种情形下，巷道围岩破坏主要是碎石帮挤压外鼓和巷道底鼓，因此支护重点是切顶侧碎石帮和切顶侧顶板。

### 8.1.3　切顶留巷"顶—帮"破坏互馈机理

1. 石炭系坚硬顶板切顶留巷"顶—帮"互馈过程

区别于传统沿空留巷方式，切顶留巷靠近本工作面实体煤侧上覆顶板结构被预裂切断，相应的应力场分布也发生了显著变化[15,16]。本节以 8201 工作面切顶留巷工程实际条件与切顶留巷工程实践为研究背景，旨在构建切顶留巷碎石帮、实体煤帮与顶板的联动力学模型。探究碎石帮、实体煤帮与顶板三者之间的关联与互馈机制。明确顶板荷载对碎石帮、实体帮的力学胁迫作用，以及碎石帮、实体煤帮失稳对顶板结构回转失稳的诱发作用，进而为石炭系坚硬顶板切顶留巷围岩破坏控制方向与重点提供理论依据。

已有文献表明[17]，在切顶留巷工程实践中，预裂切缝作用范围为"直接顶+下层位基本顶"，基本顶上层位及其上覆岩层以荷载形式作用于"直接顶+下层位基本顶"。由"直接顶+下层位基本顶"组成的组合承载结构是影响切顶留巷围岩变形的关键。本工作面回采前的切顶留巷围岩破坏失稳机理示意图，如图 8-6 所示。本工作面回采前，切顶留巷上覆顶板结构关键块体由于切顶作用，直接顶上覆顶板结构被分为两个关键块体 $A$ 和 $B$。在这个阶段内，切顶留巷围岩破坏主要是由于原岩应力场扰动造成围岩收敛，关键块体 $A$ 和 $B$ 以荷载形式作用于切顶留巷围岩。

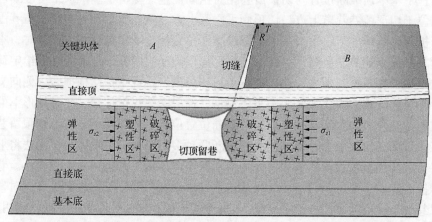

图 8-6　切顶留巷围岩破坏失稳机理示意图(本工作面回采前)

本工作面回采后的切顶留巷围岩破坏失稳机理示意图，如图 8-7 所示。切顶留巷上覆顶板结构关键块体可分为 $A$、$B_1$、$B_2$。关键块体 $B_1$ 与关键块体 $B_2$ 相互咬合铰接，其回转下沉形成的弯矩及其上覆岩层荷载作用于切顶留巷切顶侧帮部。采空区内矸石在回转下沉产生的弯矩及其上覆岩层荷载作用下，逐渐被压缩进而

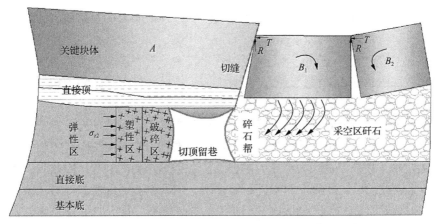

图 8-7　切顶留巷围岩破坏失稳机理示意图(本工作面回采后)

造成矸石帮继续挤压外鼓。当切顶不充分时，关键块体 $B_1$ 容易形成悬顶，此时顶板内部积聚大量弹性能，加之侧向支承应力作用，当悬顶达到一定面积时，加之工作面不断推进，基本顶发生破断，将会联动悬顶发生破断。通过现场实测，研究表明切顶留巷围岩具有明显的"不对称破坏"特征，即切顶侧的顶板和帮部变形明显大于实体煤侧。从巷道围岩结构看，造成这一现象的根源在于关键块体 $B_1$ 和 $B_2$ 的回转下沉作用。可见，"顶—帮"互馈最明显的阶段是在本工作面回采时期，顶帮联动是此阶段的显著特点。

相邻工作面回采后的切顶留巷围岩破坏失稳机理示意图，如图 8-8 所示。相邻工作面回采后，关键块体 $A$ 发生向采空区的回转下沉，以弯矩作用于采空区内的矸石。通过应力传递，此阶段内的实体煤帮和实体煤侧顶板上肩角位置的围岩将出现塑裂破坏。因本工作面回采后，采空区上覆岩层进入垮落稳定阶段，主要以给定变形形式作用于已被压缩的碎胀矸石。因此相邻工作面回采后，关键块体

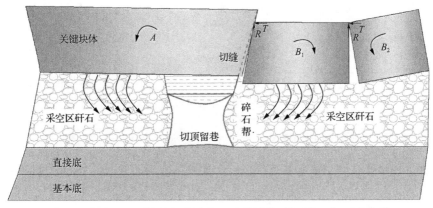

图 8-8　切顶留巷围岩破坏失稳机理示意图(相邻区段工作面回采后)

$B_1$ 和 $B_2$ 向本工作面采空区内的回转变形量并不大，此阶段内沿切顶侧的碎石帮和顶板上肩角位置的围岩塑裂破坏并不明显。相邻工作面回采后，巷道支护重点是在超前支护段对实体煤侧上肩角位置的强化控制。需要说明的是，本节内容是为了说明切顶留巷围岩失稳全过程。随着相邻工作面推进，在相邻工作面采空区内的巷道已经无须维护。

综上所述，通过研究切顶留巷"顶—帮"在本工作面回采前、本工作面回采后以及相邻工作面回采后的互馈过程，可以明确三个阶段内的围岩控制重点。如图 8-9 所示，顶板下沉最为严重的阶段发生在本工作面回采时，因此对顶板的控制应着重在此阶段内实施。对于碎石帮来说，本工作面回采前，仅对顶板进行了切缝，因此碎石帮并未完全形成。当本工作面回采后，碎石帮完全形成，此阶段内由于切顶结构回转下沉，对碎石帮造成的影响最大，因此此阶段内的碎石帮变形较严重，对碎石帮的控制应在本工作面回采时重点实施。实体煤帮在本工作面回采前、本工作面回采时的变形较小。而在相邻工作面回采时，由于关键块体结构回转下沉，此阶段内的实体煤帮塑裂变形大，因此应在相邻工作面回采时，在超前支护段加强对实体煤帮的控制。

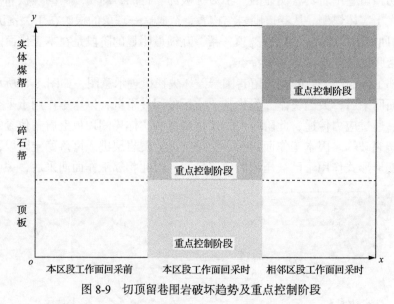

图 8-9　切顶留巷围岩破坏趋势及重点控制阶段

#### 2. 石炭系坚硬顶板切顶留巷"顶—帮"互馈力学分析

为进一步探究切顶留巷巷道顶板、实体煤帮、碎石帮之间的力学联系及互馈力学机理，基于 8201 区段运输平巷（8206 区段回风平巷）围岩破坏特征，构建理论计算模型如图 8-10 所示。该模型将巷道上覆顶板视为悬臂梁，上覆顶板围岩受侧向支承应力作用。顶板下方受碎石体、塑裂实体煤、支护结构体支撑。实体煤帮侧向支承应力峰值表示为 $S_1$，碎石帮侧向支承应力峰值为 $S_2$，巷道顶板上方支承应力为 $S_3$。因切顶留巷上覆顶板围岩与巷道实体煤帮、碎石帮相互作用机理复杂，为便于理论分析，进行以下理论假设[18-20]：①切顶后的采空区矸石在切顶预裂爆破后，碎石尺寸不一，此模型将碎石体理论假设为均匀各向同性的无黏性散体；②槽钢、金属网、塑钢网、柔性水泥毯和单体液压支柱组成的复合挡矸支护体系假设为连续刚性体，能够侧向约束碎石帮挤压外鼓变形；③塑裂实体煤帮、碎石帮视为支承结构，作用位置位于实体煤帮、碎石帮的中部位置；④支护结构体产生的作用力可以传递至巷道顶板，等效为均布荷载；⑤顶板支承应力荷载假设为线性分布。

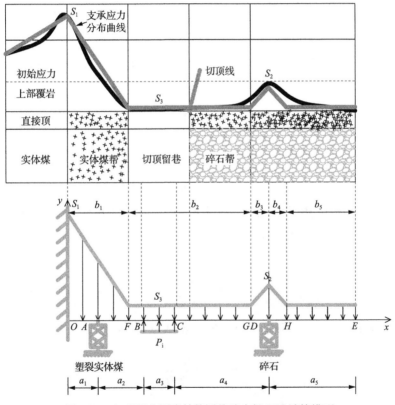

图 8-10　切顶留巷围岩结构系统稳定性理论计算模型

图中 $O$ 点至 $A$、$B$、$C$、$D$、$E$ 的支承应力作用范围分别为 $a_1$、$a_2$、$a_3$、$a_4$、$a_5$，$O$ 点至 $F$、$G$、$D$、$H$、$E$ 的支承应力作用范围分别为 $b_1$、$b_2$、$b_3$、$b_4$、$b_5$。依据材料力学、弹性力学相关理论，从变形协调角度考虑，当满足问题求解时，切顶留巷实体煤帮的变形协调方程为

$$\Delta_{\mathrm{m}} = W_{A(F_z)} + W_{A(F_s)} + W_{A(P_1)} + W_{A(q_x)} \tag{8-29}$$

式中，$\Delta_{\mathrm{m}}$ 为实体煤帮压缩变形量，m；$W_{A(F_z)}$ 为顶板在实体煤支撑作用下 $A$ 点位置挠度，m；$W_{A(F_s)}$ 为碎石支撑作用下 $A$ 点位置挠度，m；$W_{A(P_1)}$ 为顶板在支护结构体支护力作用下 $A$ 点位置挠度，m；$W_{A(q_x)}$ 为顶板及其上覆支承压力作用下 $A$ 点位置挠度，m。

切顶留巷碎石帮的变形协调方程可表达为

$$\Delta_{\mathrm{s}} = W_{D(F_z)} + W_{D(F_s)} + W_{D(P_1)} + W_{D(q_x)} \tag{8-30}$$

式中，$\Delta_{\mathrm{s}}$ 为碎石帮压缩变形量，m；$W_{D(F_z)}$ 为顶板在实体煤支撑作用下 $D$ 点位置挠度，m；$W_{D(F_s)}$ 为碎石支撑作用下 $D$ 点位置挠度，m；$W_{D(P_1)}$ 为顶板在支护结构体支护力作用下 $D$ 点位置挠度，m；$W_{D(q_x)}$ 为顶板及其上覆支承压力作用下 $D$ 点位置挠度，m。

由已有研究成果可知，碎石在顶梁压缩作用下的应力应变关系表达式为

$$\sigma_{\mathrm{s}} = E_{\mathrm{s}} \varepsilon_{\mathrm{s}} \tag{8-31}$$

$$\varepsilon_{\mathrm{s}} = \frac{\Delta_{\mathrm{s}}}{H_{\mathrm{s}}} \tag{8-32}$$

$$\sigma_{\mathrm{s}} = \frac{F_{\mathrm{s}}}{A_{\mathrm{s}}} \tag{8-33}$$

式中，$\sigma_{\mathrm{s}}$ 为碎石承受作用力，kN；$\varepsilon_{\mathrm{s}}$ 为碎石在作用力下发生的应变，m；$E_{\mathrm{s}}$ 为碎石体弹性模量；$H_{\mathrm{s}}$ 为碎石帮高度，m；$A_{\mathrm{s}}$ 为巷道上覆顶板与碎石的接触面积，m²。

联合式 (8-31)~式 (8-33)，可得碎石帮变形量为

$$\Delta_{\mathrm{s}} = \frac{H_{\mathrm{s}} F_{\mathrm{s}}}{A_{\mathrm{s}} E_{\mathrm{s}}} \tag{8-34}$$

进一步分析切顶留巷顶板作用于碎石帮 $D$ 位置的挠度：

$$W_{D(F_z)} = \frac{F_z a_4^3}{3EI} \tag{8-35}$$

$$W_{D(F_s)} = \frac{F_s a_1^3}{6EI} (3a_4 - a_1) \tag{8-36}$$

$$W_{D(P_1)} = \frac{3P_1 a_3^4 - 4P_1 a_2^3 a_3 + P_1 a_2^4 + 4P_1 (a_3^3 - a_2^3)(a_4 - a_3)}{24EI} \tag{8-37}$$

$$W_{D(q_x)} = w_{q1}(b_3) + w_{q2}(b_3) + w_{q3}(b_3) + w_{q4}(b_3) \tag{8-38}$$

式中，$F_z$ 为实体煤对巷道顶梁的支撑作用力，kN；$F_s$ 为碎石对巷道顶板的支撑作用力，kN；$E$ 为巷道顶梁弹性模量，MPa；$I$ 为巷道顶梁惯性矩，$m^4$；$P_i$ 为支护结构体作用于巷道顶板的支护作用力，kN；$q_x$ 为巷道顶板所受支承力，kN。

切顶留巷碎石帮的变形协调方程可表达为

$$\Delta_s = W_{D(F_z)} + W_{D(F_s)} + W_{D(P_i)} + W_{D(q_x)}$$

$$= \frac{8F_z a_4^3 + 6F_s a_1^3 (3a_4 - a_1) + P_i \left[ 3a_3^4 - 4a_2^3 a_3 + a_2^4 + 4(a_3^3 - a_2^3)(a_4 - a_3) \right]}{24EI} \tag{8-39}$$

$$+ w_{q1}(b_3) + w_{q2}(b_3) + w_{q3}(b_3) + w_{q4}(b_3)$$

同理，可得碎石帮变形量的公式为

$$\Delta_m = \frac{H_m F_m}{A_m E_m} \tag{8-40}$$

式中，$\Delta_m$ 为实体煤帮压缩变形量，m；$F_m$ 为碎石对巷道顶板的支撑作用力，kN；$E_m$ 为实体煤弹性模量，MPa；$H_m$ 为碎石帮高度，m；$A_m$ 为巷道上覆顶板与实体煤的接触面积，$m^2$。

进一步分析切顶留巷顶板作用于实体煤侧 $A$ 位置的挠度：

$$W_{A(F_z)} = \frac{F_z a_1^2}{6EI}(3a_4 - a_1) \tag{8-41}$$

$$W_{A(F_s)} = \frac{F_s a_1^3}{3EI} \tag{8-42}$$

$$W_{A(P_i)} = \frac{3P_i a_3^2 a_1^2 - 2P_i a_3 a_1^3}{12EI} \tag{8-43}$$

$$W_{D(q_x)} = w_{q1}(a_1) + w_{q2}(a_1) + w_{q3}(a_1) + w_{q4}(a_1) \tag{8-44}$$

式中，$F_z$ 为实体煤对巷道顶梁的支撑作用力，kN；$F_s$ 为碎石对巷道顶板的支撑作用力，kN；$E$ 为巷道顶梁弹性模量，MPa；$I$ 为巷道顶梁惯性矩，$m^4$；$P_i$ 为支护结构体作用于巷道顶板的支护作用力，kN；$q_x$ 为巷道顶板所受支承力，kN。

切顶留巷实体煤帮的变形协调方程可表达为

$$\Delta_m = W_{A(F_z)} + W_{A(F_s)} + W_{A(P_i)} + W_{A(q_x)}$$

$$= \frac{2F_z a_1^2 (3a_4 - a_1) + 4F_s a_1^3 + 3P_i a_3^2 a_1^2 - 2P_i a_3 a_1^3}{12EI} + w_{q1}(a_1) + w_{q2}(a_1) + w_{q3}(a_1) + w_{q4}(a_1)$$

$$\tag{8-45}$$

根据本工作面回采前、本工作面回采时、相邻工作面回采时的覆岩运动特征，分析了关键块体 $A$、$B_1$、$B_2$ 运动对切顶留巷围岩破坏的时空影响特征。具体如下：本工作面回采时，关键块体 $B_1$、$B_2$ 传递的弯矩作用力，可能造成切顶侧帮部挤压外鼓和顶板下沉，巷道底鼓往往发生在此阶段；本工作面回采后，关键块体 $B_1$ 和 $B_2$ 的回转下沉最为活跃，"顶—帮"互馈最为明显，顶板联动是此时期的显著特点；相邻工作面回采时，关键块体 $B_1$ 和 $B_2$ 向本工作面采空区内的回转变形量并不大，切顶留巷碎石帮和靠近碎石帮侧的顶板破坏态势已趋于稳定。此阶段主要是关键块体 $A$ 回转下沉对切顶留巷实体煤帮破坏的影响较为明显。因此，明确了本工作面回采时的围岩控制重点在于碎石帮、顶板，相邻工作面回采时的围岩控制重点在于实体煤帮。基于石炭系坚硬顶板切顶留巷"顶—帮"互馈分析，构建了切顶留巷围岩结构系统稳定性分析模型，得出了切顶留巷实体煤帮、碎石帮的变形协调方程以及变形量表达式。

# 8.2　坚硬顶板切顶留巷围岩失稳机理

针对石炭系坚硬顶板切顶留巷碎石帮挤压外鼓变形量大、挡矸支护结构损毁严重、切顶侧顶板严重下沉、顶板锚杆(索)脱落失效的实际特征，综合现场实测、室内试验、数值模拟及理论分析结果，以大斗沟煤矿 8201 区段运输平巷(8206 区段回风平巷)切顶留巷工程实际为研究背景，系统探索了石炭系坚硬顶板切顶巷道在一次成巷阶段和二次复用阶段的围岩失稳机理。切顶留巷围岩失稳机理为切顶结构关键块体运动活化、应力场环境复杂易变、应力重新分布、支护结构体匹配性差。相应的围岩控制要求为有效控制切顶留巷围岩不对称破坏、有效控制切顶留巷碎石帮挤压外鼓、有效控制多次采掘扰动下的顶板破坏。

## 8.2.1　围岩破坏失稳分析

### 1. 切顶结构关键块体运动活化

区别于传统沿空留巷、沿空掘巷，无煤柱开采工作面切顶留巷方式利用靠近工作面一侧的碎石成帮进行巷道维护。切顶切断了基本顶弧形三角块体的力学传递，将其分为三角关键块体和多边弧形关键块体。本工作面回采后，两关键块体逐渐趋于稳定。当相邻工作面回采时，已经趋于稳定的两个关键块体再次被采掘扰动活化，引发关键块体以铰接点为中心，以碎石为承载结构的回转下沉，再次作用于碎石帮。与此同时，相邻工作面上方覆岩破断形成的弧形三角块体回转下沉，作用于实体煤帮，使得一次成巷阶段本已经塑裂的实体煤再度破裂失稳。碎石侧切顶关键块体回转下沉产生的弯矩与实体煤侧弧形三角块体产生的弯矩，相向对切顶留巷围岩产生应力驱动。围岩在此应力驱动作用下易发生破坏失稳。

### 2. 应力场环境复杂多变

切顶虽然切开了本工作面靠近切顶侧的弧形三角块体，但受现有切顶技术制约，尤其是当基本顶厚度较大时，并不能将产生力学荷载的结构体纵向完全切开，因此就产生了覆岩大结构动荷载，可以通过切顶小结构传递至巷道围岩结构。当覆岩为坚硬顶板时，高位覆岩大结构易发生悬顶。坚硬悬顶产生的大荷载通过低位切顶小结构、实体煤及碎石体传递，随之相应产生的超前支承应力与侧向支承应力峰值高、范围广。根据现场实测，切顶留巷悬顶面积高达 250m², 靠近碎石帮巷的单体支柱荷载高达 44.4MPa。低位切顶小结构、高位覆岩大结构和弧形三角体结构之间的采动力学作用相互交织，应力场环境更加复杂，由此产生了顶板严重下沉、碎石帮挤压外鼓等矿压显现。

### 3. 应力重新分布

切顶留巷在掘进期间、本工作面回采期间、相邻工作面回采期间，围岩应力几经重新分布，应力沿不同方向加卸载[21-23]。煤岩体在围岩应力重新分布作用下几经受载破坏。尤其是当围岩内部的应力梯度与应力峰值发生改变时，峰值后的煤岩体在应力驱动作用下会有以下表现：①煤岩体在周期性应力胁迫下，煤岩体内部裂隙继续增加并再度扩展、延伸和贯通，实体煤帮发生片帮现象；②碎石帮在应力重新分布期间不断碎胀扩容，产生向切顶留巷空间内的挤压外鼓变形；③巷道顶板在应力胁迫作用下，出现锚杆(索)脱落失效、裂隙贯通、严重下沉等现象。

### 4. 支护结构体匹配性差

切顶留巷巷道围岩破坏失稳过程可描述为：切顶巷道一次掘进→切顶巷道超前切顶预裂爆破→本工作面回采→低位切顶小结构破断失稳→巷道围岩体损伤塑裂→基本顶初次来压和周期来压→高位覆岩大结构与低位切顶小结构联动→碎石帮挤压外鼓→切顶侧顶板下方碎石帮支撑作用丧失→切顶侧顶板岩体下沉、岩层间错位、滑裂及嵌入现象发生→挡矸支护结构荷载增大且受力不均→挡矸支护结构体损毁失效→相邻工作面回采→低位切顶小结构活化→相邻工作面覆岩结构破断失稳→实体煤塑裂破坏、裂隙延伸贯通→实体煤塑裂失稳→切顶留巷围岩结构整体破坏失稳。由此可见，碎石帮在切顶留巷围岩结构稳定性起着至关重要的作用。但初始支护忽略了碎石帮控制。现有支护方案的支护构型、支护密度、支护深度与切顶留巷围岩结构破裂失稳特征显著不适。综合上述四方面因素，将石炭系坚硬顶板切顶留巷围岩系统破坏失稳机理汇总于图 8-11。

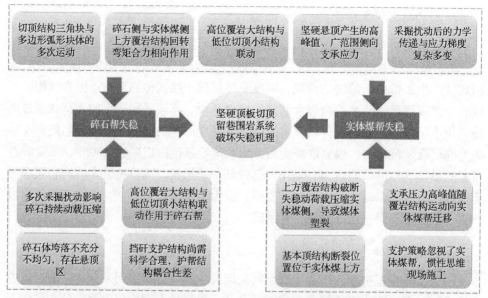

图 8-11　石炭系坚硬顶板切顶留巷围岩系统破坏失稳机理分析

### 8.2.2　围岩破坏控制要求

由此可见，石炭系坚硬顶板切顶留巷围岩环境复杂，从常规角度提出的围岩控制策略因缺乏针对性、系统性，难以实现切顶留巷长久稳定。因此需要研发新型支护结构以控制切顶留巷围岩破坏失稳。具体应能满足以下要求。

（1）有效控制切顶留巷围岩不对称破坏。

由于超前切顶预裂爆破，直接顶和部分基本顶被纵向切断，在阻断应力传递的同时，破坏了直接顶和部分基本顶的岩体完整性。切顶侧的直接顶和部分基本顶随工作面开采形成碎石，垮落在采空区。现场实测数据表明，切顶留巷围岩变形呈现显著的不对称破坏特性。这就要求切顶留巷支护结构系统应具有很好的针对性、适应性、结构性，既能有效保持切顶留巷整体围岩系统稳定性，又能侧重对巷道围岩系统薄弱部位加强支护，保证巷道围岩系统不因薄弱部位破坏而发生整体失稳。

（2）有效控制切顶留巷碎石帮挤压外鼓变形。

现场实测结果表明，8201 区段运输平巷（8206 区段回风平巷）碎石帮挤压外鼓变形严重，挤压外鼓变形量高达 0.6m，进而驱使碎石帮挡矸支护结构失效，如单体液压支柱倾倒、金属网撕裂、挡矸装置弯折。因此，新型挡矸支护构型应能良好地适应矸石垮落的时空过程，不但能抵抗矸石初期垮落阶段时的侧向冲击，而且应能适度控制碎石帮挤压外鼓变形，这就要求挡矸支护结构应具备刚柔并济的特点。

（3）有效控制多次采掘扰动下的顶板破坏。

切顶留巷在巷道服务期间，经历了一次成巷阶段和二次复用阶段。采掘扰动引发的应力循环加卸载造成了顶板滑移、嵌入和台阶下沉等现象。因此这就要求在现场支护实践中，要充分考虑支护结构体的耐久性和抗疲劳性。研发能够有效控制顶板破坏的支护结构尤为必要。

## 参 考 文 献

[1] 王德超, 王洪涛, 李术才, 等. 基于煤体强度软化特性的综放沿空掘巷巷帮受力变形分析[J].中国矿业大学学报, 2019, 48(2): 295-304.

[2] 王德超. 千米深井综放沿空掘巷围岩变形破坏演化机制及控制研究[D]. 济南: 山东大学, 2015.

[3] 冯夏庭, 周辉, 杨存龙. 高地应力下不同应力路径岩石卸载破坏特征的真三轴试验与本构关系研究[R]. 武汉: 中国科学院武汉岩土力学研究所, 2006.

[4] Wang S L, Zheng H, Li C G, et al. A finite element implementation of strain-softening rock mass[J]. International Journal of Rock Mechanics and Mining Sciences, 2011, 48(1): 67-76.

[5] Lee Y K, Pietruszczak S. A new numerical procedure for elasto-plastic analysis of a circular opening excavated in a strain-softening rock mass[J]. Tunnelling and Underground Space Technology, 2008, 23(5): 588-599.

[6] Wang X Y, Bai J B, Wang R F, et al. Bearing characteristics of coal pillars based on modified limit equilibrium theory[J]. International Journal of Mining Science and Technology, 2015, 25: 943-947.

[7] 王琼. 切顶卸压自成巷碎石帮承压变形机制研究[D]. 北京: 中国矿业大学(北京), 2019.

[8] 郭志飚, 王琼, 王昊昊, 等. 切顶成巷碎石帮泥岩碎胀特性及侧压力分析[J]. 中国矿业大学学报, 2018, 47(5): 987-994.

[9] 何满潮, 王亚军, 杨军, 等. 切顶成巷工作面矿压分区特征及其影响因素分析[J]. 中国矿业大学学报, 2018, 47(6): 1157-1165.

[10] 胡超文. 高瓦斯矿井 110 工法矿压规律及其对瓦斯涌出影响机制[D]. 北京: 中国矿业大学(北京), 2019.

[11] 朱德仁. 长壁工作面基本顶的破断规律及其应用[D]. 徐州: 中国矿业大学, 1987.

[12] 何文瑞, 何富连, 陈冬冬, 等. 坚硬厚基本顶特厚煤层综放沿空掘巷煤柱宽度与围岩控制[J]. 采矿与安全工程学报, 2020, 37(2): 349-358, 365.

[13] 郭金刚, 王伟光, 何富连, 等. 大断面综放沿空巷道基本顶破断结构与围岩稳定性分析[J]. 采矿与安全工程学报, 2019, 36(3): 446-454, 464.

[14] Yan H, He F L, Li L Y, et al. Control mechanism of a cable truss system for stability of roadways within thick coal seams[J]. Journal of Central South University, 2017, 24(5): 1098-1110.

[15] 郭鹏飞. 延安禾二矿切顶卸压沿空留巷无煤柱开采研究及应用[D]. 北京: 中国矿业大学(北京), 2018.

[16] 王维维, 李凤义, 兰永伟. 切顶卸压沿空留巷技术研究及应用[J]. 黑龙江科技大学学报, 2014, 24(1): 20-23.

[17] 孙兵军. 切顶卸压沿空留巷顶板变形机理及控制技术研究[D]. 淮南: 安徽理工大学, 2021.

[18] 王仁, 殷有泉. 工程岩石类介质的弹塑性本构关系[J]. 力学学报, 1981, (4): 317-325.

[19] 秉业, 王晓纯. 谈谈弹塑性力学中的简化问题[J]. 力学与实践, 2015, 37(3): 395-396.

[20] 徐秉业. 简明弹塑性力学[M]. 北京: 高等教育出版社, 2011.

[21] 黄炳香, 张农, 靖洪文, 等. 深井采动巷道围岩流变和结构失稳大变形理论[J]. 煤炭学报, 2020, 45(3): 911-926.

[22] 谢红强, 何江达, 徐进. 岩石加卸载变形特性及力学参数试验研究[J]. 岩土工程学报, 2003, (3): 336-338.

[23] 赵博, 徐涛, 杨圣奇, 等. 循环载荷作用下高应力岩石疲劳损伤破坏数值模拟与试验研究[J]. 中南大学学报 (自然科学版), 2021, 52(8): 2725-2735.

# 第9章 坚硬顶板切顶留巷围岩控制原理与技术体系

本章首先探讨单孔聚能爆破与双孔聚能爆破的岩体裂纹扩展规律，据此开展深浅孔组合爆破、分段创造导向孔爆破、D 型聚能管聚能爆破等试验，并介绍研发的新型三向卸压聚能预裂爆破装置。此外，基于石炭系坚硬顶板切顶留巷围岩破坏特征及失稳机理，确定了坚硬顶板切顶留巷围岩随态控制原则，并提出碎石帮挡矸复合加固技术和超前支护段刚柔密强支护技术。现场切顶留巷围岩随态支护工业性试验，验证了随态支护方案的有效可靠性。

## 9.1 石炭系坚硬顶板切顶留巷预裂爆破关键技术

### 9.1.1 切顶预裂爆破原始工艺优化方向

石炭系坚硬顶板在切顶预裂爆破过程中容易产生悬顶、炸帮、冲孔严重等现象。目前针对切顶预裂爆破的研究主要集中在切顶角度、切顶高度、切顶孔间距、装药结构的改进与优化，对深入研发切顶预裂聚能爆破装置的研究较少。双向定向预裂爆破结构是目前切顶成巷预裂爆破工艺的主要形式[1]，但在坚硬顶板切顶过程中出现了预裂爆破效果不佳、坚硬顶板垮落不充分等问题，如图 9-1 所示。

图 9-1　采空区悬顶

通过调研大斗沟煤矿 8201 区段运输平巷(8206 区段回风平巷)的切顶预裂爆破原始参数，总结如下：①切顶角度为 15°，切顶长度为 8.1m，切顶孔间距为 0.5～

0.8m，采用双向聚能管、三级乳化炸药、瞬发电雷管、水炮泥封孔进行定向预裂爆破。②双向聚能管外径为 42mm，内径为 36.5mm，长度为 1500mm；三级乳化炸药规格为 $\Phi$35mm×300mm/卷；装炮泥的炮袋为 $\Phi$38mm×500mm 塑料或纸质炮袋。装药结构为 2+2+2+1+1，3+2+2+2+1，3+3+2+2+1，3+3+3+2+1，4+3+3+2+1。

8201 区段运输平巷原始切顶预裂爆破工艺存在以下不足。

(1)切顶长度是影响切缝效果、顶板是否能够充分垮落的重要因素。根据 8201 工作面 BK09、BK14 钻孔的地勘结果，山 2#煤层直接顶为 2m 粉细砂岩，基本顶为 13.6m 中粗砂岩，属于"直接顶+厚硬基本顶"结构。当切顶长度为 8.1m 时，采空区内出现了坚硬顶板悬顶，切顶预裂爆破效果仍需改善。

(2)普通聚能管对于坚硬顶板来说，适用性较差，切顶预裂爆破效果不理想。在坚硬顶板切顶不充分的情况下，工作面容易发生动载矿压显现。尤其是坚硬顶板悬顶面积较大时，煤岩体内部容易产生局部应力集中区。当局部集中应力与超前支承应力叠加时，极易造成巷道围岩破坏失稳，因此研发适用于坚硬顶板切顶的聚能预裂爆破装置具有重要的现实意义。

(3)切顶预裂爆破原始装药结构为 2+2+2+1+1，3+2+2+2+1，3+3+2+2+1，3+3+3+2+1，4+3+3+2+1。通过钻孔窥视，发现沿钻孔深度方向，部分段并没有形成切缝。同时进行放炮时，封孔长度过短造成冲孔严重等问题，给顶板长久安全维护带来困难。

(4)切顶孔间距为 0.5~0.8m 时，有些切顶孔之间的岩体裂纹并未贯通，导致顶板切顶不充分，顶板不能充分垮落，进而形成悬顶。因此合理确定切顶孔间距也是亟须解决的问题。

### 9.1.2 坚硬顶板切顶预裂爆破关键技术

1. 坚硬顶板切顶聚能预裂爆破数值模拟

1)单孔情况下聚能预裂爆破模拟分析

采用 LS-DYNA 非线性动力有限元分析软件开展聚能预裂爆破数值模拟，为确定合理的切顶预裂爆破参数提供依据。模型采用 SOLID164 单元建立，采用流固耦合算法模拟爆破对岩体造成的损伤，以便防止网格畸变对模拟结果产生的偏差。建模过程中，采用 ALE 网格模拟药卷和空气，采用 Lagrange 网格模拟岩体和聚能管。将岩体、聚能管、药卷、空气进行耦合，通过模拟语言*CONSTRAINED-LAGRANGE-IN-SOLID 建立流固耦合模型。采用*MAT_HIGH_EXPLOSIVE_BURN 来定义三级乳化炸药材料模型，爆轰压力采用 JWL 状态方程表达[2]，即

$$Q=a\left(1-\frac{\xi}{ar_1}\right)\mathrm{e}^{-r_1v}+b\left(1-\frac{\xi}{ar_2}\right)\mathrm{e}^{-r_2v}+\frac{\xi\rho_0}{v} \tag{9-1}$$

式中，$Q$ 为爆炸时产生的爆轰压力，MPa；$a$、$b$、$r_1$、$r_2$、$\xi$ 是矿用乳化炸药材料参数（表 9-1）；$v$ 为爆炸时爆轰生成产物的体积，$m^3$；$\rho_0$ 为爆轰产物的初始内能，GPa。

**表 9-1　矿用乳化炸药材料参数**

| 密度/(kg/m³) | 爆速 $D$/(m/s) | 爆压/GPa | $a$/GPa | $b$/GPa | $r_1$ | $r_2$ | $\xi$ | $\rho_0$/GPa |
|---|---|---|---|---|---|---|---|---|
| 1175 | 3100 | 3.0 | 252 | 10.28 | 7.22 | 2.38 | 0.064 | 2.58 |

空气选用材料空模型进行模拟，具体参数见表 9-2。

**表 9-2　空气材料参数**

| 密度/(kg/m³) | $C_0$ | $C_1$ | $C_2$ | $C_3$ | $C_4$ | $C_5$ | $C_6$ | $V_0$ | $E_0$ |
|---|---|---|---|---|---|---|---|---|---|
| 1.293 | $-1\times10^{-6}$ | 0 | 0 | 0 | 0.38 | 0.38 | 0 | 1.0 | $2.059\times10^{-6}$ |

细砂岩物理力学参数见表 9-3。

**表 9-3　细砂岩物理力学参数**

| 岩性 | 密度/(g/cm³) | 抗拉强度 $\sigma_t$/MPa | 单轴抗压强度 $\sigma_c$/MPa | 弹性模量 $E$/GPa | 泊松比 $\mu$ | 内聚力 $C$/MPa | 内摩擦角 /(°) |
|---|---|---|---|---|---|---|---|
| 细砂岩 | 2.52 | 3.57 | 46.7 | 68.8 | 0.165 | 26.8 | 41 |

聚能管材质为聚氯乙烯，在高温高压下的力学行为较为复杂。具体表现为爆破初始阶段，具有一定的强度；当进入后期阶段，瞬时进入流塑状态。在爆轰波和爆轰产物的冲击及高温高压协同作用下，聚能管被瞬间破坏。基于聚能管在高温高压作用下的破坏特点，本次模拟聚能管的材料参数包括密度、弹性模量、抗拉强度、泊松比，取值分别为 1400kg/m³、3.3GPa、70MPa、0.3。单孔时的聚能预裂爆破数值模型，如图 9-2 所示。

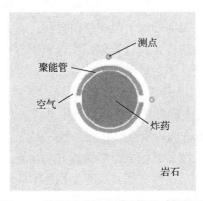

图 9-2　聚能预裂爆破数值模拟计算模型

　　由图 9-3 可知，聚能爆破时的爆轰压力曲线呈现快速突增→快速下降→趋于稳定的发展态势。当 $t$=5μs 时，爆轰压力接近于 0MPa，说明此时还未起爆。当 $t$=10μs 时，爆轰压力突然猛增至 526MPa，而后当 $t$=17μs 时，爆轰压力快速下降至约 0MPa。可知聚能爆破特点是爆轰压力大、释放时间短，进而造成爆轰波能量集中释放。普通爆破时的爆轰压力曲线呈现快速突增→缓慢下降→趋于稳定的发展态势。当 $t$=12μs 时，爆轰压力快速升至 290MPa，而后当 $t$=60μs 时，爆轰压力逐渐下降至 30MPa，此后趋于稳定。可知普通爆破的爆轰压力作用时间长，爆轰能量释放时间也长，而聚能爆破具有极短时间内爆轰能量迅速集中释放的特点。

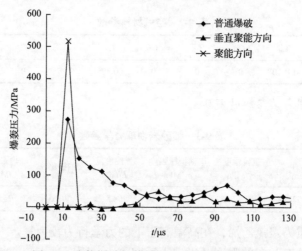

图 9-3　聚能爆破与普通爆破时的爆轰压力分布

　　由图 9-4 可知，当 $t$=9.6～18.9μs 时，应力波向岩体深部传播，应力值较大，衰减缓慢。由于应力集中作用，当 $t$=9.6μs 时，岩体开始出现压缩损伤，并随着应力波传播，损伤区域不断扩大。当 $t$=18.9～100μs 时，应力波传播至自由边界外，应力峰值不断衰减，但应力作用区域持续扩大。此阶段内，岩体压缩损伤区域进一步扩大，并且出现径向裂纹，呈向外辐射状。当 $t$=100μs 后，岩体中的应力值较小，局部有应力集中。该阶段岩体损伤区域不再扩展，在爆生气体持续作用下，径向裂纹不断扩展，最后形成裂纹破坏区。

　　由图 9-5 可知，当 $t$=9.6μs 时，由于聚能管结构约束作用，沿聚能方向孔壁出现了应力集中，但在其他方向并未出现应力集中。当 $t$=9.6～18.9μs 时，应力集中范围不断扩大，并沿聚能方向以扇形形状向孔壁两侧传播。当 $t$=80μs 时，岩石损伤区域突然增加，扇形区域显著扩大，沿聚能方向出现了裂纹。随着应力波持续传播，高应力促使裂纹不断延伸贯通，岩石损伤区不断扩大。由于裂纹延伸消耗了爆轰能量，应力波持续衰减。当 $t$=100μs 时，岩石损伤区由扇形变为"X"形，并且出现了沿聚能方向的应力集中区。当 $t$ =400μs 时，岩石损伤区域显著增大，沿聚能方向的裂纹延伸长度显著增加，炮孔周围岩体出现大量裂纹，表明岩体已经破碎。当 $t$ =600μs 时，沿聚能方向的裂纹进一步延伸，直至爆轰能量消耗殆尽。通过上述分析可知，聚能爆破情况下，爆轰波促使岩体沿聚能方向形成单一裂纹。与普通爆破相比，聚能爆破能够在聚能方向上形成定向裂缝，进而形成顶板切缝。

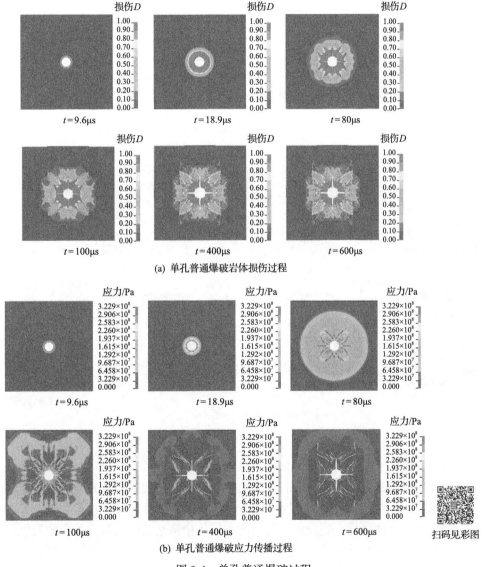

(a) 单孔普通爆破岩体损伤过程

(b) 单孔普通爆破应力传播过程

扫码见彩图

图 9-4　单孔普通爆破过程

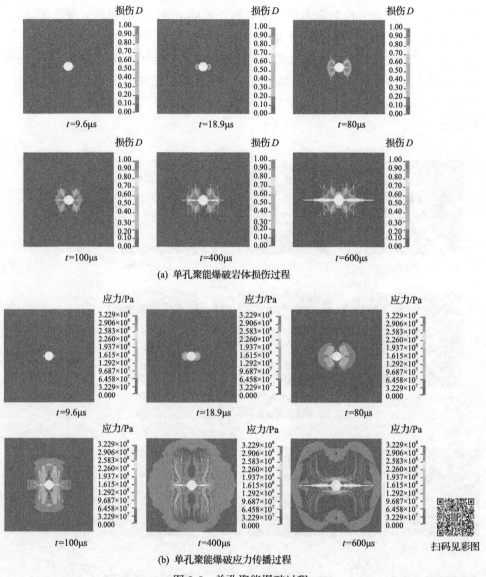

(a) 单孔聚能爆破岩体损伤过程

(b) 单孔聚能爆破应力传播过程

扫码见彩图

图 9-5　单孔聚能爆破过程

2) 双孔情况下聚能预裂爆破模拟分析

通过研究双孔聚能预裂爆破时的应力叠加与裂纹扩展规律，为合理确定切顶孔间距提供理论依据。切顶孔间距为 400mm 时的裂纹延伸贯通过程如图 9-6 所示。随着爆生气体传播，裂纹沿预裂方向在岩体中持续延伸，两孔各自的裂纹交叉，从而产生新裂纹，将两孔贯通。切顶孔间距为 500mm 时的裂纹延伸贯通过程，如图 9-7 所示。与切顶孔间距为 400mm 时相比，切顶孔间距为 500mm 时的定向裂纹延伸需要更长的过程。切顶孔间距为 500mm 时的裂纹延伸分为起裂阶段、持续延伸阶段、延伸突增阶段。对于起裂阶段，裂纹延伸较慢，仅在孔壁周围延伸了一定距离。随着爆生气体继续破岩，裂纹持续延伸，进入了持续延伸阶段。随后，裂纹进入延伸突增阶段，最终以很快速度迅速贯通两孔。

图 9-6　切顶孔间距为 400mm 时的裂纹延伸贯通过程

图 9-7　切顶孔间距为 500mm 时的裂纹延伸贯通过程

由图 9-8 可知,当 $t$ =65μs 时,压应力仅在孔壁产生很小的影响范围;当 $t$ =75μs 和 $t$ =95μs 时,压应力范围持续扩大,形成环绕孔壁分布的"应力环";当 $t$ =105μs 时,孔壁周围的压应力呈放射状向两孔间的岩体趋近,"应力环"影响范围继续扩大,形成完全环绕爆破孔的"半圆环"形态。当 $t$ =115μs 时,"应力环"形成"X"形叠加应力环,压应力在两孔间的岩体传播完毕。当 $t$ =125μs 时,压应力环影响范围和压应力集中程度持续增大,在两个"应力环"中部形成了压应力叠加集中区。当 $t$ =125μs 时,裂纹贯通了两孔。通过分析压应力传播过程可知,聚能爆破产生的爆轰作用以压应力传播为主要形式。当 $t$ =65～95μs 时,是压应力环的孕育阶段;当 $t$ =105～125μs 时,是压应力环的快速形成阶段;当 $t$ =135～145μs 时,是压应力环的稳定发展阶段。两孔间岩体破坏主要发生在压应力环的快速形成与稳定发展阶段。

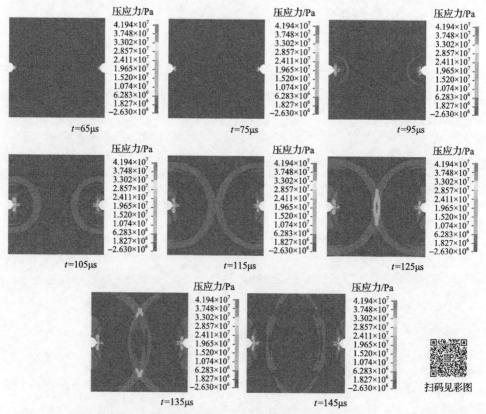

图 9-8　切顶孔间距为 500mm 时的压应力传播过程

图 9-9 为不同切顶孔间距的裂纹贯通情况。当切顶孔间距为 400mm 时,两孔间的岩体能够被贯通。当切顶孔间距为 500mm 时,两孔间的岩体刚好贯通,形成了良好切缝效果。当切顶孔间距为 600mm 时,两孔间的岩体未能贯通。切顶孔间

距为 400mm 时的裂纹宽度大于切顶孔间距为 500mm 时的裂纹宽度。综合考虑现场施工成本，切顶孔间距定为 500mm。

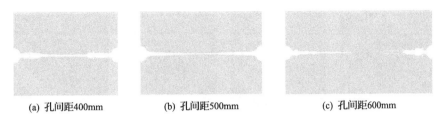

(a) 孔间距400mm      (b) 孔间距500mm      (c) 孔间距600mm

图 9-9 切顶孔间距分别为 400mm、500mm、600mm 时的裂纹贯通情况

### 2. 坚硬顶板切顶爆破预裂现场试验

#### 1) 深浅孔组合爆破试验

深浅孔组合爆破原理是深孔和浅孔同时为爆轰能量提供更多的自由空间，破坏顶板不同层位岩体。浅孔爆破为深孔爆破提供更多的能量释放空间。

深浅孔组合爆破试验方案：①试验地点位于 8201 区段运输平巷(8206 区段回风平巷)里程 420～444m 处(即距工作面开切眼 418～442m 处)，试验长度为 24m。采用深孔+浅孔相结合的预裂爆破方式，如图 9-10 所示。②每组包括 1 个深孔和 1 个浅孔，孔间距为 0.5m，深孔长度为 9.5m，浅孔长度为 6m。深孔安装 5 根聚能管，每根聚能管装 3 卷药，封孔长度为 2m；浅孔安装 2 根聚能管，每根聚能管装 3 卷药，封孔长度为 1.5m。聚能管采用 BTC-1500 型聚能管。开展 20 组爆破试验。

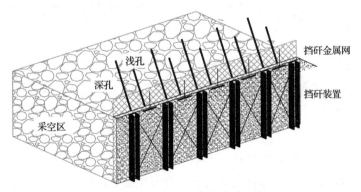

图 9-10 深浅孔组合爆破示意图

深浅孔组合爆破效果分析：当 8201 工作面推进到试验段时，采空区内坚硬顶板垮落效果不佳，存在坚硬顶板悬顶。通过钻孔窥视，发现人工封孔阶段的顶板切缝效果不佳。针对此类情况，在距离深孔 0.3m 处施工了长度为 8m 的深孔，进行二次爆破。深孔钻孔窥视图，如图 9-11 所示。钻孔深度为 1m 时，岩体比较完整，未发现有明显裂纹；钻孔深度为 2m 时，岩体出现了 1 条窄细裂纹；钻孔深度为 3m

时，岩体出现破碎情况；钻孔深度为 4m、5m、6m 时，定向裂缝出现。钻孔深度为 7m 和 8m 时，定向裂缝宽度显著增大。可见深孔中上部的预裂爆破效果较好。

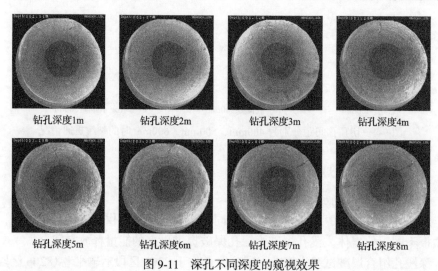

钻孔深度1m　　　　钻孔深度2m　　　　钻孔深度3m　　　　钻孔深度4m

钻孔深度5m　　　　钻孔深度6m　　　　钻孔深度7m　　　　钻孔深度8m

图 9-11　深孔不同深度的窥视效果

浅孔钻孔窥视效果，如图 9-12 所示。钻孔深度为 1m 时，岩体较为完整；钻孔深度分别为 3m 和 5m 时，岩体出现了竖向裂纹和横向裂纹；钻孔深度为 6m 时，岩体出现了较为明显的裂缝。可知浅孔预裂爆破效果劣于深孔，裂缝同样发育在顶板中上部。

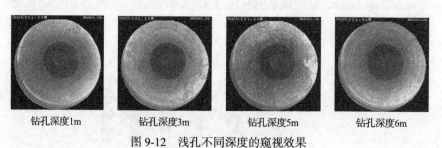

钻孔深度1m　　　　钻孔深度3m　　　　钻孔深度5m　　　　钻孔深度6m

图 9-12　浅孔不同深度的窥视效果

2) 分段创造导向孔爆破试验

毫秒延时爆破是利用毫秒延时雷管，在每个钻孔内使各个药包以毫秒级的不同时间顺序起爆的爆破技术。分段创造导向孔爆破试验方案：①试验地点位于 8201 区段运输平巷 (8206 工作面区段回风平巷) 里程 547～557m 处 (即距工作面开切眼 545～555m 处)，试验长度为 10m。钻孔采用毫秒延时雷管起爆的预裂爆破方式。②钻孔深度为 8.5m，孔间距为 0.5m。利用 1 段和 5 段雷管进行延时差爆破，1 段雷管延时 0ms，5 段雷管延时 110ms。本次试验 16 个孔，每个孔装 4 根聚能管，第 1、3 根聚能管装 5 段雷管，第 2、4 根聚能管装 1 段雷管。聚能管为 BTC-1500

型。封孔长度为 2m。8 个孔大串联一次起爆。

　　分段创造导向孔爆破效果分析：如图 9-13 和图 9-14 所示，通过对钻孔 1 和钻孔 8 进行窥视，钻孔 1 和钻孔 8 在深度分别为 3m、5m、7m 时，岩体出现了明显的定向裂缝，切顶预裂爆破效果较好。在现场起爆过程中，巷道震动和爆破烟尘也较小，炮孔冲孔率较低，孔周边煤壁炸落的石渣也较少，试验效果较好。

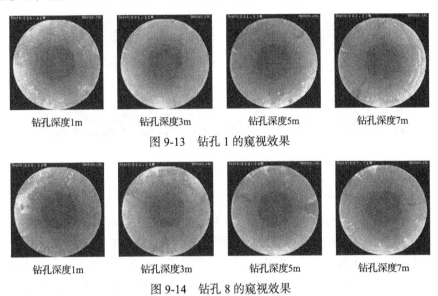

钻孔深度1m　　　　钻孔深度3m　　　　钻孔深度5m　　　　钻孔深度7m

图 9-13　钻孔 1 的窥视效果

钻孔深度1m　　　　钻孔深度3m　　　　钻孔深度5m　　　　钻孔深度7m

图 9-14　钻孔 8 的窥视效果

3) 新型 D 型聚能管爆破试验

　　新型 D 型聚能管材料为抗静电阻燃的 PVC，横截面呈 D 型，聚能管长轴长 30mm，短轴长 24mm，聚能管槽内角距离为 18mm，聚能管外角度为 60°。聚能管包括管体和扣盖，如图 9-15 所示。

图 9-15　新型 D 型聚能管

新型 D 型聚能管爆破试验方案：①试验地点位于 8201 区段运输平巷（8206 区段回风平巷）里程 528～538m 处（即距工作面开切眼 526～536m 处），试验长度为 10m，如图 9-16 所示。②D 型聚能管长 2m，采用 1 段和 4 段雷管装药，中间孔为 1 段。采用风动胶枪注药，风压为 0.6MPa。每个孔安装 5 根聚能管，每个管安装 2.5 个药卷。聚能管底部安装 1 卷加强药，封孔长度为 2.0m。

(a) 风动胶枪注药　　　　　　　　　(b) 连线爆破实景

图 9-16　新型 D 型聚能管爆破试验场景

新型 D 型聚能管爆破试验效果分析：通过对钻孔 3 和钻孔 9 进行窥视（图 9-17、图 9-18），钻孔 3 在深度为 1m 时，孔壁完整；在深度为 3m 时，孔壁出现了 1 条裂缝，说明预裂爆破起到了切缝效果；在深度为 5m 和 7m 时，孔壁未出现明显裂缝。钻孔 9 在深度为 1m 时，孔壁完整；在深度为 3m 时，孔壁出现了 1 条裂缝；在深度为 5m 和 7m 时，孔壁出现了 2 条定向裂缝。在现场试验中，爆破震动较小，煤壁石渣炸落较少，切缝效果较好。

   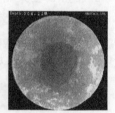

钻孔深度1m　　　　　钻孔深度3m　　　　　钻孔深度5m　　　　　钻孔深度7m

图 9-17　钻孔 3 窥视效果图

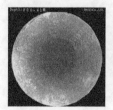 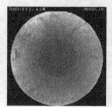 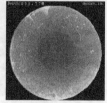 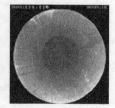

钻孔深度1m　　　　　钻孔深度3m　　　　　钻孔深度5m　　　　　钻孔深度7m

图 9-18　钻孔 9 窥视效果图

**3. 坚硬顶板三向卸压聚能预裂爆破装置**

石炭系坚硬顶板切顶预裂爆破难题是采空区内坚硬顶板悬顶。尤其是切顶巷道在留巷过程中由于顶板垮落不充分，致使采空区侧三角悬顶过大，造成巷道顶板离层严重，巷道维护困难[3-5]。D 型聚能管、W 型聚能管等聚能管爆破装置的研发目的主要是破坏岩体形成双向切缝。双向切缝虽然有效切断了应力传递，但对坚硬顶板的切顶预裂爆破效果不佳，进而导致采空区内时常发生悬顶。因此研发适合于坚硬顶板切顶预裂爆破的聚能预裂爆破装置尤为重要。

**1）三向卸压聚能预裂爆破装置研发**

本项目组研发了一种适用于坚硬顶板切顶预裂爆破的三向卸压聚能预裂爆破装置，爆破能量沿聚能管凹槽和环形孔对岩体进行拉裂。三向卸压聚能预裂爆破装置能够在三个方向上破坏岩体，其中两个方向平行于巷道走向方向，一个方向垂直于巷道轴向、朝向采空区上覆顶板内部。三向卸压聚能预裂爆破装置可以使顶板更易垮落，减小了坚硬顶板的放顶步距和采空区内三角悬顶面积，降低了基本顶来压对巷道的侧向冲击强度，巷道处于更佳稳定状态。

如图 9-19 所示，三向卸压聚能预裂爆破装置的长度为 1.6m，可装入 5 根三级乳化炸药药卷。沿装置杆体，设置有 2 个对向凹槽和 1 排环形孔，呈 90°垂直，总体分布为"⊥"字形。每隔 0.32m 设置有固定卡扣，用于固定药卷，防止人工填孔或封孔时发生药卷晃动。此外连接件设有双向凹槽，并与杆体的双向凹槽相匹配，防止聚能管互相错动。

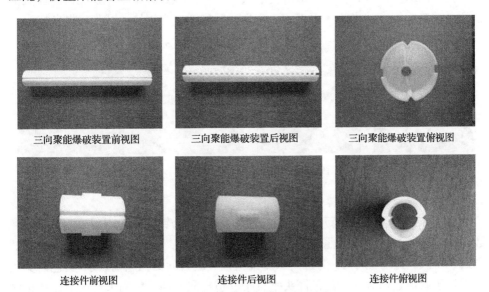

三向聚能爆破装置前视图　　三向聚能爆破装置后视图　　三向聚能爆破装置俯视图

连接件前视图　　连接件后视图　　连接件俯视图

图 9-19　三向卸压聚能预裂爆破装置

2) 三向卸压聚能预裂爆破相似模拟试验

为验证三向卸压聚能预裂爆破装置的有效可靠性, 在 8201 区段运输平巷 (8206 区段回风平巷) 避难硐室开展了物理相似模拟试验。如图 9-20 所示, 岩体模拟采用正方体透明亚克力试块, 试块长、宽、高均为 150mm, 中间钻孔直径为 15mm, 长度为 110mm。模拟聚能管采用直径 10mm、长 70mm 的透明亚克力管, 管壁三向打孔, 模拟三向卸压聚能预裂爆破装置。

(a) 亚克力试块　　　　　　　　(b) 模拟聚能管

图 9-20　亚克力试块与模拟聚能管

试验过程最大限度地还原 8201 区段运输平巷 (8206 区段回风平巷) 切顶预裂爆破过程。将 1 段雷管放入模拟聚能管中, 聚能管放置到试块钻孔的中心位置, 将雷管脚线延出。装药长度 70mm, 封孔长度 40mm。在试块上标记聚能凹槽和环形孔方向对应的位置。物理相似模拟试验结果, 如图 9-21 所示。三向卸压聚能预裂爆破装置能有效沿相互垂直的三个方向预裂亚克力试块, 试验效果良好。

图 9-21　物理相似模拟试验结果

3) 三向卸压聚能预裂爆破现场试验

在距 8201 区段工作面开切眼 800m 处, 施工 3 个钻孔进行现场试验。具体参数为: 孔间距为 0.5m, 钻孔长度为 9m, 钻孔角度为 10°, 装药结构采用 "4+4+3+3+2" 方式, 一次起爆。图 9-22 为三向卸压聚能预裂爆破的钻孔窥视效果 (黄色箭头代表平行于巷道走向方向, 红色箭头垂直于巷道走向方向、朝向采空区上覆顶板内部)。可知三向卸压聚能预裂爆破装置能够有效沿三个方向将岩体预裂成缝, 预裂爆破效果良好。

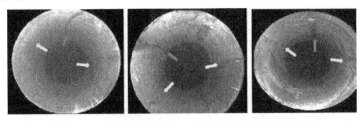

图 9-22　三向卸压聚能预裂爆破的钻孔窥视效果

### 9.1.3　坚硬顶板切顶成巷关键技术

1. 坚硬顶板切顶高度分析

1）理论计算

在切顶留巷工程实践中，切顶高度尤为重要。一方面，切顶高度关系到切顶范围内的岩体能否充分垮落，碎胀后能否有效充填采空区，形成易于维护的碎石帮。另一方面，如果切顶高度过小，难以切断应力传递，导致巷道矿压显现较大，如果切顶高度过大，切顶卸压效果会较好，但也增加了经济成本。因此需要合理确定切顶高度，以便取得综合效果。其中切顶高度计算公式：

$$H_{QF} = (H_M - \Delta H_1 - \Delta H_2) / (K - 1) \tag{9-2}$$

式中，$H_{QF}$ 为切顶高度，m；$H_M$ 为采高，m；$\Delta H_1$ 为顶板下沉量，m；$\Delta H_2$ 为底鼓量，m；$K$ 为碎胀系数。根据实测参数，煤层采高取最大值 3m，不考虑顶板下沉量和底鼓量，碎胀系数参照直接顶，取值 1.35。通过计算可得切顶高度为 8.57m。为了减小顶板垮落对巷道的冲击，按照切顶角度 0°、5°、10°、15°、25°分别计算得出切顶高度取值为 8.57～9.46m。

2）数值模拟分析

切顶高度为 7m、9m、12m 的垂直应力与垂直位移分布，如图 9-23 所示。当切顶高度为 7m 时，应力集中区主要分布在切顶巷道实体煤上方顶板，呈楔形由下而上分布，应力峰值约为 27MPa。靠近切顶帮上方的顶板，应力峰值约为 10MPa。切缝两侧的应力分布具有明显的分区性，切缝侧应力低、实体煤侧应力高，但没有完全切断应力传递。此类切顶情形对巷道实体煤帮以及靠近实体帮上方顶板的影响较大。从垂直位移也可看出，切顶巷道顶板下沉量较大，不利于顶板维护。

当切顶高度为 9m 时，垂直应力集中分布范围及大小显著减小，主要分布在靠近实体煤帮上方顶板以及巷道中部上方顶板，垂直应力约为 22MPa。直接顶和基本顶直接垮落于采空区，形成碎石帮。切缝侧上方顶板的垂直应力显著降低，而垂直应力较为集中的区域向采空区内部转移。此时的巷道垂直位移很小，顶板下沉主要在切顶侧的顶板。

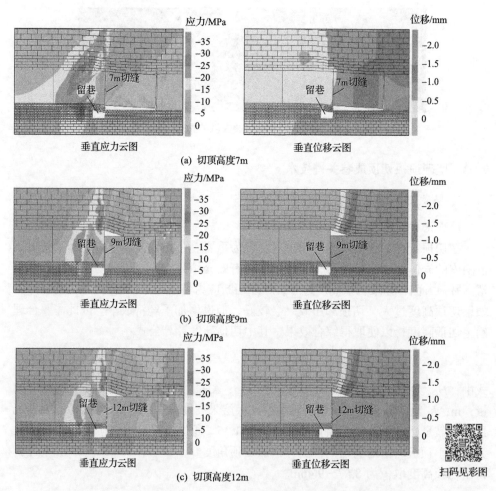

(a) 切顶高度7m

(b) 切顶高度9m

(c) 切顶高度12m

扫码见彩图

图 9-23　切顶高度为 7m、9m、12m 时的垂直应力与垂直位移分布

　　当切顶高度为 12m 时，垂直应力集中分布范围及大小继续减小，垂直应力约为 20MPa。直接顶和基本顶仍然直接垮落于采空区。切顶侧上方顶板的垂直应力较小。从垂直位移来看，切顶巷道顶板下沉并不明显。切顶侧的顶板继续下沉且下沉范围扩大。切顶高度为 9m 和 12m 时，切断了巷道上方应力传递，利于维护切顶巷道。切顶高度由 9m 增加至 12m 时，垂直应力与位移变化较小。综上分析，将切顶高度定为 9m。

### 2. 坚硬顶板切顶角度分析

#### 1) 理论计算

　　切顶角度是切顶留巷的另一重要参数，合理的切顶角度应尽可能减小顶板垮落对巷道的动力冲击。其中切顶高度计算如下：

$$\beta = \frac{\pi}{2} - \arctan \frac{L_Y - L_H}{H_M} \tag{9-3}$$

式中，$\beta$ 为切顶角度，(°)；$L_Y$ 为周期来压步距，m；$L_H$ 为巷道宽度，m；$H_M$ 为煤层采高，m。根据现场实测数据，8201 工作面周期来压步距为 18m，巷道宽度为 5.2m，煤层采高取最大值 3m。通过式(9-3)计算得出切顶角度为 13.2°。

2) 数值模拟分析

为确定合理的切顶角度，分别建立了切顶角度为 5°、15°、25°的数值计算模型。由图 9-24 可知，当切顶角度分别为 5°、15°、25°时，巷道周围的应力场分布并无显著区别，巷道上部顶板因切顶均处于卸压状态，不同之处在于切顶范围之上的顶板应力分布。切顶角度为 5°时，垂直应力最大值可达 49.3MPa；切顶角度为 15°时，垂直应力最大值减小至 43.2MPa；切顶角度为 25°时，垂直应力继续减小至 38.7MPa。切顶角度越大，切顶范围以上顶板的垂直应力逐渐减小。综合考虑现场施工成本和理论分析结果，最终确定切顶角度为 15°。

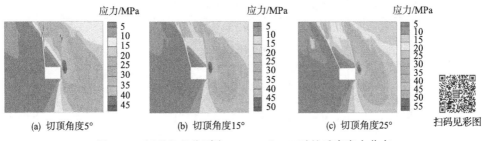

(a) 切顶角度5°　　　　　(b) 切顶角度15°　　　　　(c) 切顶角度25°　　扫码见彩图

图 9-24　切顶角度分别为 5°、15°和 25°时的垂直应力分布

3. 坚硬顶板切顶预裂爆破关键参数研究

1) 切顶预裂爆破分区

为掌握 8201 区段运输平巷(8206 区段回风平巷)切顶预裂爆破关键参数，将 8201 区段运输平巷(8206 区段回风平巷)分为 3 个切顶预裂爆破分区，见表 9-4。

表 9-4　切顶预裂爆破分区

| 序号 | 范围 | 孔间距/m | 切顶高度/m | 切顶角度/(°) |
| --- | --- | --- | --- | --- |
| 1 | 停采线至 600m | 0.5 | 8.1 | 15 |
| 2 | 600～200m | 0.5 | 9.0 | 15 |
| 3 | 200m 至开切眼 | 0.5 | 10.3 | 15 |

2) 切顶预裂爆破关键参数分析

在确定切顶高度和切顶角度后，需要研究单孔装药量、装药结构和起爆孔数量，以便达到较好的切顶预裂爆破效果。在 3 个切顶预裂爆破分区分别开展了切顶预裂爆破试验，试验长度为 10m，每个试验段开展 5 次爆破试验，试验方案如图 9-25 所示。

| 分区 | 孔间距/mm | 爆破方式 | 聚能管结构 | 装药结构 | 封孔长度/m |
|---|---|---|---|---|---|
| 1 | 500 | 单孔 | 1.5+1.5+1.5+1.5 | 2+2+2+1 | 2.4 |
| | 500 | 单孔 | 1.5+1.5+1.5+1.5 | 3+2+2+1 | 2.4 |
| | 500 | 单孔 | 1.5+1.5+1.5+1.5 | 3+3+3+1 | 2.4 |
| | 500 | 单孔 | 1.5+1.5+1.5+1.5 | 4+3+3+1 | 2.4 |
| | 500 | 单孔 | 1.5+1.5+1.5+1.5 | 4+4+3+1 | 2.4 |
| 2 | 500 | 单孔 | 1.5+1.5+1.5+1.5+0.5 | 2+2+2+1+1 | 2.7 |
| | 500 | 单孔 | 1.5+1.5+1.5+1.5+0.5 | 3+2+2+2+1 | 2.7 |
| | 500 | 单孔 | 1.5+1.5+1.5+1.5+0.5 | 3+3+2+2+1 | 2.7 |
| | 500 | 单孔 | 1.5+1.5+1.5+1.5+0.5 | 3+3+3+2+1 | 2.7 |
| | 500 | 单孔 | 1.5+1.5+1.5+1.5+0.5 | 4+3+3+2+1 | 2.7 |
| 3 | 500 | 单孔 | 1.5+1.5+1.5+1.5+1 | 2+2+2+2+1 | 2.8 |
| | 500 | 单孔 | 1.5+1.5+1.5+1.5+1.5 | 3+2+2+2+1 | 2.8 |
| | 500 | 单孔 | 1.5+1.5+1.5+1.5+1.5 | 3+3+2+2+1 | 2.8 |
| | 500 | 单孔 | 1.5+1.5+1.5+1.5+1.5 | 4+3+3+2+1 | 2.8 |
| | 500 | 单孔 | 1.5+1.5+1.5+1.5+1.5 | 4+4+3+3+2 | 2.8 |

图 9-25　各分区切顶爆破试验方案

**4. 坚硬顶板切顶成巷现场试验效果分析**

切顶预裂爆破 1 分区方案：每次起爆炮孔数为 3 个，装药优选结构为 4+3+3+1，孔间距 500mm，封泥优选长度为 2.4m，典型钻孔窥视效果如图 9-26(a) 所示。切顶预裂爆破 2 分区方案：每次起爆炮孔数为 3 个，装药优选结构为 4+3+3+2+1，孔间距 500mm，封泥优选长度为 2.7m，典型钻孔窥视效果如图 9-26(b) 所示。切顶预裂爆破 3 分区方案：每次起爆炮孔数为 3 个，装药优选结构为 4+4+3+3+2，孔间距 500mm，封泥优选长度为 2.8m，典型钻孔窥视效果如图 9-26(c) 所示。通过开展以上现场试验，切顶预裂爆破关键参数确定为：切顶高度为 9m，切顶角度为 15°，装药结构为 4+4+3+3+2，单次起爆孔数为 3 个，封孔长度为 2.8m。

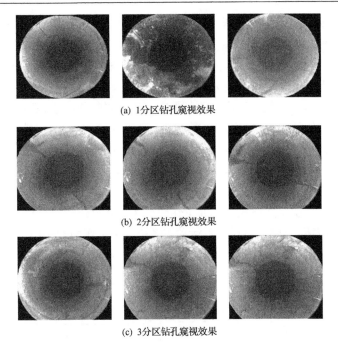

(a) 1 分区钻孔窥视效果

(b) 2 分区钻孔窥视效果

(c) 3 分区钻孔窥视效果

图 9-26　各分区切顶爆破的钻孔窥视效果

# 9.2　石炭系坚硬顶板切顶留巷围岩控制原则与关键技术

## 9.2.1　石炭系坚硬顶板切顶留巷围岩控制原则

根据石炭系坚硬顶板切顶留巷围岩控制实践中积累的经验，提出了切顶留巷围岩控制原则，如图 9-27 所示。

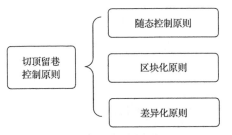

图 9-27　石炭系坚硬顶板切顶留巷围岩控制原则

### 1. 基于围岩破坏分区与分时的随态控制原则

切顶留巷在一次成巷阶段和二次复用阶段的围岩变形具有明显时空性，如图 9-28 所示，可归纳为：①分区性，切顶留巷巷道因受采掘扰动影响的不同，可分为超前动压影响区、采掘动载作用区、采后成巷稳定区。超前动压影响区主要受超前支承应力作用，巷道矿压显现主要表现为围岩收敛变形大、移近速度快；采掘动载作用区的扰动来自采煤机对前方煤体的切割扰动和采空区一定范围内的顶板垮落引发的动载，巷道矿压显现主要表现为顶板活动活跃、碎石帮挤压外鼓；采后成巷稳定区位于采空区后方较远范围，此范围内巷道围岩收敛趋于稳定，进入成巷稳定状态。具体扰动分区的影响范围及矿区显现程度见表9-5。②分时性，切顶留巷经历了一次成巷阶段和二次复用阶段。一次成巷阶段，因打破了原岩应力场平衡状态，对巷道围岩破坏产生了扰动。本工作面回采加之切顶预裂爆破对巷道的爆轰冲击作用，顶板易发生回转下沉，进而对切顶留巷顶板及碎石帮产生动压。此时期也是顶板运动活跃期。二次复用阶段，相邻工作面再次对巷道顶板进行扰动，顶板结构完整性进一步被破坏，此时期巷道顶板活动在经历了本工作面回采稳定期后重新活跃。

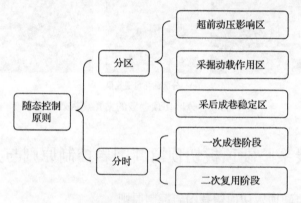

图 9-28　石炭系坚硬顶板切顶留巷随态控制原则

表 9-5　切顶留巷采掘扰动分区

| 分区 | 时机与形式 | 影响范围 | 矿压显现 |
|---|---|---|---|
| Ⅰ-超前动压影响区 | 回采动压与超前支承压力作用 | 超前于 8201 工作面推进位置 50m | 剧烈 |
| Ⅱ-采掘动载作用区 | 回采时动压 | 滞后于 8201 工作面推进位置 200m 范围内 | 较剧烈 |
| Ⅲ-采后成巷稳定区 | 采后静压 | 滞后于 8201 工作面推进位置 200m 之后 | 常规变形 |

**2. 基于巷道围岩破坏分区的区块化原则**

切顶留巷围岩长久稳定性，不仅取决于巷道顶板支护稳定性，而且更与巷道碎石帮和实体煤帮的稳定性紧密相关。因此，在支护工程实践中应在明晰切顶留巷"顶—帮"联动机理的前提下，对巷道围岩进行分区分级，进而采取适宜性的关键支护技术。

如图 9-29 所示，石炭系坚硬顶板切顶留巷围岩被分为三级。其中巷道顶板（A、

$B$、$C$)为一级区域，碎石帮($D$、$E$、$F$)为二级区域，实体煤帮($G$、$H$、$I$)为三级区域。其中 $A$、$B$、$D$、$E$ 是切顶留巷围岩支护中应关注的重点。从分级角度来看，支护重要性排序为 $A>D>B>E>C>G>H>F>I$。石炭系坚硬顶板切顶留巷分区支护关键技术，如图 9-30 所示。

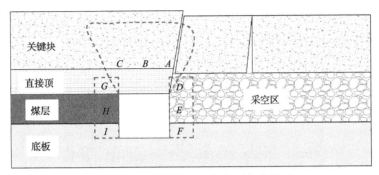

图 9-29　石炭系坚硬顶板切顶留巷分区

$A$-靠碎石帮侧上方顶板；$B$-巷道中部上方顶板；$C$-靠实体煤侧上方顶板；$D$-碎石帮接顶区帮部；$E$-碎石帮中部；
$F$-碎石帮下部；$G$-实体煤帮接顶区帮部；$H$-实体煤帮中部；$I$-实体煤帮下部

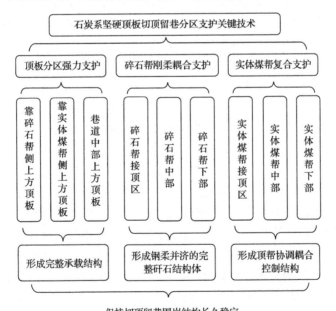

图 9-30　石炭系坚硬顶板切顶留巷分区支护关键技术

### 3. 基于支护构型、支护方案和支护时空的差异化原则

在切顶留巷支护实践中，应当考虑差异化原则。如图 9-31 所示，差异化原则应当遵循：①在支护构型上体现差异性。根据巷道顶板、碎石帮和实体煤帮各自

的破坏特征，选择合适的支护构型。②在支护方案上体现差异性。支护方案应能适应并控制切顶留巷碎石帮挤压外鼓变形、实体煤帮片帮、顶板不对称下沉，进而选择合适的支护方案。③在支护时空上体现差异性。切顶留巷围岩破坏过程具有时机性、空间性。支护方案应在掌握切顶留巷围岩态势演化规律基础上，选择有利时机进行支护。

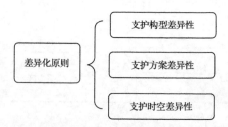

图 9-31　石炭系坚硬顶板切顶留巷支护差异化原则

### 9.2.2　碎石帮挡矸复合加固技术

沿空留巷碎石帮变形的显著特点是挤压外鼓。碎石帮挤压外鼓变形的主要力源为垮落矸石对巷帮支护结构的侧向冲击，因而矸石垮落具有明显的时空特性，主要体现在：①在矸石初期垮落阶段，顶板垮落导致的重力势能与冲击势能，对巷帮支护结构产生动态侧向冲击，此阶段内矸石垮落高度越大，对巷帮支护结构的动态侧向冲击强度也就越大；②当工作面持续推进时，随着该位置的矸石逐渐远离采掘扰动，矸石垮落逐渐趋于稳定，进入缓慢压实阶段。此阶段内的矸石动态侧向冲击强度明显减弱，主要体现为矸石对巷帮支护结构的静态侧向挤压。基于上述矸石垮落与巷帮支护结构的"初期动态冲击，后期静态挤压"力学作用关系，提出了"侧向刚柔并济，纵向伸缩可让"的碎石帮支护理念。

显著不同于传统回采工艺形成的采空区，无煤柱开采形成的采空区与巷道无任何隔离，完全呈开放状态[6,7]。采空区能否安全有效管理是制约无煤柱开采技术能否在高瓦斯、煤层易自燃条件下进行大规模推广应用的关键。因此，研发了一种切顶留巷"开式采空区"临空侧刚柔并济快速密封装置。如图 9-32 所示，该装置采用"内侧金属网+外侧柔性阻燃水泥毯"复合密封结构，通过槽钢挡矸结构配合，进而形成密封装置，其立体效果如图 9-33 所示。该装置具有以下特征。

(1)刚柔并济。柔性阻燃水泥毯可以由淋水前的柔性变为淋水后的刚性，具体工艺流程如图 9-34 所示。通过掌握淋水的合适时机，可以适应采空区内矸石垮落的时空全过程。矸石垮落初始阶段，充分利用柔性阻燃水泥毯的"柔性"，实现矸石垮落的完全让压。矸石垮落后期阶段，充分利用柔性阻燃水泥毯的"刚性"，避免矸石垮落外挤造成密封装置撕裂破损。不但延长了密封装置使用寿命，而且节约了后期维护成本。

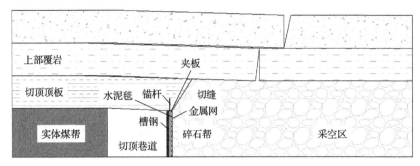

图 9-32　碎石帮挡矸复合加固技术原理图

(2)伸缩可让。设有割缝的槽钢，与交叉连接槽钢组成"X"型的钢丝绳，共同形成槽钢挡矸结构。该结构不仅能有效缓冲矸石垮落的侧向冲击，而且槽钢割缝能有效释放矸石垮落的冲击能量[8]。槽钢与弹性钢丝绳形成整体闭锁结构，能有效保护巷道内人员和设备安全。

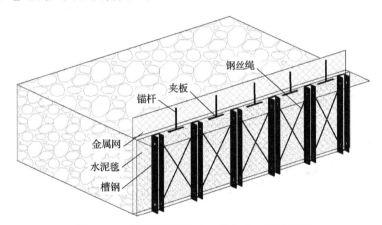

图 9-33　碎石帮挡矸复合加固技术立体效果图

图 9-34　靠近碎石帮采空区密封工艺流程

### 9.2.3　超前支护段刚柔密强支护技术

在切顶留巷工程实践中，超前支承应力加之采掘扰动影响，超前支护段矿压显现尤为严重。在 8201 区段运输平巷(8206 区段回风平巷)切顶工程实践中，超前支护段的矿压显现主要为钢带断裂弯折、锚杆(索)脱落失效、顶板浅部断裂、巷道底鼓等，据此提出了超前支护段刚柔密强支护技术(图 9-35)。

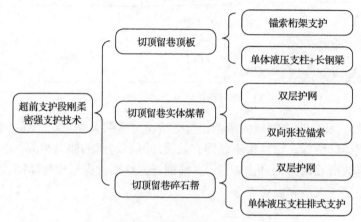

图 9-35　超前支护段刚柔密强支护技术

(1)切顶留巷超前支护段顶板。由于超前支护段顶板运动活跃，顶板浅部易塑裂，顶板中深部易发育离层裂隙，因此采用"桁架锚索+单体液压支柱+长钢梁+单体液压支柱矩阵式支护"的协同支护方案。桁架锚索具有"刚柔并济"特性，可有效适应顶板水平运动。由单体液压支柱与长钢梁组合而成的协同支护结构可有效控制顶板下沉，护表效果好。单体液压支柱矩阵式支护，利用铰接顶梁配合单体液压支柱，形成高强度、高密度支护，可有效防止顶冒落。

(2)切顶留巷超前支护段实体煤帮。采用"里层金属网+外层塑钢网"双层护网结构，可有效防止片帮。配合锚索双向张拉结构，对锚固范围内实体煤施加预应力，有利于实体煤保持完整性，提高整体强度。

(3)切顶留巷超前支护段碎石帮。采用"里层金属网+外层塑钢网"双层护网结构，可有效防止碎石帮挤压外鼓。采用单体液压支柱顺巷道方向排式支护，置于切顶侧顶板下方，可有效控制切顶侧顶板下沉。预注浆加固技术采用注浆锚杆，可预先加固碎石帮，提高矸石帮强度，进而有效防止碎石挤压外鼓。

## 9.3　石炭系坚硬顶板切顶留巷围岩随态控制案例

### 9.3.1　坚硬顶板切顶留巷原始支护方案

8201 区段运输平巷(8206 区段回风平巷)属于大斗沟煤矿首采工作面(8201 工作面)，北东部为山 2#煤层盘区巷，北西部为 8202 工作面，南东为 8206 工作面，南西为山 2#煤层可采边界。8201 区段运输平巷(8206 区段回风平巷)用于 8201 工作面运输、行人等需要，用于 8206 工作面通风、行人、运输、管线吊挂等需要。巷道长度为 1778m，半煤岩巷，矩形断面，巷道高×宽为 3.6m×5.2m，净断面高×宽为 3.6m×5.0m。使用 EBZ-260(H)型掘进机一次成巷，沿煤层底板掘进。8201 区段运输平巷(8206 区段回风平巷)根据原始支护方案的不同将巷道分为巷道开口~停采线(编号①)、停采线~里程 600m 处(编号②)、里程 600m 处~8201 区段工作面开切眼(编号③)。初始支护方案为锚杆(索)配合钢带、金属网进行联合支护。原始支护方案见表 9-6 和表 9-7。

表 9-6　顶板支护参数

| 类型 | 规格 | 使用地点 | 长度/mm | 直径/mm | 角度 | 间距/mm | 排距/mm |
|---|---|---|---|---|---|---|---|
| 锚杆 | 玻璃钢 | ① | 2000 | 22 | 垂直于顶板 | 960 | 1000 |
| 锚杆 | 左旋无纵筋螺纹钢 | ② | 2500 | 22 | 垂直于顶板 | 960 | 1000 |
| 锚杆 | 左旋无纵筋螺纹钢 | ③ | 2500 | 22 | 垂直于顶板 | 960 | 1000 |
| 锚索 | 钢绞线 | ① | 9300 | 17.8 | 垂直于顶板 | 1600 | 2000 |
| 锚索 | 钢绞线 | ② | 9300 | 17.8 | 垂直于顶板 | 1600 | 2000 |
| 锚索 | 钢绞线 | ③ | 12200 | 17.8 | 垂直于顶板 | 1600 | 2000 |

表 9-7　帮部支护参数

| 类型 | 规格 | 使用地点 | 长度/mm | 直径/mm | 角度 | 间距/mm | 排距/mm |
|---|---|---|---|---|---|---|---|
| 切顶侧帮锚杆 | 玻璃钢 | ① | 2000 | 22 | 第一排呈 15°，中下部垂直顶板 | 1000 | 1000 |
| 实体煤帮锚杆 | 左旋无纵筋螺纹钢 | ②③ | 2500 | 22 | 第一排呈 15°，中下部垂直顶板 | 1000 | 1000 |

### 9.3.2　坚硬顶板切顶留巷随态支护方案

根据石炭系坚硬顶板切顶留巷围岩控制理论与关键技术，提出了 8206 区段回风平巷 900~1238m 试验段随态支护方案。随态支护方案根据随态控制原则确定，分为一次成巷阶段和二次复用阶段的支护方案。

1. 一次成巷阶段

一次成巷阶段的巷道支护方案，如图 9-36 所示。

1)顶板支护

(1)"锚杆+W 型钢带"规格参数如下。

锚杆规格：$\Phi$22mm×2200mm 的高强度左旋无纵筋螺纹钢锚杆。杆体屈服强度不低于 335MPa；极限抗拉强度不低于 455MPa；延伸率不低于 20%。

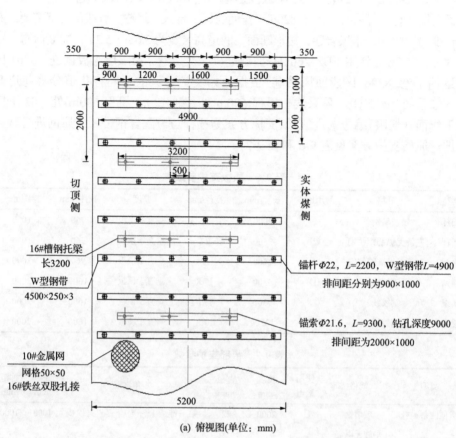

切顶侧

实体煤侧

16#槽钢托梁
长3200

W型钢带
4500×250×3

锚杆Φ22，L=2200，W型钢带L=4900
排间距分别为900×1000

锚索Φ21.6，L=9300，钻孔深度9000
排间距为2000×1000

10#金属网
网格50×50
16#铁丝双股扎接

(a) 俯视图(单位：mm)

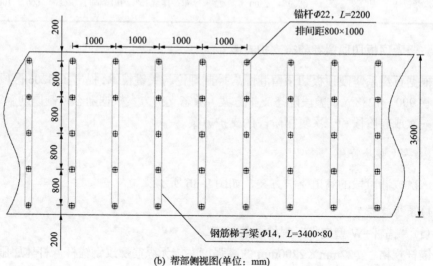

锚杆Φ22，L=2200
排间距800×1000

钢筋梯子梁Φ14，L=3400×80

(b) 帮部侧视图(单位：mm)

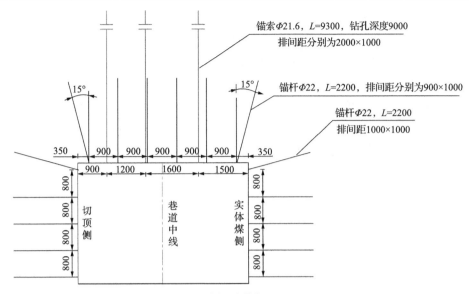

(c)　剖面图(单位：mm)

图 9-36　一次成巷阶段的巷道支护方案

锚杆布置：间排距 900mm×1000mm，每排布置 6 根锚杆。

锚杆角度：垂直顶板布置。

锚固参数：每根锚杆配套 2 根 MSK2360 树脂锚固剂，锚固力≥120kN，预紧扭矩≥200N·m，外露长度为 10～50mm。

托盘规格：长×宽×厚为 140mm×140mm×10mm 的蝶形托盘。

金属网规格:孔距为 50mm×50mm,网间搭接长度 100mm,联网间距 200mm,采用 16# 铁丝，双股双边连接，保证搭接紧固。

W 型钢带规格：采用 250/3 型钢带，长 4.9m，锚孔间距 900mm。

(2)"锚索桁架"规格参数如下。

锚索规格：直径长度 Φ21.6mm×9300mm(19 股)钢绞线。

锚索布置：每排 3 根锚索，间排距为 1000mm×2000mm。

锚固参数：3 卷 MSK2360 树脂锚固剂，外露长度为 150～250mm。

锚索角度：垂直于顶板布置。

托盘规格：长×宽×厚为 300mm×300mm×12mm 的高强度厚钢垫片及配套锁具，托盘材质为 Q235 钢，高度不低于 60mm，承载能力不低于 355kN。

槽钢：采用 16#槽钢，长 3.2m。

2)帮部支护

"锚杆+钢筋梯子梁"规格参数如下。

锚杆规格：直径长度 Φ20mm×2200mm 的左旋无纵筋螺纹锚杆。

锚杆布置：间排距为 800mm×1000mm，每排布置 4 根锚杆。

锚杆角度：靠近帮上部锚杆呈 15°布置，其余垂直于两帮布置。

锚固参数：2 卷 MSK2360 树脂锚固剂，预紧扭矩≥200N·m；外露长度为 10～50mm。

托盘规格：长×宽×厚为 140mm×140mm×10mm 的蝶形托盘。

金属网规格：孔距为 50mm×50mm，网间搭接长度 100mm，联网间距 200mm，采用 16 号铁丝，双股双边连接。

钢筋梯子梁：采用 Φ14mm 的圆钢焊接而成，规格 3400mm×80mm，锚孔间距 800mm，锚孔 80mm。

### 2. 二次复用阶段支护方案

二次复用阶段的巷道支护方案，如图 9-37 所示。

#### 1) 顶板支护

在一次成巷阶段支护方案基础上，距切顶线 500mm 补打了平行于巷道方向的锚索，形式为"锚索+W 型钢带"，规格参数如下。

锚索规格：直径长度 Φ21.6mm×9300mm（19 股）钢绞线。

锚固参数：每根锚索配套 3 卷 MSK2360 树脂锚固剂，锚固力≥300kN，外露长度为 150～250mm。

锚索角度：垂直顶板布置。

托盘规格：长×宽×厚为 300mm×300mm×12mm 的高强度厚钢垫片及配套锁具，托盘材质为 Q235 钢，高度不低于 60mm，承载能力不低于 355kN。

W 型钢带：采用 250/3 型钢带，长 3400mm，锚孔间距为 1000mm。钢带之间互相搭接。

#### 2) 碎石帮支护

在一次成巷阶段支护方案基础上，增加了挡矸支护装置，形式为"槽钢+单体液压支柱"，同时悬挂水泥毯，规格参数如下。

槽钢：采用 18#槽钢，长 3600mm，下半段开设有割缝槽（槽深 50mm，槽开口 10mm，槽间距 100mm）。分别在距槽钢上端头和下端头 0.5m 处设有用于连接钢丝绳的栓孔。凹槽一侧朝向巷道，平面一侧背靠柔性阻燃水泥毯。

柔性阻燃水泥毯：由纤维基质和水泥基复合材料构成，具有"先柔后刚"的物理力学特性。初始状态为柔性，表层淋水后，逐渐呈现刚性状态。水泥毯之间的搭接长度不小于 0.2m，水泥毯底部与底板接触长度不小于 0.3m，与之前铺设的金属网捆扎固定。

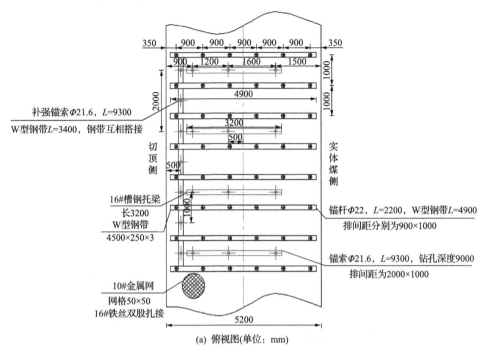

补强锚索Φ21.6，L=9300

W型钢带L=3400，钢带互相搭接

切顶侧

实体煤侧

16#槽钢托梁
长3200
W型钢带
4500×250×3

锚杆Φ22，L=2200，W型钢带L=4900
排间距分别为900×1000

锚索Φ21.6，L=9300，钻孔深度9000
排间距为2000×1000

10#金属网
网格50×50
16#铁丝双股扎接

(a) 俯视图(单位：mm)

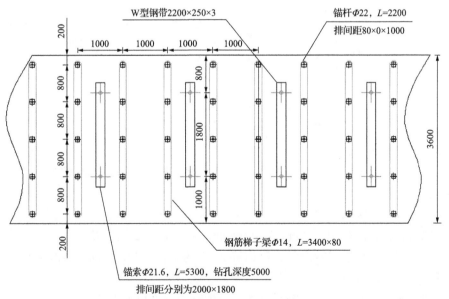

W型钢带2200×250×3

锚杆Φ22，L=2200
排间距80×0×1000

钢筋梯子梁Φ14，L=3400×80

锚索Φ21.6，L=5300，钻孔深度5000

排间距分别为2000×1800

(b) 实体煤帮侧视图(单位：mm)

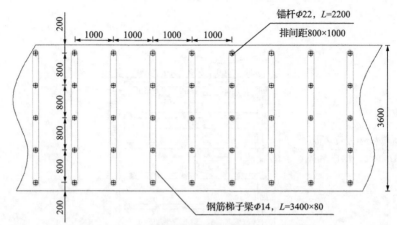

(c) 碎石帮侧视图(单位：mm)

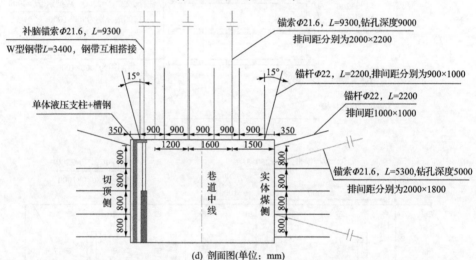

(d) 剖面图(单位：mm)

图 9-37　二次复用阶段的巷道支护方案

3) 实体煤帮支护

在一次成巷阶段实体煤帮支护方案基础上，补打了锚索，形式为"锚索+W型钢带"，规格参数如下。

锚索规格：规格为 $\Phi21.6mm\times5300mm$(7 股)的钢绞线。

锚索布置：间排距 1800mm×2000mm，每排布置 2 根锚索。

锚固参数：每根锚索配套 3 卷 MSK2360 树脂锚固剂，锚固力≥300kN，外露长度为 150～250mm。

锚索角度：靠近上帮的锚索钻孔与顶板垂线的夹角为 15°。

托盘规格：选用 150mm×150mm×10mm 的高强度拱形托盘，钢材屈服强度不低于 235MPa，托盘承载能力不低于配套锚杆杆体屈服荷载的 1.3 倍，高度不小于拱形底部直径的 1/3。

W 型钢带规格：锚索采用 250/3 型钢带，长 2200mm，锚孔间距为 1800mm。

### 9.3.3　矿压观测与支护效果

1. 矿压观测方案

为验证随态支护方案的有效可靠性，对 8201 区段运输平巷（8206 区段回风平巷）900～1238m 试验段一次成巷阶段和二次复用阶段的巷道围岩收敛变形、顶板离层和锚杆(索)受力进行监测。测站布置如图 9-38 所示，具体布置 4 个测站，测站间距为 50m。

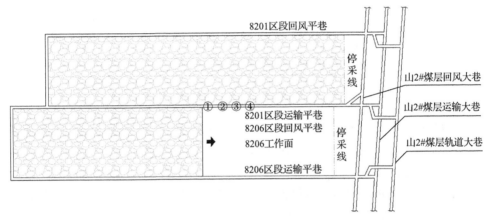

图 9-38　巷道围岩矿压测站布置

(1)巷道围岩收敛：分别在巷道顶底板设置固定测点，固定测点安装在距切顶帮 1.0m 处和距实体煤帮 2.0m 处，采用激光测距仪测量。每 3 天监测 1 次。监测过程直至 8201 工作面推过测站。

(2)顶板离层：顶板离层监测采用 GUW240W 型矿用本安型移动传感器。浅基点深度为 3.0m，深基点深度为 8.5m，钻孔直径为 32mm。监测顶板 3.0m 以下浅部范围离层发育和顶板 3～8.5m 范围离层发育。采用红外线采集仪，每 7 天采集 1 次数据。

2. 支护效果分析

8201 区段运输平巷(8206 区段回风平巷)900～1238m 试验段一次成巷阶段的围岩收敛曲线，如图 9-39 所示。一次成巷 30 天内，约 80%巷道变形发生在这个时间段。30 天后，巷道围岩变形逐渐趋于稳定。其中，切顶侧顶板下沉量最大为 178mm，顶板中部约为 134mm；实体煤侧顶板下沉量最大为 112mm。整体呈现快速增加而后趋于稳定的趋势。在二次复用阶段，切顶侧顶板、巷道中部顶板、实体煤侧顶板的下沉量分别从287mm、245mm、192mm快速下降至50mm。由于相邻工作面开采，二次复用阶段的顶板下沉量有所增加。随着顶板运动趋于稳定，巷道围岩收敛也趋于稳定。

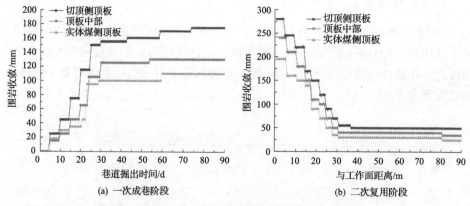

图 9-39　900～1238m 巷道试验段的围岩收敛变化

巷道顶板离层，如图 9-40 所示。深基点离层最终值为 8mm，浅基点离层最终值为 5mm。顶板离层在巷道一次成巷 60 天内趋于稳定。当工作面回采时，顶板离层呈台阶式增长趋势。在巷道二次复用阶段，深基点的顶板离层最终值为 20mm，浅基点的顶板离层最终值为 13mm。实测结果表明随态支护方案有效控制了围岩破坏，起到了良好支护效果。

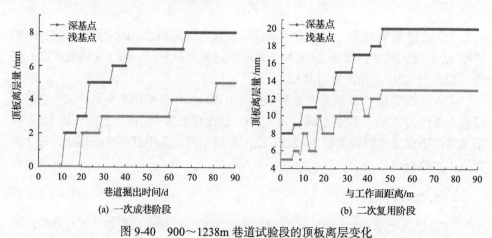

图 9-40　900～1238m 巷道试验段的顶板离层变化

## 参 考 文 献

[1] 陈明, 卢文波, 严鹏, 等. 爆破开挖对岩体含水裂纹扩展的扰动机制[J]. 岩土力学, 2014, 35(6): 1555-1560.

[2] 赵志鹏, 欧阳烽, 何富连, 等. 切顶沿空留巷双向聚能爆破关键参数研究[J]. 煤矿安全, 2022, 53(2): 226-233.

[3] 王开, 康天合, 李海涛, 等. 坚硬顶板控制放顶方式及合理悬顶长度的研究[J]. 岩石力学与工程学报, 2009, 28(11): 2320-2327.

[4] 何廷峻. 工作面端头悬顶在沿空巷道中破断位置的预测[J]. 煤炭学报, 2000, (1): 30-33.

[5] Liu C Y, Yang J X, Yu B. Rock-breaking mechanism and experimental analysis of confined blasting of borehole surrounding rock[J]. International Journal of Mining Science and Technology, 2017, 27(5): 795-801.

[6] 刘红威, 赵阳升, Ren T X, 等. 切顶成巷条件下采空区覆岩破坏与裂隙发育特征[J]. 中国矿业大学学报, 2022, 51(1): 77-89.

[7] 宋立兵, 郭春雨, 王晓荣, 等. 神东矿区切顶卸压留巷工作面"开式采空区"防灭火技术研究[J]. 中国矿业, 2016, 25(8): 117-121, 134.

[8] 刘大江, 许旭辉, 朱恒忠, 等. 中厚煤层坚硬顶板切顶卸压主动留巷关键参数研究[J]. 煤矿安全, 2020, 51(12): 237-243.